全国高职高专道桥与市政工程专业规划教材

土力学与基础工程

主　编　惠阵江　魏美玲
副主编　杜胜兵　王凤娇　仇文俊
　　　　魏永强　孙安石　宁寿全
主　审　苏巧荣

黄河水利出版社
·郑州·

内容提要

本书是全国高职高专道桥与市政工程专业规划教材,是根据教育部对高职高专教育的教学基本要求及中国水利教育协会职业技术教育分会高等职业教育教学研究会组织制定的土力学与基础工程课程教学标准编写完成的。全书主要阐述了土的物理性质、地基应力、地基土的变形、土的抗剪强度、土压力与土坡稳定、土中水的运动规律、浅基础、桩基础、地基处理等基本内容。书中引入大量的基础工程典型案例,将理论知识与工程实践相结合,概念清楚,重点突出。为方便教学,本书配套 PPT 课件、习题参考答案等教学资源。

本书可作为高职高专学校土木工程类道路与桥梁工程技术、高速铁路施工与维护及城市轨道交通工程技术、水利工程等专业土力学与基础工程课程的教学用书,也可供基础工程施工技术人员学习参考。

图书在版编目(CIP)数据

土力学与基础工程 / 惠阵江,魏美玲主编. -- 郑州:黄河水利出版社,2024. 7. --(全国高职高专道桥与市政工程专业规划教材). -- ISBN 978-7-5509-3897-7

Ⅰ. TU4

中国国家版本馆 CIP 数据核字第 20242543DV 号

出版顾问:王路平　电话:13623813888　E-mail:hhslwlp@163.com

组稿编辑:韩莹莹　0371-66025553　hhslhyy@163.com

责任编辑:王燕燕　责任校对:韩莹莹　封面设计:张心怡　责任监制:常红昕

出版发行:黄河水利出版社

地址:河南省郑州市顺河路 49 号　邮政编码:450003

网址:www.yrcp.com　E-mail:hhslcbs@126.com

发行部电话:0371-66020550、66028024

承印单位:河南承创印务有限公司

开本:787 mm×1 092 mm　1/16

印张:13.75

字数:340 千字　印数:1—2 100

版次:2024 年 7 月第 1 版　印次:2024 年 7 月第 1 次印刷

定价:48.00 元

前　言

党的二十大擘画了以中国式现代化全面推进中华民族伟大复兴的宏伟蓝图,作出了全面建成社会主义现代化强国“两步走”的战略安排,明确了未来的主要目标任务。党的二十大报告对交通运输相关工作作出部署,进一步强调加快建设交通强国,提出了一系列交通运输发展的新要求,充分体现了交通运输在国家发展中的重要作用,赋予了加快建设交通强国新的使命任务。基础工程作为铁路、公路及城市轨道交通上的地基基础,具有至关重要的作用。本教材结合党的二十大对交通强国战略要求,以及当代高等职业技术教育注重实践性和实用性的特点,按照国家对高职高专这一层面学生的培养要求而编写。

本书主要根据高等职业教育教学要求和新规范、新标准、新技术、新工艺等进行编写。编写时遵循由浅入深、循序渐进、层次分明、重点突出、理论联系实际的思路,融入行业职业标准、行业职业资格考试、最新技术规范等内容,充分展示和反映国内外近年来关于土力学与基础工程的最新研究成果和发展水平,按照知识够用、实用、部分拓展的原则,力求更好、更高、更全地培养土建施工及其相关领域的应用型人才。

本书内容的选定以专业能力培养为导向,满足后续课程学习和职业发展为基本要求,主要选取了土的物理性质、地基应力、地基土的变形、土的抗剪强度、土压力与土坡稳定、土中水的运动规律、浅基础、桩基础、地基处理等基本内容。

本书主要特色有:一是坚持“实用为主、够用为度”的基本原则,并丰富其内涵。为突出实用性,以“提出问题,解决问题”的思路来强化课程知识体系的系统性、完整性。二是讲透基本概念与经典理论,突出重要原理在知识体系中的支撑作用。例如,有效应力原理是土力学的灵魂,因此单列一节进行介绍。在介绍经典理论时,更加注重了对经典理论假设条件的强调,避免学生在工作中面对纷繁的现实条件而无所适从。三是注重趣味性。为激发学生学习兴趣,深刻理解土力学与基础工程的基本概念、原理,教材尽可能引入生活实例,引起学生思考和自学的兴趣。四是注重知识拓展。近年来高职高专土建类生源质量逐渐提高,部分高职院校已开始试点应用型本科,基于此,在实用的前提下,对理论部分的深浅进行了一定调整,以利于学生学习的可持续性。五是注重知识巩固,教材编写中引入了足量的例题、习题、思考题、案例分析等内容来巩固所学知识。

本书是集体成果,作者包括高职高专院校一线教师及企业专业技术人员。编写人员及编写分工如下:绪论由山东水利职业学院杜胜兵编写;第 1 章由山东水利职业学院惠阵江编写;第 2 章由日照交通规划设计院有限公司魏美玲编写;第 3 章由安徽水利水电职业技术学院王凤娇编写;第 4 章由山西水利职业技术学院仇文俊编写;第 5 章由山东三晶照明科技有限公司魏永强编写;第 6 章由山东水利职业学院孙安石、薛雪编写;第 7 章由杨凌职业技术学院董振国、烟台市住房保障和房产交易中心宁寿全编写;第 8 章由中铁十四局集团有限公司魏冲编写;第 9 章由山东水利职业学院惠阵江、杜胜兵编写。本书由惠阵江、魏美玲担任主编,并由惠阵江、魏美玲、杜胜兵负责统稿;由杜胜兵、王凤娇、仇文俊、魏永强、孙安石、宁寿全担任副主编;由黄河水利职业技术学院苏巧荣担任主审。

本书在编写过程中参考了国内外同行学者的研究成果和同类教材等相关资料,在此表示深深的谢意!

由于编者水平有限,加之时间仓促,书中难免有不妥之处,恳请读者批评指正。

编　者

2024 年 2 月

目 录

绪　论

【本章导读】

基本要求:通过本章学习,要求掌握土、土力学、地基、基础的基本概念;熟悉持力层、下卧层、软弱下卧层的概念;熟悉基础工程的重要性和基础工程设计的基本要求;熟悉本课程的内容和学习要求;了解天然地基与人工地基、基础工程的发展历史。

重点:地基、基础的概念与分类。

难点:基础工程设计的基本要求。

【课程思政】

党的二十大报告提出:教育、科技、人才是全面建设社会主义现代化国家的基础性、战略性支撑。

基础工程是建筑物的主要组成部分,应具有足够的强度、刚度和耐久性,以保证建筑物的安全和使用年限。作为一个未来优秀的工程师除具有过硬的专业基础知识、深入的专业知识、高超的实践技能外,更要有高尚的道德文化修养和思想品质。为了中华民族伟大复兴,以勤奋、踏实、严谨的作风投入到学习中去,做个有理想、有道德、有知识、有能力的“四有”新人。

0.1　土力学与基础工程的基本概念

0.1.1　土

土是岩石经过物理、化学、生物等风化作用的产物,是由矿物颗粒组成的集合体。土由三相组成,包括固体颗粒(土粒)、水和气体。土最主要的特征是具有散粒性、多孔性、复杂性与易变性,以及在特殊自然地理条件下形成的一些具有明显区域性的特殊性质。

0.1.2　土力学

土力学是利用力学原理,研究土的应力变形、强度、稳定和渗透性及其随时间变化规律的科学。土力学研究的对象是分散土,分散土与岩石、土壤既有联系又有区别。土力学是岩土力学的一个分支。

0.1.3　基础

建筑物的下部通常要埋入土层一定深度,使之坐落在较好的土层上。我们将埋入土层一定深度的建筑物下部的承重结构称为基础,它位于建筑物上部结构和地基之间,承受上部结构传来的荷载,并将荷载传递给下部的地基。因此,基础是将结构所承受的各种作用传递到地基上的结构组成部分。

基础都有一定的埋置深度(简称埋深),根据基础埋深、施工方式和受力机制的不同,可分为浅基础和深基础。对于一般房屋的基础,若土质较好、埋深不大,宜采用敞开开挖基坑的方法。修筑基础后再回填侧面土而形成的基础称为浅基础,如独立基础、条形基础、筏板基础、箱形基础及壳体基础等。此类基础不考虑侧面土对基础侧面的摩阻力及其对地基承载力的贡献。如果建筑物荷载较大或下部土层较软弱,则需要将基础埋置于较深处的好土层上,可先采用挤压成孔或成槽的方法,然后浇筑混凝土或者采用挤压的方法将基础直接置于土中。此类基础称为深基础,如桩基础、沉井基础及地下连续墙基础等,其基础侧壁与天然土体直接接触,侧向土层对基础的制约作用非常明显,需要考虑其对承载力的贡献。

0.1.4 地基

当土层承受建筑物的荷载作用后,土层会在一定范围内改变其原有的应力状态,产生附加应力和变形,该附加应力和变形随着深度的增加向周围土中扩散并逐渐减弱。土层中附加应力与变形所不能忽略的那部分地层或岩层称为地基,换言之,地基是支撑基础的土层或岩层,如图 0-1 所示。

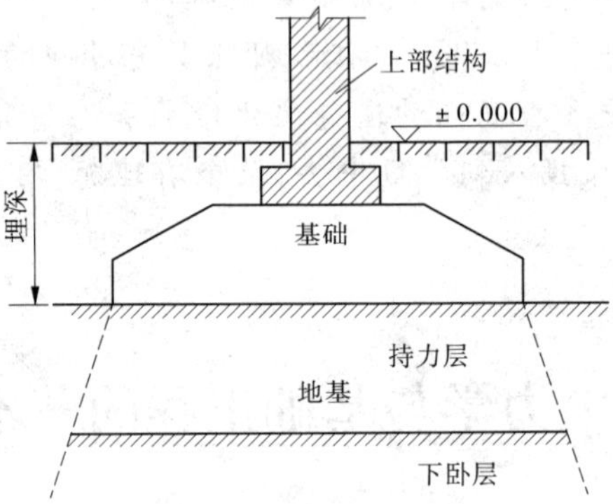

图 0-1 地基与基础示意图

0.1.5 地基的范围及其分类

地基是有一定深度和范围的,当地基由两层及两层以上土层组成时,通常将直接与基础底面接触的土层称为持力层;在地基范围内,持力层以下的土层称为下卧层。当下卧层的承载力低于持力层的承载力时,称为软弱下卧层。

良好的地基应该具有较高的承载力和较低的压缩性,如果地基土较软弱,工程性质较差,需对地基进行人工加固处理后才能作为建筑物地基的,称为人工地基;未经加固处理直接利用天然土层作为地基的,称为天然地基。人工地基施工周期长、造价高,基础工程的造价一般占建筑物总造价的 10%~30%,因此建筑物应尽量建造在良好的天然地基上,以减少基础部分的工程造价。

0.2 基础工程设计的基本要求

为了保证建筑物的安全和正常使用,地基与基础设计应满足以下基本要求:

(1)地基承载力要求:应使地基具有足够的承载力(不小于基础底面的压力),在荷载作用下地基不发生剪切破坏或失稳。

(2)地基变形要求:不使地基产生过大的沉降和不均匀沉降(小于建筑物的允许变形值),保证建筑物的正常使用。

(3)基础结构本身应具有足够的强度和刚度,在地基反力作用下不会发生强度破坏,并且具有改善地基沉降与不均匀沉降的能力。

0.3　地基与基础在工程中的重要性

基础是建筑物的主要组成部分,应具有足够的强度、刚度和耐久性,以保证建筑物的安全和使用年限。由于地基与基础位于地面以下,属隐蔽工程,其勘察、设计和施工质量的好坏直接影响建筑物的安全,一旦发生质量事故,其补救和处理往往比上部结构困难得多,有时甚至是不可弥补的。

从造价与施工工期来看,基础工程在建筑物中所占比例较大。一般的多层房屋建筑,其基础工程造价约占总造价的25%,工期占总工期的25%~30%。如需要人工处理地基或采用深基础,其造价和工期所占比例更大。以下是几个地基与基础出现问题的案例。

0.3.1　变形问题

0.3.1.1　意大利比萨斜塔

举世闻名的意大利比萨斜塔就是一个典型实例。比萨斜塔于1173年破土动工,因地基土层强度差,塔基的基础深度不够,再加上用大理石砌筑,塔身非常重(达1.42万t),该塔自修建之初便持续而缓慢地向南倾斜,20世纪末,该塔倾斜度达到4.5°,其倾斜归因于地基不均匀沉降,如图0-2所示。

图0-2　比萨斜塔

0.3.1.2　苏州市虎丘塔

虎丘塔位于苏州市区西北的虎丘公园山顶,原名云岩寺塔,落成于宋太祖建隆二年

(961 年),距今已有 1 000 多年的悠久历史。1980 年 6 月,对虎丘塔现场调查发现,由于全塔向东北方向严重倾斜,不仅塔顶距离中心线已达 2. 31 m,而且底层塔身也出现不少裂缝,虎丘塔因此成为危险建筑而封闭并停止开放。虎丘塔地基为人工地基,由大块石组成,块石最大粒径达 1 000 mm。人工块石填土层厚 1~2 m,西南薄、东北厚;其下为粉质黏土,呈可塑至软塑状态,也是西南薄、东北厚。塔倾斜后,使东北部位应力集中,超过砖体抗压强度而压裂,如图 0-3 所示。

图 0-3 虎丘塔

0. 3. 2 强度问题

0. 3. 2. 1 加拿大特朗斯康谷仓

1941 年建成的加拿大特朗斯康谷仓,由于事前不了解基础下有厚达 16 m 的软黏土层,建成后初次储存谷物时就倒塌了,地基发生了整体滑动,建筑物失稳,好在谷仓整体性强,谷仓完好无损。事后在主体结构下做了 70 多个支承在基岩上的混凝土墩,用了 388 个 500 kN 的千斤顶才将谷仓扶正,但其标高比原来降低了 4 m,如图 0-4 所示。

0. 3. 2. 2 上海“楼倒倒”

2009 年 6 月 27 日凌晨 5 点 35 分,位于上海市闵行区莲花南路、罗阳路在建工程“莲花河畔景苑”7 号楼(一座 13 层高楼),突然从三四米高处断裂,在 10 s 内向南侧整体倾倒,最终异常完整地平躺在两栋楼之间的空地上,导致一位正在安装铝合金窗的工人当场遇难。楼房倒塌时,整栋楼房连根拔起,主体结构基本完好,基础采用 PHC 桩(预应力高强混凝土管桩),如图 0-5 所示。

倒塌直接原因:紧贴 7 号楼北侧,在短时间内堆土过高,最高处达 10 m,紧邻 7 号楼南侧地下车库基坑正在开挖,开挖深度至 4. 6 m,大楼两侧的压力差使土体产生水平位移,过大的水平压力超过了桩的抗压能力,导致地基发生剪切破坏,最终造成楼房倾倒。

倒塌间接原因:土方堆放不当,违反规定开挖基坑,管理、监理、安全措施不到位,围护桩施工不规范。

图 0-4 特朗斯康谷仓

图 0-5 上海"楼倒倒"

0.3.3 渗透问题

1963 年,意大利 265 m 高的瓦依昂拱坝上游托克山左岸发生了大规模的滑坡,滑坡体从大坝附近的上游扩展,长达 1 800 m,并横跨峡谷滑移 300~400 m,估计有 2 亿~3 亿 m^3 的岩块滑入水库,冲到对岸形成 100~150 m 高的岩堆,致使库水漫过坝顶,冲毁了下游的朗格罗尼镇,死亡约 2 500 人,但大坝却未遭破坏。

1998 年长江全流域发生特大洪水时,万里长江堤防经历了严峻的考验。一些地方的大堤垮塌,大堤地基发生严重管涌,洪水淹没了大片土地,使人民生命财产遭受巨大的损失。仅湖北省沿江段就查出 4 974 处险情,其中重点险情 540 处中,有 320 处属地基险情;溃口性险情 34 处中,除 3 处是涵闸险情外,其余都是地基和堤身的险情。

0.4 本课程的特点、任务与学习方法

0.4.1 特点

土力学与基础工程是一门理论性和实践性均较强的专业基础课程,它涉及工程地质学、土力学、建筑结构、建筑材料及建筑施工等众多学科领域,内容广泛,综合性强。学习时,应理论联系实际、熟悉概念、掌握原理、抓住重点,从而学会设计、计算与工程应用。

0.4.2 任务

通过本课程的学习,学生应完成以下学习任务:

(1)掌握地基土的物理性质与土力学的基本知识。

(2)能阅读与正确理解工程地质勘察报告。

(3)掌握浅基础与桩基础的基本知识。

(4)能进行一般房屋的基础工程设计。

(5)熟悉地基处理的基本方法。

0.4.3 学习方法

从土建专业的要求出发,学习本课程时应注意以下几方面内容:

(1)应该重视工程地质基本知识的学习,掌握土的物理性质指标,培养阅读和使用工程地质勘察资料的能力,能够在工程现场进行验槽。

(2)要紧紧抓住土的应力、变形、强度这几个核心问题,掌握土的自重应力和附加应力的计算、地基变形的计算及地基承载力的确定。

(3)应用已掌握的基本概念和原理并结合建筑结构理论与施工知识,能够熟练地进行浅基础和深基础的设计、挡土墙的设计、软弱土的地基处理及基坑围护设计等,从而提高学生分析和解决地基与基础方面的工程问题的能力。

0.5 地基与基础工程的发展概况

土力学与基础工程是土木工程领域的一个重要分支,是人类在长期的生产实践中发展起来的。它既是一项古老的工程技术,又是一门年轻的应用学科。早在几千年以前,我们的祖先就已在建筑活动中创造了自己的地基与基础工艺。例如,在我国西安半坡村新石器时代遗址的考古发掘中,就发现有土台和石础,这就是古代建筑的地基与基础形式;公元前2世纪修建的举世闻名的万里长城及后来修建的京杭运河等,如果不处理好有关地基与基础的问题,怎么能够穿越各种地质条件的广阔地区,而被誉为亘古奇观;遍布各地的巍巍高塔,宏伟壮丽的宫殿、寺院等都必须有坚固的地基与基础,才能历经千百年多次强震、强风暴的考验而留存至今。

18世纪欧洲工业革命开始以后,随着资本主义工业化的发展,城市建设、水利、道路等的兴建推动了土力学的发展。1773年法国的库仑(Coulomb)根据试验创立了著名的土的抗

剪强度公式,提出了计算挡土墙土压力理论;1857 年英国的朗肯(W. J. M. Rankine)通过不同假定,又提出了另一种计算挡土墙土压力理论;1885 年法国的布辛奈斯克(J. Boussinesq)求得了弹性半空间在竖向集中力作用下应力和变形的理论解答等。这些古典的理论和方法,直到今天仍在广泛应用。到了 20 世纪 20 年代,太沙基(K. Terzaghi)在归纳并发展了前人研究成果的基础上,出版了《建立在土的物理学基础的土力学》《理论土力学》和《实用土力学》等专著,这些比较系统完整的科学著作的出现,带动了各国学者对本学科各方面进行研究和探索,并取得不断的进展。自从 1936 年在美国召开第一届国际土力学与基础工程会议至今,已召开了数十次国际会议,提交了大量的论文、研究报告和技术资料。我国也从 1962 年开始定期召开全国性的土力学与基础工程学术研讨会,这标志着我国在土力学与基础工程领域的迅速发展又迈入了一个新的里程碑。

近年来,土木工程建设的需要,特别是计算机的应用和试验测试技术的提高,使得地基与基础工程,无论在设计理论方面,还是施工技术方面,都取得了迅猛的发展。例如,在地基处理方面,出现了强夯法、砂井堆载预压法和真空预压法、振冲法、深层搅拌法、高压喷射注浆法、加筋法及树根桩法等;在基础方面,出现了补偿性基础、桩箱基础、桩筏基础、沉井基础及地下连续墙基础等。

【知识拓展】

古典案例:赵州桥,又名安济桥,坐落在石家庄东南 45 km 赵县城南蝉河之上,当地俗称为大石桥,建于隋代开皇至大业年间(595~605 年),由著名石匠李春监造,是世界上现存最早、保存最好的石拱桥,1991 年被美国土木工程师学会选定为世界第十二处"国际土木工程历史古迹",标志着赵州桥与巴黎埃菲尔铁塔、巴拿马运河、埃及金字塔等世界著名历史古迹齐名。该桥是一座单孔弧形敞肩石拱桥,大桥通体用巨大花岗岩石块组成,由 28 道独立石拱纵向并列砌筑而成,全长 64. 4 m、宽 9. 6 m,净跨 37. 02 m。赵州桥最大的科学贡献,就在于它的"敞肩拱"的创举,即在大拱的两肩砌了 4 个并列的小孔,既增大了流水通道、节省石料、减轻桥身重量,又有利于小拱对大拱的被动压力,增强了桥身的稳定性。桥台则设置成既浅又小的普通矩形,厚度仅 1. 549 m,由 5 层排石垒成,砌置于密实的粗砂层上,基底压力为 500~600 kPa,1 400 多年来沉降甚微(仅几厘米),这就有力地保证了赵州桥在漫长的历史过程中,经受住了无数次洪水的冲击、8 次大地震的摇撼以及车辆的重压,至今仍巍然挺立在河之上,如图 0-6 所示。

图 0-6 世界最古老的敞肩石拱桥——赵州桥

绪论小结

(1)由于地基与基础属于隐蔽工程,其勘察、设计和施工质量的好坏直接影响建筑物的安全,一旦发生质量事故,其补救和处理往往比上部结构困难得多,有时甚至是不可弥补的,因此必须重视地基与基础在整个建筑物中的重要性。

(2)由于土力学与基础工程是一门理论性和实践性均较强的专业课,其内容广泛、综合性强,因此要求学生应熟悉本课程各章节内容及正确的学习方法,才能不断提高其分析和解决地基与基础工程中存在的实际问题的能力。

(3)熟练掌握地基的概念及分类。如果根据基础下部的土层来划分,可分为持力层和下卧层(软弱下卧层);如果根据地基是否经过人工加固处理来划分,可分为人工地基和天然地基。

(4)熟练掌握基础的概念及分类。根据基础埋置深度、采用的施工方法及施工机械来划分,可分为浅基础和深基础。

练习题

0-1　土、土力学、地基与基础的概念分别是什么?

0-2　地基包括哪些范围? 何为持力层、下卧层、软弱下卧层?

0-3　何为天然地基、人工地基、浅基础、深基础?

0-4　简述地基与基础设计的基本要求。

0-5　试列举出几例与基础工程有关的工程事故。

第 1 章　土的物理性质与工程分类

【本章导读】

将土体作为一种力学材料,用力学的基本原理和土工测试技术来研究土的物理性质,以及所受外力发生变化时土的应力、变形、强度和渗透等特性及其规律,是土力学的根本任务。因此,讨论土这种力学材料的基本物理性质与工程分类便成为后续知识的基础。本章将介绍土的生成和演变、土的物质组成及其结构与构造、土的物理性质及土的压实性和渗透性,并在此基础上介绍土的工程分类,为后续章节打下基础。

基本要求:通过本章学习,应能够绘制土颗粒的级配曲线,并能够评价土的工程性质;熟练掌握土的三相比例指标的定义和计算;熟悉黏性土和无黏性土各自的特点,它们各利用何种指标对其性质进行描述;了解土的成因以及土中矿物成分,土中水、土的结构对土的工程性质的影响;了解土的分类原则和如何进行分类。

重点:土的物理性质及状态指标;黏性土和无黏性土的物理性质;土的压实性;土的工程分类。

难点:土的三相比例指标定义及换算。

【课程思政】

"一二三四五,金木水火土,天地分上下,日月照今古!"土作为五行之一,象征着稳定和扎根的力量,是大自然中最基本的元素之一。土的人格特点是踏实肯干、勤奋努力、遵守规则和承担责任。土是值得信赖的、深思熟虑的、有耐心的,并能在困难时保持稳定和坚定。土的优良品格使人们能够建立真实的自我,注重实际问题,尊重自然规律,并且能够通过持久的努力来取得成功。

1.1　概　述

土是连续、坚固的岩石在风化作用下形成的大小悬殊的颗粒,经过不同的搬运方式,在各种自然环境中生成的沉积物。在漫长的地质年代中,由于各种内力和外力的地质作用形成了许多类型的岩石和土。岩石经历风化、剥蚀、搬运、沉积生成土,而土历经压密固结,胶结硬化也可再生成岩石。

土的物质成分包括作为土骨架的固态矿物颗粒、孔隙中的水及其溶解物质和气体。因此,土是由颗粒(固相)、水(液相)和气(气相)所组成的三相体系。各种土的颗粒大小和矿物成分差别很大,土的三相间的数量比例也不尽相同,而且土粒与其周围的水又发生了复杂的物理化学作用。所以,要研究土的性质就必须了解土的三相组成,以及在天然状态下土的结构和构造等特征。

土的三相组成、物质的性质、相对含量,以及土的结构构造等各种因素,必然在土的轻重、松密、干湿、软硬等一系列物理性质和状态上有不同的反映。土的物理性质又在一定程度上决定了它的力学性质,所以物理性质是土最基本的工程特性。

本章将介绍土的物质组成、土的结构,以及土的物理性质和土的分类。它们对土的力学性质和渗透性质起决定性作用,并有助于对土的表现和行为进行深入了解,增加对土所表现的力学性质的内在原因和机制的认识。

1.2 土的物质组成

土由固体颗粒、液体水和气体三部分组成,称为土的三相组成。土中的固体矿物(有时含有有机质,如半腐烂和全腐烂的植物物质和动物残骸等)构成骨架,称为土骨架。土骨架之间贯穿着孔隙,孔隙中充填着水和空气,三相比例不同,土的状态和工程性质也不相同。例如,土体完全被气体充满,称为干土,干黏土较硬,干砂呈松散状态;土体一部分被气体占据,另一部分被液体占据,称为湿土,湿的黏土多为可塑状态;土体完全被液体充满,称为饱和土,饱和粉细砂受振动可能产生液化,而饱和黏土地基沉降需很长时间才能稳定。

由此可以看出,这三部分本身的性质及其之间的比例关系和相互作用关系决定着土的物理性质。因此,研究土的工程性质,必须从最基本的、组成土的三相,即固体颗粒、液体水和气体本身开始研究。

1.2.1 固体颗粒

固体颗粒构成土骨架,土中固体颗粒的大小、形状、矿物成分、颗粒的相互搭配情况、颗粒与水的相互作用及气体在孔隙中的相对含量是影响土的物理性质、力学性质的主要因素。因此,土的固体颗粒对土的物理性质、力学性质起决定性作用。研究固体颗粒就要分析粒径的大小及其在土中所占的百分比,称为土的颗粒级配(粒度成分)。此外,还要研究固体颗粒的矿物成分,以及颗粒的形状。这三者之间密切相关。

1.2.1.1 颗粒的矿物成分及粒组的划分

土的颗粒一般由各种矿物组成,也含有少量有机质。土颗粒的矿物成分可以分为原生矿物和次生矿物两种。

(1)原生矿物。指物理风化所产生的粗颗粒矿物,它们就是原始的矿物成分。一般粗颗粒的矿物成分都是原生矿物,形状多为粒状,如长石、石英、角闪石和云母等。

(2)次生矿物。指化学风化后产生的矿物,一般颗粒很细的土,其成分大多是次生矿物,形状多为片状和针状,如高岭土、伊利土和蒙脱土等。矿物成分对黏性土的性质影响很大。例如,黏性土中含有大量的蒙脱土时,这种土就具有强烈的膨胀性,同时其收缩性和压缩性也很大。

在自然界中存在的土,都是由粒径大小不同的土粒组成的。自然界中的土粒,大小悬殊、性质各异,直径变化幅度(从数米的漂石到万分之几毫米的胶粒)很大,土粒的粒径由粗到细逐渐变化时,土的性质相应地发生变化。颗粒的粗细对土的性质影响很大,颗粒愈细,单位体积内颗粒的表面积愈大,其与水接触的面积愈大,颗粒的相互作用就愈强。为了研究土中各种大小土粒的相对含量及其与土的工程地质性质的关系,有必要将工程地质性质相似的土粒归并成组,按其粒径的大小分为若干组别,这种组别称为粒组。各个粒组随着分界尺寸的不同而呈现出一定质的变化。划分粒组的分界尺寸称为界限粒径,目前各国、各部门对土的粒组划分方法并不完全一致。表 1-1 和图 1-1 分别为我国铁路部门和公路部门关于路基填土的粒组划分。

表 1-1　我国铁路部门关于路基填土的粒组划分

颗粒名称		粒径 d/mm
漂石(浑圆、圆棱)或块石(尖棱)	大	$d>800$
	中	$400<d\leqslant 800$
	小	$200<d\leqslant 400$
卵石(浑圆、圆棱)或碎石(尖棱)	大	$100<d\leqslant 200$
	小	$60<d\leqslant 100$
粗圆砾(浑圆、圆棱)或粗角砾(尖棱)	大	$40<d\leqslant 60$
	小	$20<d\leqslant 40$
细圆砾(浑圆、圆棱)或细角砾(尖棱)	大	$10<d\leqslant 20$
	中	$5<d\leqslant 10$
	小	$2<d\leqslant 5$
砂粒	粗	$0.5<d\leqslant 2$
	中	$0.25<d\leqslant 0.5$
	细	$0.075<d\leqslant 0.25$
粉粒		$0.005\leqslant d\leqslant 0.075$
黏粒		$d<0.005$

<table>
<tr><td colspan="10">200　　60　　20　　5　　2　　0.5　　0.25　0.075　　0.002</td></tr>
<tr><td colspan="2">巨粒组</td><td colspan="6">粗粒组</td><td colspan="2">细粒组</td></tr>
<tr><td rowspan="2">漂石
(块石)</td><td rowspan="2">卵石
(小块石)</td><td colspan="3">砾(角砾)</td><td colspan="3">砂</td><td rowspan="2">粉粒</td><td rowspan="2">黏粒</td></tr>
<tr><td>粗</td><td>中</td><td>细</td><td>粗</td><td>中</td><td>细</td></tr>
</table>

图 1-1　我国公路部门关于路基填土的粒组划分　(单位:mm)

1.2.1.2　颗粒级配和颗粒分析

1. 固体颗粒的大小与颗粒级配

为了具体说明某种土的组成情况,不仅要了解土颗粒的粗细,更要了解土中各种颗粒所占的比例。当然,不仅要知道每一种颗粒的相对含量,而且要了解不同粒组在混合土中所占的比例,因为土的性质不仅取决于所含颗粒的粗细,更取决于不同粒组所占的比例,即土中各粒组的质量占总质量的百分数,这个百分数通常称为土的颗粒级配。进行颗粒大小分析的目的就是确定土的颗粒级配,即确定土中各粒组颗粒的相对含量。颗粒级配是影响土(特别是无黏性土)工程性质的主要因素,因此常常用来作为土的分类和定义的标准。进行颗粒分析的方法有两种:对于粒径大于 0.075 mm 但小于 60 mm 的粗粒土,可用筛分法;对于粒径小于 0.075 mm 的细粒土,可用密度计法。

筛分法的主要设备是一套分析筛。这套筛子中的各筛按筛孔孔径大小的不同自上至下排列，上加顶盖、下加底盘，叠在一起。分析筛有粗筛和细筛两种，粗筛的孔径为 60 mm、40 mm、20 mm、10 mm、5 mm 和 2 mm，细筛的孔径为 2 mm、1 mm、0. 5 mm、0. 25 mm 和 0. 075 mm。试验时，将烘干或风干的土样称重后置于振筛机上，充分振动后依次称出留在各层筛子上的土粒质量，计算出各粒组的相对含量及小于某一粒径的土颗粒含量百分数。

斯托克斯定理认为，球状的细颗粒在水中的下沉速度与颗粒直径的平方成正比。因此，不同粒径的土在水中的下沉速度也就不同。根据这一原理，可以将小于 0. 075 mm 的细颗粒土进一步分组，密度计法就是基于这种原理。在土工试验规范中都有详细介绍密度计法的具体操作过程及注意事项，本书不再赘述。

工程中常用颗粒级配曲线直接了解土的级配情况。曲线的横坐标为土颗粒粒径的对数，单位为 mm；纵坐标为小于某粒径土颗粒的累积含量，用百分比（%）表示，如图 1-2 所示。

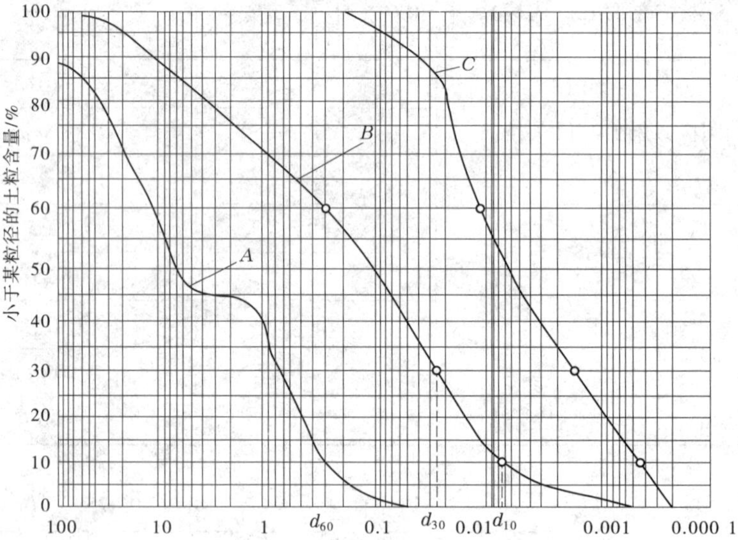

A，*B*，*C*—不同土样的级配曲线。

图 1-2　土的颗粒级配曲线

土的颗粒级配曲线在土木、水利水电等工程中经常用到。从曲线中可直接求得各粒组的颗粒含量及粒径分布的均匀程度，进而估测土的工程性质。其中，一些特征粒径可作为选择建筑材料的依据，并评价土的级配优劣。特征粒径有：

d_{10}：土中小于此粒径的土的质量占总土质量的 10%，也称有效粒径。

d_{30}：土中小于此粒径的土的质量占总土质量的 30%。

d_{50}：土中小于此粒径的土的质量和大于此粒径的土的质量各占 50%，也称平均粒径，用来表示土的粗细。

d_{60}：土中小于此粒径的土的质量占总土质量的 60%，也称限制粒径。

粒径分布的均匀程度由不均匀系数 C_u 表示：

$$C_u = d_{60}/d_{10} \tag{1-1}$$

C_u 越大，土越不均匀，即土中粗、细颗粒的大小相差越悬殊。

若土的颗粒级配曲线是连续的，C_u 越大，d_{60} 与 d_{10} 相距越远，则曲线越平缓，表示土中的粒组变化范围宽，土粒不均匀；反之，C_u 越小，d_{60} 与 d_{10} 相距越近，曲线越陡，表示土中的粒组变化范围窄，土粒均匀。工程中，把 $C_u>5$ 的土称为不均匀土，$C_u \leqslant 5$ 的土称为均匀土。

若土的颗粒级配曲线不连续，在该曲线上出现水平段（见图 1-2 曲线 A），水平段粒组范围不包含该粒组颗粒。这种土缺少中间某些粒径，颗粒级配曲线呈台阶状，土的组成特征是颗粒粗的较粗、细的较细，在同样的压实条件下，密实度不如级配连续的土高，其他工程性质也较差。

土的颗粒级配曲线的形状，尤其是确定其是否连续，可用曲率系数 C_c 反映：

$$C_c = \frac{d_{30}^2}{d_{60} \times d_{10}} \tag{1-2}$$

若曲率系数过大，表示颗粒级配曲线的台阶出现在 d_{10} 和 d_{30} 范围内；反之，若曲率系数过小，表示台阶出现在 d_{30} 和 d_{60} 范围内。经验表明，当级配连续时，C_c 的范围在 1～3。因此，当 $C_c<1$ 或 $C_c>3$ 时，均表示级配曲线不连续。

由上述可知，土的级配优劣可由土中土粒的不均匀系数和颗粒级配曲线的曲率系数衡量。我国《土的工程分类标准》（GB/T 50145—2007）规定：对于纯净的砂、砾石，当实际工程中 $C_u \geqslant 5$ 且 C_c 为 1～3 时，它的级配是良好的；不能同时满足上述条件时，它的级配是不良的。

2. 固体颗粒的成分

土中固体颗粒的成分绝大多数是矿物质，或有少量有机物。颗粒的矿物成分一般有两大类：一类是原生矿物；另一类是次生矿物。

3. 固体颗粒的形状

原生矿物的颗粒一般较粗，多呈粒状；次生矿物的颗粒一般较细，多呈片状或针状。土的颗粒越细、形状越扁平，其表面积与质量之比越大。

对于粗颗粒，比表面积没有很大意义。对于细颗粒，尤其是黏性土颗粒，比表面积的大小直接反映土颗粒与四周介质的相互作用，是反映黏性土性质特征的一个重要指标。

1.2.2　土中的水

在天然土的孔隙中通常含有一定量的水，它可以处于各种不同的状态。土中的水可以处于液态、固态或气态三种形态。土中细粒愈多，土的分散度愈大，水对土的性质的影响愈大。研究土中的水，必须考虑到水的存在状态及其与土粒的相互作用。

存在于土粒矿物的晶体格架内部或是参与矿物构造中的水称为矿物内部结合水，它只有在比较高的温度（80～680 ℃，随土粒的矿物成分不同而异）下才能化为气态水而与土粒分离。从土的工程性质分析，可以把矿物内部的结合水当作矿物颗粒的一部分。

水对无黏性土的工程地质性质影响较小，但黏性土中水是控制其工程地质性质的重要因素，如黏性土的可塑性、压缩性及其抗剪性等，都直接或间接地与其含水量有关。

存在于土中的液态水可分为结合水和自由水两大类。

1.2.2.1　结合水

试验表明，极细的土粒表面一般带有负电荷，围绕土粒形成电场，由于水分子是极性分子，即一端为正电荷，另一端为负电荷，在土粒电场范围内的水分子和阳离子一起吸附在土粒表面且定向排列形成一层薄的水膜，这层水就称为结合水。结合水是指受电分子吸引力吸附于土粒表面的土中水。这种电分子吸引力高达几千到几万个大气压,使水分子和土粒表面牢固地黏结在一起。结合水又可以分为强结合水和弱结合水两种。

1. 强结合水

强结合水是指紧靠土粒表面的结合水。它的特征是没有溶解盐类的能力,不能传递静水压力,只有吸热变成蒸汽时才能移动。这种水极其牢固地结合在土粒表面上,其性质接近固体,密度为1.2~2.4 g/cm^3,冰点为-78 ℃,具有极大的黏滞度、弹性和抗剪强度。如果将干燥的土移至天然湿度的空气中,则土的质量将增加,直到土中吸着的强结合水达到最大吸着度为止。土粒愈细,土的比表面愈大,则最大吸着度就愈大。砂土的最大吸着度约占土粒质量的1%,而黏土可达17%。黏土中只含有强结合水时,呈固体状态,磨碎后则呈粉末状态。

2. 弱结合水

弱结合水紧靠强结合水的外围形成一层结合水膜。它仍然不能传递静水压力,但较厚水膜的弱结合水能向邻近的较薄水膜缓慢转移。当土中含有较多的弱结合水时,土就具有一定的可塑性。砂土比表面积较小,几乎不具可塑性,而黏性土的比表面积较大,其可塑性范围较大。

弱结合水离土粒表面愈远,其受到的电分子吸引力愈弱小,并逐渐过渡到自由水。

1.2.2.2 自由水

自由水是存在于土粒表面电场影响范围以外的水。它的性质和普通水一样,能传递静水压力,冰点为0 ℃,有溶解能力。自由水按其移动所受作用力的不同,可以分为重力水和毛细水。

1. 重力水

重力水是在重力或压力差作用下运动的自由水,它是存在于地下水位以下的透水土层中的地下水,对土粒有浮力作用。重力水对土中的应力状态和开挖基槽、基坑,以及修筑地下构筑物时所应采取的排水、防水措施有重要影响。

2. 毛细水

毛细水是受到水与空气交界面处表面张力作用的自由水。毛细水存在于地下水位以上的透水层中。毛细水按其与地下水面是否联系可分为毛细悬挂水(与地下水无直接联系)和毛细上升水(与地下水相连)两种。当土孔隙中局部存在毛细水时,毛细水的弯液面和土粒接触处的表面引力反作用于土粒上,使土粒之间由于这种毛细压力而挤紧,土因而具有微弱的黏聚力,称为毛细黏聚力。

在施工现场常常可以看到稍湿状态的砂堆,能保持垂直陡壁达几十厘米高而不坍落,就是砂粒间具有毛细黏聚力的缘故。在饱水的砂或干砂中,土粒之间的毛细压力消失,原来的陡壁就变成斜坡,其天然坡面与水平面所形成的最大坡角称为砂土的自然坡角。在工程中,要注意毛细上升水的上升高度和速度,因为毛细水的上升对建筑物地下部分的防潮措施和地基土的浸湿与冻胀等有重要影响。此外,在干旱地区,地下水中的可溶盐随毛细水上升后不断蒸发,盐分便积聚于靠近地表处而形成盐渍土。土中毛细水的上升高度可用试验方法测定,如图1-3所示。

地面下一定深度的土温,随大气温度而改变。当地层温度降至0 ℃以下时,土体便会因土中水冻结而形成冻土。某些细粒土在冻结时,往往发生体积膨胀,即冻胀现象。土体发生冻胀的机制主要是由于土层在冻结时,周围未冻区土中的水分向冻结区迁移、集聚所致。然后弱结合水的外层在负温时冻结,越靠近土粒表面,其冰点越低。当大气负温传入土中时,土中的自由水首先冻结成冰晶体,然后弱结合水的最外层也开始冻结,冰晶体逐渐扩大,于是冰晶体周围土粒的结合水膜变薄,土粒产生剩余的分子引力。另外,由于结合水膜的变薄,水膜中的离子浓度增大,产生了渗透压力。在这两种力的作用下,下卧未冻区水膜较厚处的弱结合水便被吸到水膜较薄的冻结区,并参与冻结,使冻结区的冰晶体增大,而不平衡引力却继续存在。假使下卧未冻区存在水源(如地下水位距冻结深度很近)及适当的水源补给通道(毛细通道),水能不断地补充到冻结区,那么,未冻结区的水分(包括弱结合水和自由水)就会继续向冻结区迁移和积聚,使冰晶体不断扩大,在土层中形成冰夹层,土体随之发生隆起,产生冻胀现象。当土层解冻时,土中积聚的冰晶体融化,土体随之下陷,即产生融沉现象。

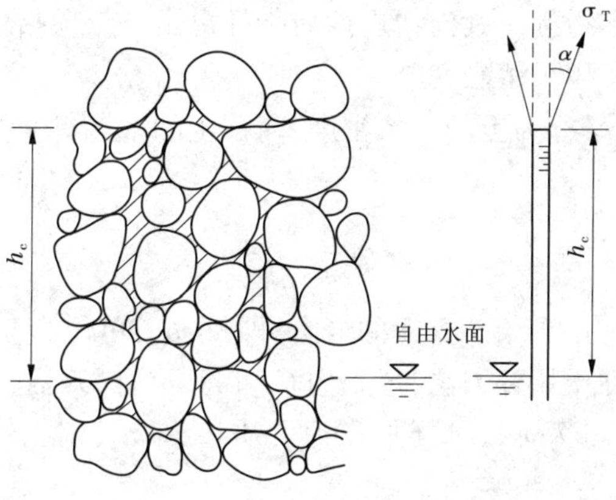

图 1-3　土中的毛细水

1.2.3　土中的气体

在非饱和土中,土颗粒间的孔隙由液体和气体充满。土中气一般以下面两种形式存在于土中:一种是四周被颗粒和水封闭的封闭气体,另一种是与大气相通的自由气体。

当土的饱和度较低、土中气体与大气相通时,土体在外力作用下,气体很快从孔隙中排出,使土的强度和稳定性提高。当土的饱和度较高、土中出现封闭气体时,土体在外力作用下,外力增大,则体积缩小;外力减小,则体积增大。因此,土中封闭气体增加了土的弹性。同时,土中封闭气体的存在还能阻塞土中的渗流通道,减小土的渗透性。

1.3　土的物理性质指标

如前所述,土是三相体,由土的固体颗粒、水和气体三相组成,随着土中三相之间的质量与体积的比例关系的变化,土的疏密性、软硬性、干湿性等物理性质随之变化。为了定量了解土的这些物理性质,就需要研究土的三相比例指标。因此,所谓土的物理性质指标,就是表示土中三相比例关系的一些物理量,如图 1-4 所示土的三相简图。

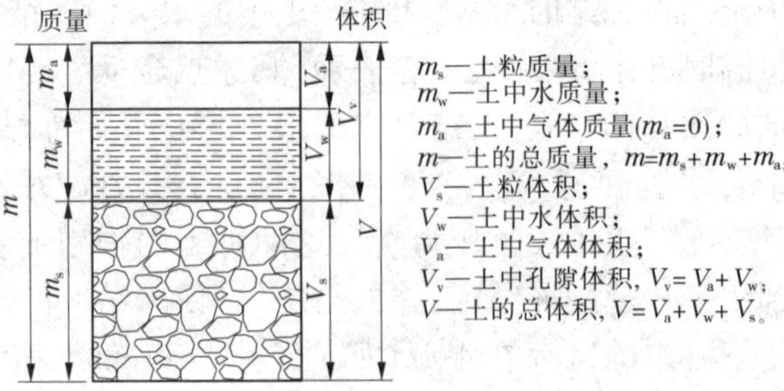

图 1-4　土的三相简图

1.3.1　土的三相基本指标

土的物理性质指标中,土的天然密度、含水量和土粒的相对密度这三项指标是由实验室直接测定的,称为三相基本指标。其他物理性质指标可由这三项指标推算得到。

1.3.1.1　土的天然密度 ρ 和天然重度 γ

单位体积天然土的质量称为土的天然密度,简称土的密度,记为 ρ,单位为 g/cm^3。天然密度表达式为

$$\rho = \frac{m}{V} \tag{1-3}$$

在计算土体自重时,常用到天然重度的概念,即 $\gamma=\rho g$,单位为 kN/m^3。

密度的测定方法:黏性土用环刀法,环刀内径和高度为已知数,因此土样的体积是已知的。如先称量空环刀的质量为 m_1,试样加环刀的质量为 m_2,则土的质量 $m=m_2-m_1$,土的密度 $\rho=\dfrac{m_2-m_1}{V}=\dfrac{m}{V}$。

砂和砾石等粗颗粒土不能用环刀法,可采用灌水法或灌砂法。根据试样的最大粒径确定试坑尺寸,参见《土工试验方法标准》(GB/T 50123—2019),称出从试坑中挖出的试样质量 m,在试坑中铺上塑料薄膜,灌水或砂测量试坑的体积 V,得到土的密度 $\rho=m/V$。

天然状态下土的密度变化范围较大,黏性土和粉土为 1.8~2.0 g/cm^3,砂土为 1.6~2.0 g/cm^3。

1.3.1.2　土颗粒的相对密度 $d_s(G_s)$

土颗粒的密度与 4 ℃纯水的密度之比称为土颗粒的相对密度,记为 d_s 或 G_s,是无量纲数值。

$$G_s = \frac{\frac{m_s}{V_s}}{\rho_w} = \frac{\rho_s}{\rho_w} \tag{1-4}$$

式中　ρ_w——4 ℃时纯水的密度,取 $\rho_w=1\ g/cm^3$。

4 ℃纯水的密度为已知条件,故测定土颗粒的相对密度,实质就是测定土颗粒的密度。粒径小于 5 mm 的土,常用比重瓶法测定。粒径大于 5 mm 的土,其中当粒径大于 20 mm 的颗粒含量小于 10%时,采用浮称法测定;粒径大于 20 mm 的颗粒含量大于或等于 10%时,采用虹吸筒法测定。具体方法可参见《土工试验方法标准》(GB/T 50123—2019)。

同一种土,其土粒相对密度变化范围很小,砂土为 2.65~2.69、粉土为 2.70~2.71、黏性土为 2.72~2.75。当无条件进行试验时,可参考同一地区、同一种土的多年实测积累的经验数据。

1.3.1.3　土的含水量 ω

土中水的质量和土颗粒质量的比值称为含水量,也称含水率,用百分数表示,记为 ω。

$$\omega = \frac{m_w}{m_s} \times 100\% \tag{1-5}$$

含水量的试验通常采用烘干法,用天平称量湿土质量 m,放入烘干箱内,控制温度为 105~110 ℃,恒温 8 h 左右,称量干土质量 m_s,计算土的含水量。

$$\omega = \frac{m - m_s}{m_s} \times 100\% \tag{1-6}$$

在野外没有烘干箱或需要快速测定含水量时,可采用酒精燃烧法或红外线烘干法。

天然土层的含水量变化范围很大,与土的种类、埋藏条件及所处的自然地理环境有关。一般砂土的含水量为 0~40%;黏性土大些,为 20%~60%;淤泥土含水量更大。黏性土的工程性质很大程度上由其含水量决定,并随含水量的大小发生状态变化,含水量越大的土压缩性越大,强度越低。

1.3.2　换算指标

测出上述三个基本试验指标后,就可根据三相图计算出三相组成各自的体积和质量上的含量,根据其他相应指标的定义便可以导出其他的物理性质指标,即换算指标。

1.3.2.1　反映土的松密程度的指标

1. 孔隙比 e

孔隙比是土中孔隙体积与固体土颗粒体积之比,以小数表示,记为 e。

$$e = \frac{V_v}{V_s} \tag{1-7}$$

孔隙比是评价土的密实程度的重要物理性质指标。

一般砂土的孔隙比为 0.5~1.0,黏性土和粉土的孔隙比为 0.5~1.2,淤泥土的孔隙比≥1.5。$e<0.6$ 的砂土为密实状态,是良好的地基;$1.0<e<1.5$ 的黏性土为软弱淤泥质地基。

2. 孔隙率 n

孔隙率是土中孔隙体积与总体积之比,即单位土体中孔隙所占的体积,用百分数表示,记为 n。

$$n = \frac{V_v}{V} \times 100\% \tag{1-8}$$

孔隙率也可用来表示同一种土的松密程度,其值随土形成过程中所受的压力、颗粒级配和颗粒排列的状况而变化。一般粗粒土的孔隙率小,细粒土的孔隙率大。例如,砂类土的孔隙率一般为 28%~35%,黏性土的孔隙率有时可高达 60%~70%。

1.3.2.2　反映土中含水程度的指标

饱和度是土中水的体积与孔隙总体积之比,记为 S_r,以百分数表示。

$$S_r = \frac{V_w}{V_v} \times 100\% \tag{1-9}$$

饱和度表示土孔隙内充水的程度，反映土的潮湿程度。当 $S_r = 0$ 时，土是完全干的；当 $S_r = 100\%$时，土是完全饱和的。

砂土与粉土以饱和度作为湿度划分的标准，分为稍湿($S_r \leqslant 50\%$)、很湿($50\% < S_r \leqslant 80\%$)与饱和($S_r > 80\%$)三种湿度状态。对于天然黏性土，一般将 $S_r > 95\%$的土视为完全饱和土。

1.3.2.3 几种特定状态下的密度和重度

1. 干密度 ρ_d 和干重度 γ_d

单位体积土中固体颗粒的质量，称为土的干密度，记为 ρ_d，单位为 g/cm³。

$$\rho_d = \frac{m_s}{V} \tag{1-10}$$

单位体积土中固体颗粒的重力，称为土的干重度，记为 γ_d，单位为 kN/m³。

$$\gamma_d = \frac{m_s g}{V} = \rho_d g \tag{1-11}$$

干密度反映了土的密实程度，工程上常用来作为填方工程中土体压实质量的检查标准。干密度越大，土体越密实，工程质量越好。

2. 饱和密度 ρ_{sat} 和饱和重度 γ_{sat}

土的孔隙中充满水时的单位体积质量，即为土的饱和密度，记为 ρ_{sat}，单位为 g/cm³。一般土的饱和密度的范围为 1.8~2.3 g/cm³。

$$\rho_{sat} = \frac{m_s + V_v \rho_w}{V} \tag{1-12}$$

土中孔隙被水完全充满时，单位体积土所受的重力即为土的饱和重度，记为 γ_{sat}。

$$\gamma_{sat} = \frac{m_s g + V_v \rho_w g}{V} = \rho_{sat} g \tag{1-13}$$

3. 有效重度(浮重度) γ'

地下水位以下的土，扣除水浮力后单位体积土所受的重力称为土的有效重度(浮重度)，记为 γ'，单位为 kN/m³。

$$\gamma' = \frac{m_s g - V_s \rho_w g}{V} = \frac{m_s g - (V - V_v)\rho_w g}{V} = \gamma_{sat} - \gamma_w \tag{1-14}$$

式中　γ_w——水的重度，取 $\gamma_w = 10$ kN/m³。

1.3.3 三相指标的换算

上面仅给出了导出指标的定义式，实际上都可以依据三个基本试验指标(土的密度 ρ、土粒相对密度 d_s、含水量 ω)推导得出。

推导时，通常假定土体中土颗粒的体积 $V_s = 1$(也可假定其他两相体积为 1)，根据各指标的定义可得到 $V_v = e$, $V = 1 + e$, $m_w = \omega m_s$, $m_s = \rho_w d_s$, $m = (1+\omega)\rho_s$，如图 1-5 所示。具体的换算公式可查阅表 1-2，建议初学者根据定义，按照上述思路进行推导，以加深对各指标基本概念的理解。

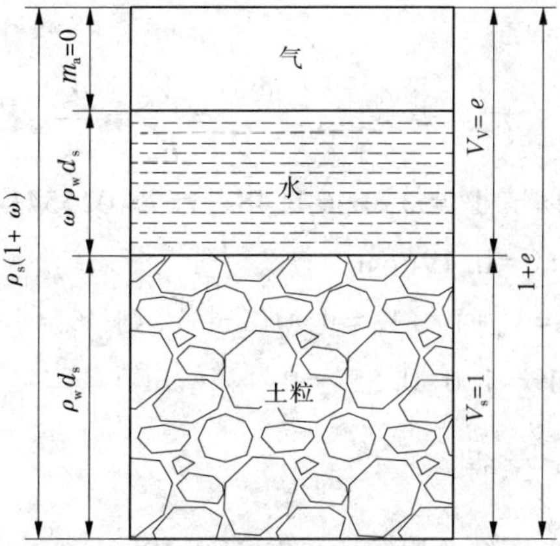

图 1-5　三相比例指标换算图

表 1-2　土的三相比例指标常用换算公式

导出指标	符号	表达式	与试验指标的换算公式
干重度	γ_d	$\gamma_d=\dfrac{m_s g}{V}=\rho_d g$	$\gamma_d=\dfrac{\gamma}{1+\omega}$
饱和重度	γ_{sat}	$\gamma_{sat}=\dfrac{m_s g+V_v\rho_w g}{V}=\rho_{sat}g$	$\gamma_{sat}=\dfrac{\gamma(\rho_s g-\gamma_w)}{\gamma_s(1+\omega)}+\gamma_w$
有效重度	γ'	$\gamma'=\dfrac{m_s g-V_s\rho_w g}{V}=\gamma_{sat}-\gamma_w$	$\gamma'=\dfrac{\gamma_w(d_s-1)\gamma}{\rho_s(1+\omega)g}$
孔隙比	e	$e=\dfrac{V_v}{V_s}$	$e=\dfrac{\gamma_w d_s(1+\omega)}{\gamma}-1$
孔隙率	n	$n=\dfrac{V_v}{V}\times100\%$	$n=1-\dfrac{\gamma}{\rho_s g(1+\omega)}$
饱和度	S_r	$S_r=\dfrac{V_w}{V_v}\times100\%$	$S_r=\dfrac{\gamma\rho_s g\omega}{\gamma_w[\rho_s g(1+\omega)-\gamma]}$

注：表中 g 为重力加速度，取 $g\approx10\ \mathrm{m/s^2}$。

【例 1-1】　某原状土样，经试验测得天然密度 $\rho=1.67\ \mathrm{g/cm^3}$，含水量 $\omega=12.9\%$，土粒相对密度 $G_s=2.67$，求孔隙比 e、孔隙率 n 和饱和度 S_r。

解：以下给出两种方法。方法一：根据三相比例指标换算图，按照各导出指标的定义进行推导；方法二：直接套用换算公式。

方法一：

(1) 设土的体积 $V=1.0\ \mathrm{cm^3}$。

根据密度定义：$m=\rho V=1.67\times1.0=1.67(\mathrm{g})$。

(2) 根据含水量定义：$m_w=\omega m_s=0.129\ m_s$。由三相简图可知：$m=m_a+m_w+m_s$。$m_a=0$，$m_w+m_s=m$，即有 $0.129\ m_s+m_s=1.67$，从而可得 $m_s=1.67/1.129=1.48(\mathrm{g})$，$m_w=$

1.67−1.48=0.19(g)。

(3)根据土粒相对密度的定义表达式,即 $G_s=\frac{\frac{m_s}{V_s}}{\rho_w}=\frac{\rho_s}{\rho_w}$,已知 $G_s=2.67$,$\rho_w=1.0$,$\rho_s=2.67\times1=2.67(g/cm^3)$。所以有 $V_s=m_s/\rho_s=1.48/2.67=0.554(cm^3)$。

(4) $V_w=m_w/\rho_w=0.19/1.0=0.19(cm^3)$。

(5)由三相简图可知:$V=V_a+V_w+V_s=1.0(cm^3)$,则 $V_a=1-V_s-V_w=1-0.554-0.19=0.256(cm^3)$,所以有 $V_v=V-V_s=1.0-0.554=0.446(cm^3)$。

(6)根据孔隙比定义 $e=\frac{V_v}{V_s}$,得

$$e=\frac{V_a+V_w}{V_s}=\frac{0.256+0.19}{0.554}=0.805$$

(7)根据孔隙率定义 $n=\frac{V_v}{V}\times100\%$,得

$$n=\frac{V_a+V_w}{V}\times100\%=\frac{0.256+0.19}{1.0}\times100\%=44.6\%$$

(8)根据饱和度定义 $S_r=\frac{V_w}{V_v}\times100\%$,得

$$S_r=\frac{V_w}{V_a+V_w}\times100\%=\frac{0.19}{0.256+0.19}\times100\%=42.6\%$$

方法二:

查表可知各项导出指标与基本指标的换算公式如下:

$$e=\frac{\gamma_w G_s(1+\omega)}{\gamma}-1=\frac{10\times2.67\times(1+0.129)}{16.7}-1=0.805$$

$$n=1-\frac{\gamma}{\rho_s g(1+\omega)}=1-\frac{16.7}{2.67\times10\times(1+0.129)}=44.6\%$$

$$S_r=\frac{\gamma\rho_s g\omega}{\gamma_w[\rho_s g(1+\omega)-\gamma]}=\frac{16.7\times2.67\times10\times0.129}{10\times[2.67\times10\times(1+0.129)-16.7]}=42.8\%$$

注:方法二与方法一的偏差属于计算中四舍五入的累计误差。

1.4 土的物理状态指标

1.4.1 黏性土的物理状态指标

1.4.1.1 界限含水量

黏性土最主要的特征是它的稠度,稠度是指黏性土在某一含水量下的软硬程度和土体对外力引起的变形或破坏的抵抗能力。当土中含水量很低时,水被土颗粒表面的电荷吸着于颗粒表面,土中水为强结合水,土呈现固态或半固态。当土中含水量增加时,吸附在颗粒

周围的水膜加厚,土粒周围除强结合水外,还有弱结合水。弱结合水不能自由流动,但受力时可以变形,此时土体受外力作用可以被捏成任意形状,外力取消后仍保持改变后的形状,这种状态称为塑态。当土中含水量继续增加,土中除结合水外已有相当数量的水处于电场引力范围外时,土体不能承受剪应力,呈现流动状态。实质上,土的稠度就是反映土体的含水量。而黏性土的含水量又决定其工程性质。土从一种状态转变成另一种状态的界限含水量,称为稠度界限。因此,根据含水量和该土的稠度界限,可以定性判断其工程性质。工程上常用的稠度界限有液限和塑限。

液限指土从塑性状态转变为液性状态时的界限含水量,用 ω_L 表示。

塑限指土从半固体状态转变为塑性状态时的界限含水量,用 ω_P 表示。

我国采用锥式液限仪测定液限和塑限,如图 1-6 所示。测定时,将调成不同含水量的试样(制成 3 个不同含水量试样)先后分别装满盛样杯,刮平杯口表面,将 76 g 重圆锥(锥角为 30°)放在试样表面中心,使其在重力作用下徐徐沉入试样,测定圆锥仪在 5 s 时的入土深度。

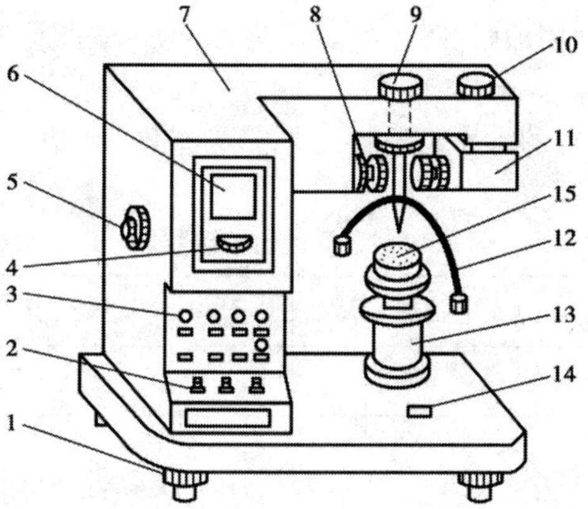

1—水平调节螺钉;2—控制开关;3—指示发光管;4—零线调节螺钉;5—反光镜调节螺钉;6—屏幕;7—机壳;8—物镜调节螺钉;9—电磁装置;10—光源调节螺钉;11—光源装置:12—圆锥仪;13—升降台;14—水平泡;15—盛样杯(内装试样)。

图 1-6　光电式液、塑限仪结构示意图

在双对数坐标纸上绘出圆锥入土深度和含水量的关系直线,在直线上查得圆锥入土深度为 10 mm 所对应的含水量,即为液限;入土深度为 2 mm 所对应的含水量即为塑限,取值至整数。

1.4.1.2　塑性指数

液限与塑限的差值称为塑性指数,即

$$I_p = \omega_L - \omega_P \tag{1-15}$$

式中,ω_L 和 ω_P 用百分数表示,计算所得的塑性指数也应用百分数表示,但是习惯 I_p 不带百分号,如 $\omega_L=35\%$、$\omega_P=23\%$,$I_p=35-23=12$。液限与塑限之差越大,说明土体处于可塑状态的含水量变化范围越大,也就是说,塑性指数的大小与土中结合水的含水量有直接关系。从土的颗粒大小来看,土粒越细,黏粒含量越高,其比表面积越大,则结合水越多,塑性指数也越大。此外,塑性指数还与水中离子浓度和成分有关。

可塑性是黏性土区别于砂土的重要特征。由于塑性指数反映了土的塑性大小和影响黏性土特征的各种重要因素,因此常用 I_p 作为黏性土的分类标准,见表 1-3。

表 1-3　黏性土按塑性指数分类

土的名称	塑性指数
黏土	$I_p>17$
粉质黏土	$10<I_p\leqslant 17$

1.4.1.3　液性指数

土的天然含水量与塑限之差再与塑性指数之比,称为土的液性指数,即

$$I_L=\frac{\omega-\omega_p}{I_P}=\frac{\omega-\omega_p}{\omega_L-\omega_p} \tag{1-16}$$

由式(1-16)可知,当天然含水量小于 ω_P 时,I_L 小于 0,土体处于固体或半固体状态;当 ω 大于 ω_L 时,$I_L>1$,天然土体处于流动状态;当 ω 在 ω_P 和 ω_L 之间时,I_L 为 0~1,天然土体处于可塑状态。因此,可以利用液性指数 I_L 表示黏性土所处的天然状态。I_L 值越大,土体越软;I_L 值越小,土体越坚硬。

工程中按土的液性指数的大小将黏性土划分为坚硬、硬塑、可塑、软塑和流塑 5 种软硬状态,见表 1-4。

表 1-4　黏性土软硬状态

液性指数	$I_L\leqslant 0$	$0<I_L\leqslant 0.25$	$0.25<I_L\leqslant 0.75$	$0.75<I_L\leqslant 1.0$	$I_L>1.0$
状态	坚硬	硬塑	可塑	软塑	流塑

塑性指数越大,土的可塑性就越强。这好比用一块黏性土来塑像,这种土在塑像过程中不会因为吹风失水而很快变硬失去可塑性,或者因为稍微多加点水又变得失去可塑性。反之,如果塑性指数小,则很容易因为风吹失水或者加水变稀而失去塑性,即可塑性差。那么,可塑性的高低有何工程意义呢?一般而言,塑性指数大的黏性土往往具有明显的胀缩性,性质极不稳定,不宜作为工程填料和工程地基。但事物都具有两面性,塑性指数大的黏性土,因为土颗粒较细,黏塑性较高,遇水易软化,与水搅拌后较均匀,不易沉淀,所以在水下灌注桩墙施工中作为护壁泥浆配料是极佳的材料。

黏性土的塑性指数是由土的性质决定的,是黏性土的固有属性,与状态无关,常用于土的分类;液性指数是由当前的含水量决定的,表明黏性土软硬的一种状态。对于一种黏性土,前者是不变的,后者是随含水量而改变的。打个比喻,塑性指数如同人的姓,这是不改变的,而液性指数如同人的年龄,是状态的表述。

根据含水量的大小已可判断土的软硬状态,为何还要引入液性指数来表征黏性土的软硬状态呢?原因在于,通过含水量来判断软硬,只能针对同一类土,而不同土类之间便不能只用含水量的大小来判断软硬了。因此,需引入液性指数,该指数的表达式中包含了各土样自身的界限含水量,不同土样需要根据液性指数来判断其软硬状态。

1.4.2　无黏性土的物理状态指标

砂土、碎石土统称为无黏性土。无黏性土的密实程度是影响其工程性质的重要指标。当无黏性土处于密实状态时,结构较稳定,压缩性小,强度较大,可作为建筑物的良好地基;当处于疏松状态时(特别对于细砂、粉砂来说),稳定性差,压缩性大,强度偏低,属于软弱土。如果它位于地下水位以下,在动荷载作用下还可能由于超静孔隙水压力的产生而发生砂土液化。例如,我国海城 1975 年发生 7.3 级地震,震中以西 25~60 km 的下辽河平原发生强烈砂土液化,造成大面积喷砂冒水,许多道路、桥梁、工业设施、民用建筑遭到破坏。2008 年汶川 8 级地震时,在德阳等地同样出现大量严重的砂土液化现象,液化震害对农田、公路桥梁、建筑物及工厂、学校等造成较大影响。因此,弄清无黏性土的密实程度是评价其工程性质的前提。

1.4.2.1　**砂土的密实度**

砂土的密实度可用天然孔隙比衡量,当 $e<0.6$ 时,属密实砂土,强度高,压缩性小;当 $e>0.95$ 时,属松散砂土,强度低,压缩性大。这种测定方法简单,但没有考虑土颗粒级配的影响。例如,同样孔隙比的砂土,当颗粒不均匀时较密实(级配良好),当颗粒均匀时较疏松(级配不良)。换言之,孔隙比用于同一级配砂土的密实度判断,不适合用于不同级配砂土之间的密实度比较。

考虑土颗粒级配影响,通常采用砂土的相对密实度 D_r 来划分砂土的密实度。

$$D_r = \frac{e_{max} - e}{e_{max} - e_{min}} \tag{1-17}$$

式中　D_r ——砂土的相对密实度;

e_{max} ——砂土的最大孔隙比,即最疏松状态的孔隙比;

e_{min} ——砂土的最小孔隙比,即最密实状态的孔隙比;

e ——砂土在天然状态下的孔隙比。

e_{max} 测定方法是将疏松的风干土样通过长颈漏斗轻轻倒入容器,求其最小重度,进而换算得到最大孔隙比。

e_{min} 测定方法是将疏松的风干土样分几次装入金属容器,并加以振动和锤击,直到密度不变为止,求其最大重度,进而换算得到最小孔隙比。

由式(1-17)可知,若砂土的天然孔隙比 e 接近 e_{min},D_r 接近 1,土呈密实状态;当 e 接近 e_{max} 时,D_r 接近 0,土呈疏松状态。按照 D_r 的大小将砂土分成三种状态:$0.67< D_r <1$,密实;$0.33<D_r<0.67$,中密;$0< D_r <0.33$,松散。

相对密实度从理论上说是砂土的一种比较完善的密实度指标,反映了颗粒级配、颗粒形状等因素,但由于测定 e_{max} 和 e_{min} 时因人而异,平行试验反映出误差大,因此在实际应用中有一定的困难,这就使相对密实度的指标难以测量准确,所以在工程中并不完全采用。鉴于上述原因,工程实践中一般采用标准贯入试验、静力触探等原位测试方法来评价无黏性土的密实度。

砂土根据标准贯入试验的锤击数 N 分为松散、稍密、中密和密实 4 种密实度,其划分标准如表 1-5 所示。

表 1-5　砂土的密实度

标准贯入试验锤击数 N	密实度	标准贯入试验锤击数 N	密实度
$N \leqslant 10$	松散	$15<N \leqslant 30$	中密
$10<N \leqslant 15$	稍密	$N>30$	密实

标准贯入试验是将质量为 63.5 kg 的重锤从 76 cm 高处自由落下，测得将贯入器击入土中 30 cm 所需的锤击数来衡量砂土的密实度。

1.4.2.2　碎石土的密实度

碎石土既不易获得原状土样，也难以将贯入器击入土中。对于这类土，可用重型圆锥动力触探锤击数来划分碎石土的密实度，见表 1-6。

表 1-6　碎石土的密实度

重型圆锥动力触探锤击数 $N_{63.5}$	密实度	重型圆锥动力触探锤击数 $N_{63.5}$	密实度
$N_{63.5} \leqslant 5$	松散	$10<N_{63.5} \leqslant 20$	中密
$5<N_{63.5} \leqslant 10$	稍密	$N_{63.5}>20$	密实

注：本表适用于平均粒径小于或等于 50 mm，且最大粒径小于 100 mm 的碎石土。对于平均粒径大于 50 mm 或最大粒径大于 100 mm 的碎石土，可用超重型动力触探或用野外观察鉴别。

1.5　土的工程分类

自然界土的成分、结构和性质千变万化，表现的工程性质也各不相同。土的合理分类具有重要的工程实际意义。例如，根据分类名称可以大致判断土（岩）的工程特性、评价土作为建筑材料的适宜性，以及结合其他指标来确定地基的承载力等。

岩石和土的分类方法很多，不同部门根据其用途采用各自的分类方法。在建筑工程中，土是作为地基以承受建筑物的荷载，因此着眼于土的工程性质（特别是强度与变形特性）及其与地质成因的关系来进行分类。

1.5.1　我国铁路部门土的工程分类

1.5.1.1　一般土的分类

《铁路工程岩土分类标准》（TB 10077—2019）按照土颗粒的形状、级配或塑性指数，将土分为碎石类土、砂类土、粉土、黏性土。

1. 碎石类土

碎石类土的划分如表 1-7 所示。

表 1-7　碎石类土的划分

土的名称	颗粒形状	土的颗粒级配
漂石土	浑圆或圆棱状为主	粒径大于 200 mm 的颗粒的质量超过总质量的 50%
块石土	尖棱状为主	
卵石土	浑圆或圆棱状为主	粒径大于 60 mm 的颗粒的质量超过总质量的 50%
碎石土	尖棱状为主	
粗圆砾土	浑圆或圆棱状为主	粒径大于 20 mm 的颗粒的质量超过总质量的 50%
粗角砾土	尖棱状为主	
细圆砾土	浑圆或圆棱状为主	粒径大于 2 mm 的颗粒的质量超过总质量的 50%
细角砾土	尖棱状为主	

注:定名时应根据粒径分组,由大到小,以最先符合者确定。

2. 砂类土

砂类土的划分如表 1-8 所示。

表 1-8　砂类土的划分

土的名称	土的颗粒级配
砾砂	粒径大于 2 mm 颗粒的质量占总质量的 25%~50%
粗砂	粒径大于 0. 5 mm 颗粒的质量超过总质量的 50%
中砂	粒径大于 0. 25 mm 颗粒的质量超过总质量的 50%
细砂	粒径大于 0. 075 mm 颗粒的质量超过总质量的 85%
粉砂	粒径大于 0. 075 mm 颗粒的质量超过总质量的 50%

注:定名时应根据颗粒级配,由大到小,以最先符合者确定。

3. 粉土

塑性指数小于或等于 10,且粒径大于 0. 075 mm 颗粒的质量不超过全部质量 50%的土,应定名为粉土。

4. 黏性土

黏性土的划分如表 1-9 所示。

表 1-9　黏性土的划分

土的名称	塑性指数 I_P
粉质黏土	$10<I_P\leqslant 17$
黏土	$I_P>17$

注:塑性指数 I_p 等于土的液限含水率与塑限含水率之差,液限和塑限采用液塑限联合测定法,液限为 10 mm 液限。

1. 5. 1. 2　特殊土

根据土中特殊物质的含量、结构特征和特殊的工程地质性质等因素,将特殊土划分为黄土、红黏土、膨胀土、软土、盐渍土、多年冻土、季节性冻土、填土等。

1.5.2 我国公路部门土的工程分类

1.5.2.1 一般土的分类

《公路土工试验规程》(JTG 3430—2020)按照土的土粒级配及塑性指标,将土分为巨粒土、粗粒土、细粒土。

1. 巨粒土

(1)巨粒组质量大于总质量75%的土称漂(卵)石。

(2)巨粒组质量为总质量50%~75%(含75%)的土称漂(卵)石夹土。

(3)巨粒组质量为总质量15%~50%(含50%)的土称漂(卵)石质土。

(4)巨粒组质量小于或等于总质量15%的土,可扣除巨粒,按粗粒土或细粒土的相应规定分类定名。

2. 粗粒土

土中巨粒组土粒质量小于或等于总质量的15%,且巨粒组土粒与粗粒组土粒的质量之和大于总质量50%的称粗粒土。粗粒土根据颗粒级配又分为以下几种:

(1)粗粒土中砾粒组质量大于砂粒组质量的土称砾类土。

(2)粗粒土中砾粒组质量小于或等于砂粒组质量的土称砂类土。

其中,砂类土又根据细粒含量和类别,以及粗粒组的级配又分为以下几种:

①砂类土中细粒组质量小于或等于总质量5%的土称砂。

②砂类土中细粒组质量为总质量5%~15%(含15%)的土称含细粒土砂。

③砂类土中细粒组质量大于总质量15%,并小于或等于总质量50%的土称细粒土质砂。

砂可进一步细分为粗砂、中砂和细砂,定名时应根据颗粒级配由大到小以最先符合者确定。

粗砂:粒径大于0.5 mm颗粒的质量超过总质量的50%;

中砂:粒径大于0.25 mm颗粒的质量超过总质量的50%;

细砂:粒径大于0.075 mm颗粒的质量超过总质量的50%。

3. 细粒土

土中细粒组土颗粒质量大于或等于总质量50%的土称为细粒土,可分为以下几种:

(1)细粒土中粗粒组质量小于或等于总质量25%的土称粉质土或黏质土。

(2)细粒土中粗粒组质量为总质量25%~50%(含50%)的土称含粗粒的粉质土或含粗粒的黏质土。

(3)试样中有机质含量大于或等于总质量5%的土称有机质土;试样中有机质含量大于或等于10%的土称有机土。

其中,当细粒土的ω_L小于50%时定名为低液限土,其余为高液限土。

1.5.2.2 特殊土

根据黄土、红黏土和膨胀土在塑性图中的位置分别给出其判断标准;根据土中含盐量不同将盐渍土分为弱盐渍土、中盐渍土、强盐渍土和过盐渍土;根据冻土持续时间的长短将冻土分为多年冻土、隔年冻土和季节冻土。

1.6　土的结构与构造

1.6.1　土的结构

土的结构是指土粒(或团粒)的大小、形状、互相排列及联结的特征。土的结构是在成土的过程中逐渐形成的,它反映了土的成分、成因和年代对土的工程性质的影响。土的结构按其颗粒的排列和联结,常见的有 3 种基本类型,如图 1-7 所示。

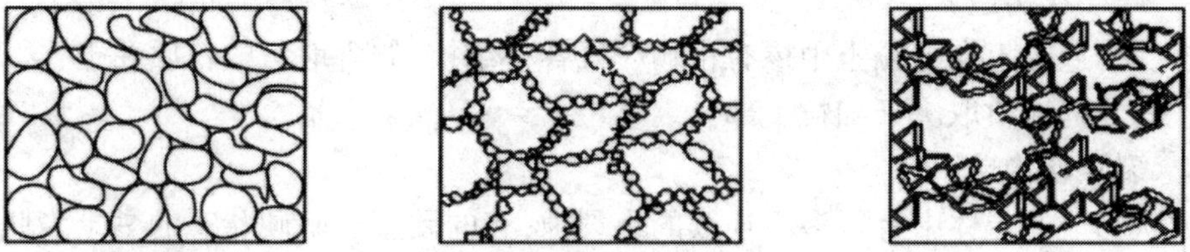

(a)单粒结构　(b)蜂窝状结构　(c)絮状结构

图 1-7　土的结构的基本类型

1.6.1.1　单粒结构

单粒结构是碎石土和砂土的结构特征。其特点是土粒间没有联结存在,或者联结非常微弱,可以忽略不计。疏松状态的单粒结构在荷载作用下,特别是在振动荷载作用下会趋向密实,土粒移向更稳定的位置,同时产生较大的变形;密实状态的单粒结构在剪应力作用下会发生剪胀,即体积膨胀,密度变松。单粒结构的紧密程度取决于矿物成分、颗粒形状、粒度成分和级配的均匀程度。片状矿物颗粒组成的砂土最为疏松;浑圆的颗粒组成的土比带棱角的颗粒组成的土容易趋向密实;土粒的级配愈不均匀,结构愈紧密。

1.6.1.2　蜂窝状结构

蜂窝状结构是以粉粒为主的土的结构特征。粒径为 0.02~0.002 mm 的土粒在水中沉积时,基本上是单个颗粒下沉,在下沉过程中碰上已沉积的土粒时,如土粒间的引力相对自重而言已经足够大,则此颗粒就停留在最初的接触位置上不再下沉,形成大孔隙的蜂窝状结构。

1.6.1.3　絮状结构

絮状结构是黏土颗粒特有的结构特征。悬浮在水中的黏土颗粒当介质发生变化时,土粒互相聚合,以边-边、面-边的接触方式形成絮状物下沉,沉积为大孔隙的絮状结构。

土的结构形成以后,当外界条件变化时,土的结构会发生变化。例如,土层在上覆土层作用下压密固结时,结构会趋于更紧密的排列;卸载时土体的膨胀(如钻探取土时土样的膨胀或基坑开挖时基底的隆起)会松动土的结构;当土层失水干缩或介质变化时,盐类结晶胶结能增强土粒间的联结;在外力作用(如施工时对土的扰动或切应力的长期作用)下会弱化土的结构,破坏土粒原来的排列方式和土粒间的联结,使絮状结构变为平行的重塑结构,降低土的强度,增大压缩性。因此,在取土试验或施工过程中都必须尽量减少对土的扰动,避免破坏土的原状结构。

1.6.2 土的构造

同一土层中，土颗粒之间相互关系的特征称为土的构造。常见土的构造有以下几种。

1.6.2.1 层状构造

层状构造的土层由不同颜色、不同粒径的土组成层理，平原地区的层理通常为水平层理。层状构造是细粒土的一个重要特征。

1.6.2.2 分散构造

分散构造的土层中土粒分布均匀、性质相近，如砂、卵石层为分散构造。

1.6.2.3 结核状构造

结核状构造的土在细粒土中掺有粗颗粒或各种结核，如含壃石的粉质黏土、含砾石的冰碛土等。其工程性质取决于细粒土部分。

1.6.2.4 裂隙状构造

裂隙状构造的土体中有很多不连续的小裂隙，有的硬塑与坚硬状态的黏土为此种构造。裂隙强度低、渗透性高、工程性质差。

1.7 土的击实性

土体在一定击实功能作用下，土颗粒克服颗粒间的阻力产生位移，颗粒重新排列，使土中的孔隙比减小，密度增大，并具有较高的强度。但是在击实过程中，即使采用相同的击实功，对不同种类、不同含水率的土击实效果也不完全相同。

1.7.1 击实试验

击实试验的目的是用标准击实方法，测定土的干密度和含水率的关系，从击实曲线上确定上的最大干密度 ρ_{dmax} 和相应的最优含水率 ω_{op}，为填土的设计与施工提供重要的依据。

击实试验时，先将待测的土样按不同的预定含水率（土样不少于 5 个）制备成不同含水率的试样。测出击实后试样的湿密度和含水率，然后计算出该试样的干密度。以干密度为纵坐标、含水率为横坐标，绘制干密度 ρ_d 与含水率 ω 的关系曲线，如图 1-8 所示为土的击实曲线。

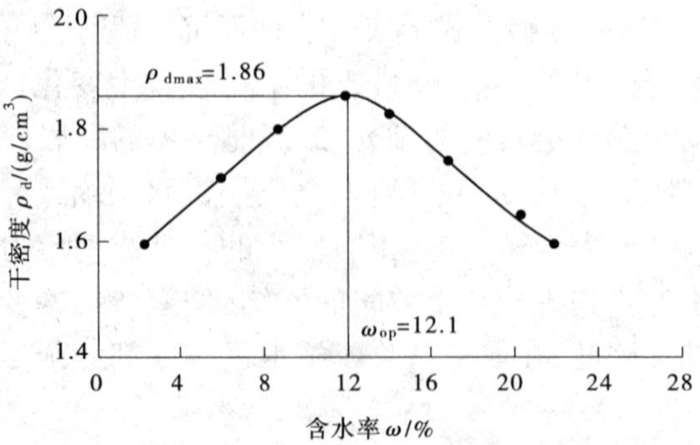

图 1-8 土的击实曲线

从击实曲线上可以看出,曲线上有一峰值,此处的干密度最大,称为最大干密度,用 ρ_{dmax} 表示,与最大干密度对应的含水率称为最优含水率,用 ω_{op} 表示。这说明,当击实功一定,土料的含水率为最优含水率时,击实效果最好。

1.7.2　影响土击实性的因素

1.7.2.1　土的含水率

当黏性土的含水率过低或过高时,均不易击实到较高的密度。在一定击实功下,只有当含水率达到最优含水率时,才能击实到较大的密度。黏性土的最优含水率一般接近黏性土的塑限,可近似取 $\omega_{op}=\omega_p+2$。

将不同含水率及所对应的土体达到饱和状态时的干密度点绘于图 1-9 中,得到饱和度 $S_r=100\%$的饱和曲线。由图 1-9 可见试验的击实曲线在峰值以右逐渐接近于饱和曲线,并且大体上与它平行,但永不相交。试验证明,一般黏性土在其最佳击实状态下(击实曲线峰点),其饱和度通常为 80%左右。

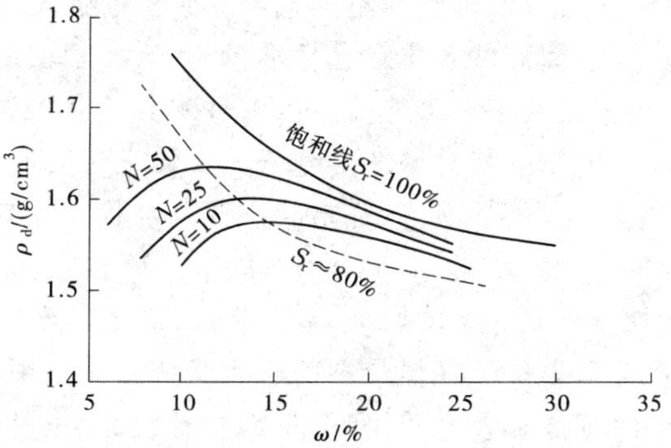

图 1-9　土的含水率、干密度和击实功关系曲线

1.7.2.2　击实功

同一种土,击实功小,所能达到的最大干密度也小;反之,击实功大,所能达到的最大干密度也大。而最优含水率正好相反,即击实功小,最优含水率大;击实功大,最优含水率小。

1.7.2.3　土粒级配

图 1-10(a)是五种不同土的级配曲线,图 1-10(b)是其击实曲线。从图 1-10 可知,粗粒含量多、颗粒级配良好的土,最大干密度较大,最优含水率较小。

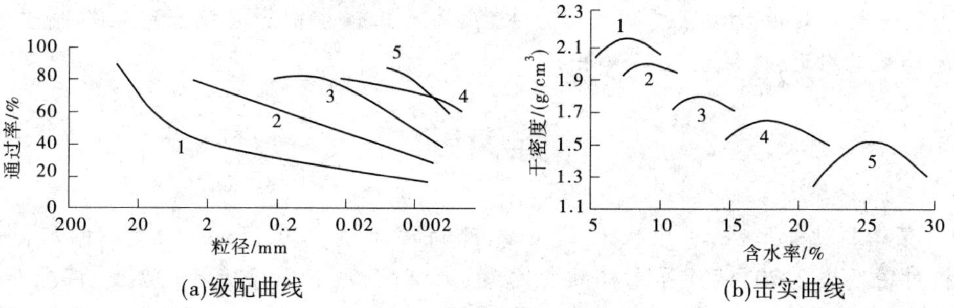

图 1-10　各种土的击实曲线

1.7.3 压实填土的质量控制

由于黏性填土存在最优含水率,因此在填土施工时,应根据土料的性质、填筑部位、施工工艺和气候条件等因素综合考虑,将土料的含水率控制在最优含水率 ω_{op} 的 $-2\%\sim3\%$。对于填土质量标准,工程上采用压实度控制,不同的填土部位,规范中要求的压实度也不同,具体参照有关规范。

本章小结

(1)土由固体的矿物颗粒、液态的水和孔隙中的气体所组成。矿物成分及固体颗粒大小不同,土的性质也不同。颗粒级配曲线是评价无黏性土颗粒组成和工程性质的重要手段;细颗粒土与水的相互作用很明显,相互间存在电分子的引力,从而在土粒表面形成结合水膜,这是导致黏性土和无黏性土具有本质区别的主要原因。除颗粒大小对土的性质有影响外,土的三相在体积和质量上所占份额的不同也会导致土的性质的差异。所以,分析土的三相比例关系会给土的性质分析提供具体定量标准,而且三相草图运算是最基础的运算之一。

(2)密实度是无黏性土的主要物理特征,直接影响其工程性质。无黏性土的这种特性是由其具有的单粒结构决定的。相对密度是划分无黏性土密实度的主要指标。黏性土由于含水量的不同,可能会处于固态、半固态、可塑状态及流动状态。黏性土的液限、塑限均可由试验测定。

(3)要充分认识黏性土的两个重要物理特征指标(塑性指数和液性指数)的物理含义及其影响因素。塑性指数表示土处于可塑状态的含水量的变化范围。塑性指数的大小与土中结合水尤其是弱结合水的可能含量有关,即与土的颗粒组成、土粒的矿物成分及土中水的离子成分和浓度等因素有关。液性指数反映土的软硬程度,它是划分黏性土物理状态的依据,液性指数还是确定黏性土地基承载力的重要指标。

(4)尽管地基土分类的方法很多,具体规定也各不相同,但需要明确,粗颗粒土的粒径大小对其力学特性起着决定性作用。因此,对这类土分类,需要考虑颗粒级配的因素;对于具有黏性和塑性的细颗粒土,主要应考虑塑性指标(液限、塑限和塑性指数)的影响。土的工程分类的目的在于评价地基土的工程特性,为地基处理或土质改造或基础设计提供依据,所以分类本身是手段而不是目的。

(5)土的击实性指通过击实增加其密度和强度,击实效果受含水量、击实功和土粒级配影响。击实试验确定最大干密度和最优含水量,为施工提供依据。填土时应控制土料含水量在最优含水量附近,以保证压实效果。

练习题

1-1 某工程地基土层,取原状土 72 cm^3,测得湿土质量为 128 g,烘干后的质量为 121 g,土粒相对密度为 2.70,试计算土样的含水量、天然密度、饱和重度、干重度、浮重度、孔隙比、孔隙率及饱和度。

1-2 已知一黏性土样,土粒相对密度 $G_s=2.70$,天然重度 $\gamma=17.5\ kN/m^3$,含水率为

35%，试问该土样是否饱和，饱和度是多少？

1-3　土样颗粒分析结果如表1-10所示，试确定该土样的名称。

表1-10　颗粒分析结果

粒径/mm	2~0.5	0.5~0.25	0.25~0.075	0.075~0.005	0.005~0.001	<0.001
粒组含量/%	5.6	17.5	27.4	24.0	15.5	10.0

1-4　某完全饱和的土样，含水率为30%，液限为29%，塑限为17%，试按塑性指数定名，并确定其状态。

1-5　试证明以下关系式：

(1) $\gamma_d = \dfrac{G_s}{1+e}\gamma_w$；

(2) $S_r = \dfrac{\omega G_s}{n}(1-n)$。

1-6　某砂性土样密度为1.75 g/cm^3，含水率为10.5%，土粒相对密度为2.68，试验测得最小孔隙比为0.46，最大孔隙比为0.941，试求该砂土样的相对密实度D_r。

1-7　设有1 m^{3}的石块，孔隙比$e=0$，打碎后孔隙比$e=0.5$，再打碎后孔隙比$e=0.6$，求第一次打碎后与第二次打碎后的体积。

第2章　地基应力

【本章导读】

世间尚无空中楼阁,建筑物均需建于地基之上,而建筑物修建在地基之上是否安全适用,我们需要关注地基是否因此破坏、是否产生过大沉降等问题。为解答这些问题,我们需要弄清楚地基中应力的分布情况。基于此,本章将讨论土的自重应力、基底压力、地基中的附加应力以及土力学中极为重要的有效应力原理等问题。

基本要求:通过本章学习,应掌握自重应力的计算;基础底面压力的简化计算方法;几种在简单荷载作用下土体内部的竖向附加应力大小的计算;有效应力的基本原理和应用。

重点:地基自重应力及附加应力的计算方法;有效应力原理。

难点:利用角点法计算地基附加应力;有效应力原理的应用。

【课程思政】

党的二十大报告指出:必须坚持科技是第一生产力、人才是第一资源、创新是第一动力,深入实施科教兴国战略、人才强国战略、创新驱动发展战略,开辟发展新领域新赛道,不断塑造发展新动能新优势。

土力学的发展包括萌芽时期、古典土力学时期、现代土力学时期,纵观土力学的发展史,在萌芽时期、古典土力学时期我国学者贡献少之又少,随着科教兴国、人才强国、创新驱动发展战略的实施,我国的土力学取得了长足进展,逐步实现了对岩土界前排国家的追赶。

2.1　概　述

地基土中应力指土体在自身重力、建筑物和构筑物荷载,以及其他因素(如土中水的渗流、地震、人工降水、基坑开挖等)作用下,土中产生的应力。土中应力过大时,土体会因强度不够发生破坏,甚至发生滑动失去稳定。另外,土中应力的增大会引起土体变形,使建筑物发生沉降、倾斜以及水平位移。因此,土中应力计算是地基沉降计算和地基稳定性分析的基础,也是分析地基固结过程的重要依据。

为分析问题的方便,按土中应力产生的原因,可分为自重应力与附加应力,前者是由于土受到重力作用而产生的,而后者是由于受到建筑物、基坑开挖、人工降水等外部作用而产生的。

由于产生的条件不同,其分布规律和计算方法也有所不同。对于建筑物地基而言,由于地基土在水平方向及深度方向相对于建筑物基础的尺寸可以认为是无限延伸的,因此在土中附加应力的简化分析时,可将荷载看作作用在半无限空间体的表面,并假定地基土是均匀的、各向同性的弹性体,采用弹性力学的有关理论进行计算。这虽与地基土的实际性质不完全一致(如土的颗粒松散、黏性土具有明显塑性变形等),但工程上认为其误差一般都能满足要求。由于土是散粒体,一般不能承受拉力,在土中出现拉应力的情况很少,因此规定法向应力以压应力为正、拉应力为负,与一般固体力学中符号的规定相反。剪应力的正负号规定是:当剪应力作用面上的法向应力方向与坐标轴的正方向一致时,剪应力的方向与坐标轴正方向一致时为正,反之为负;当剪应力作用面上的法向应力方向与坐标轴正方向相反时,剪应力的方向与坐标轴正方向相反时为正,反之为负。

地基中的典型应力状态一般有以下 3 种类型:

(1)三维应力状态(空间应力状态)。在局部荷载作用下,地基中的应力状态均属于三维应力状态。三维应力状态是建筑物地基中最普遍的一种应力状态,如独立柱基础下,地基中各点应力就是典型的三维空间应力状态。

(2)二维应变状态(平面应变状态)。由于土不能切成薄片受力,故土中二维问题往往都是平面应变问题而不是平面应力问题。对于建筑物基础,当一个方向的尺寸比另一个方向的尺寸大得多,且每个横截面上的应力大小和分布形式均一样时,在地基中引起的应力状态即可简化为二维应变状态,堤坝、水闸或挡土墙下地基中的应力状态属于这一类问题。

(3)侧限应力状态。是指侧向应变为零的一种应力状态,地基在自重作用下的应力状态即属于此种应力状态。由于把地基视为半无限弹性体,因此同一深度处的土单元受力条件均相同,土体不能发生侧向变形,只能发生竖直向的变形。又由于任何竖直面都是对称面,故在任何竖直面和水平面都不会有剪应力存在。另外,因为土的强度是土骨架的抗剪强度,因此在侧限应力状态下,土是不会破坏的,如地基仅在自重作用下是不会破坏的。

2.2　有效应力原理

1923 年,太沙基提出了土力学中最重要的理论——有效应力原理,建立起量化的分析计算方法。紧接着他总结了前人关于土的性状的研究成果,结合他创建的单向固结理论,于 1925 年发表了《土力学》著作。人们把该书的出版看成土力学学科的诞生,可见这一理论在土力学中的重要地位。

饱和土的有效应力原理表达式为

$$\sigma = \sigma' + u \tag{2-1}$$

式中　σ——总应力;

σ'——有效应力,通过土粒承受和传递,作用在土骨架上的粒间应力;

u——孔隙水压力。

式(2-1)说明,饱和土中的总应力 σ 由土颗粒骨架和孔隙水两者共同分担,即总应力 σ 等于土骨架承担的有效应力 σ' 与孔隙水承担的孔隙水压力 u 之和。土颗粒间的有效应力作用会引起土颗粒的位移,使孔隙体积改变,土体发生压缩变形。同时,有效应力的大小也影响土的抗剪强度。因此,关于该原理,需从以下几点来认识:

(1)所谓有效应力,实际上是一个虚拟的物理量,它是土颗粒间接触点力的竖向分量的总和除以土体的总面积,它比颗粒间实际接触应力小得多。

(2)土的有效应力等于总应力减去孔隙水压力。

(3)土的有效应力控制了土体的变形及强度。这意味着引起土的体积压缩和抗剪强度发生变化的原因,并不是作用在土体上的总应力,而是总应力与孔隙水压力之间的差值——有效应力。孔隙水压力本身并不能使土发生变形和强度的变化。这是因为水压力各方向相等,均衡地作用于每个土颗粒周围,因此不会使土颗粒移动,导致孔隙体积变化。水除了使土颗粒受到浮力外,只能使土颗粒本身受到静水压力,而固体颗粒的压缩模量很大,本身的压缩可以忽略不计。另外,水不能承受剪应力,因此孔隙水压力自身的变化也不会引起土的抗剪强度的变化。但是应当注意,当总应力保持常数时,孔隙水压力发生变化将直接引起有效应力发生变化,从而使土体的体积和强度发生变化。因此,在后续章节中,我们经常通过有效应力原理来计算有效应力,进而讨论土体的强度和变形问题。

【知识拓展】

为什么在两个物体的表面涂抹润滑油就能减小摩擦力?相反使用清洁剂将润滑油洗去便增大了摩擦力呢?将一块土扔进海里,随着土块下沉,水压不断增大,增大的水压是否会将土块压碎呢?为什么我们经常听说过度抽取地下水会引起地表沉降?同样两个刚被抽干的池塘,一个池塘里灌满水,另一个池塘回填与水同样重的砂土,一段时间后,为什么前者池塘底部的淤泥没什么变化,而后者底部的淤泥会被压缩变形呢?在车辆轮胎和鞋底上刻槽防滑的原理是什么?

以上问题的回答,就需要从有效应力原理中寻求答案。问题一,在两个物体之间涂抹润滑油,物体表面上便形成一层油膜,在压力作用下,产生一定的孔隙水压(油压),根据有效应力原理,总应力不变,孔隙水压力增大,有效应力减小,由于油(水)没有抗剪强度,不能提供摩擦力,只有固体颗粒间的有效应力能提供摩擦力,因为有效应力减小了,所以摩擦力也就减小了,从而起到润滑的作用。问题二,恰好相反,除去润滑油,相当于减小孔隙水压(油压),增大有效应力,进而增大摩擦力。问题三,土块扔进海里,随深度增加,水压不断增加,但海水同时进入土体孔隙中,所以土体中的孔隙水压随之增大,而作用在土骨架上的有效应力为零,所以土体不会被压碎(当然在水的作用下崩解是另一回事)。但若在土体外包一层塑料薄膜,再扔进海里,由于土体里面的孔隙水压力没有增大,水压力全部作用在土骨架上(有效应力),土块很快被压碎。问题四,池塘里装满水,作用在淤泥上的总压力是孔隙水压力,而有效应力为零,但是砂土堆在上面,则作用在淤泥上的总应力是有效应力,所以后者淤泥会被压缩。问题五,车辆轮胎及鞋底的刻槽是为了增加排水通道,便于雨天路面泥水的排除,因为泥水排走了,孔隙水压力就减小了,而在总应力不变的情况下,有效应力就增大了,有效应力(鞋底或轮胎与地面固体颗粒的接触应力)增大带来摩擦力的增大,进而起到防滑的作用。

通过以上例子,希望读者对有效应力原理有一定的认识,以便对后续知识的正确理解。

2.3 土的自重应力

2.3.1 基本计算公式

如图 2-1 所示,假定土体为均质的半无限弹性体,地基土重度为 γ。土体在自身重力作用下,其任一竖直切面上均无剪应力存在($\tau=0$),即为侧限应力状态。取高度为 z、截面面积 $A=1$ 的土柱为隔离体,假定土柱重力为 F_w,底面上的应力大小为 σ_{sz},则由 z 方向力的平衡条件可得 $\sigma_{sz}A=F_w=\gamma zA$。于是,可得土的自重应力计算公式为

$$\sigma_{sz}=\gamma z \tag{2-2}$$

可以看出，土的自重应力随深度呈线性增加，为三角形分布。

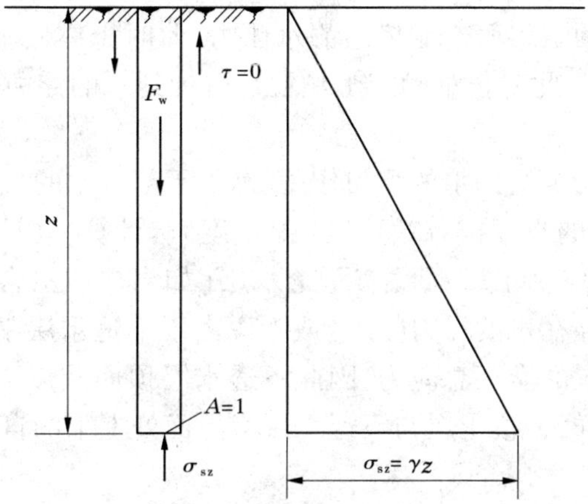

图 2-1　土的自重应力

2.3.2　成层土体及有地下水存在时的计算公式

2.3.2.1　成层土体的计算公式

地基土往往是成层的，不同的土层具有不同的重度。设各土层厚度及重度分别为 h_i 和 $\gamma_i(i=1,2,\cdots,n)$，则根据与式(2-2)类似的推导，可得在第 n 层土的底面上自重应力的计算公式为

$$\sigma_{sz} = \gamma_1 h_1 + \gamma_2 h_2 + \cdots + \gamma_n h_n = \sum_{i=1}^{n} \gamma_i h_i \tag{2-3}$$

图 2-2 给出了两层土的情况，由于每层土的重度 γ_i 值不同，故自重应力沿深度的分布呈折线形。

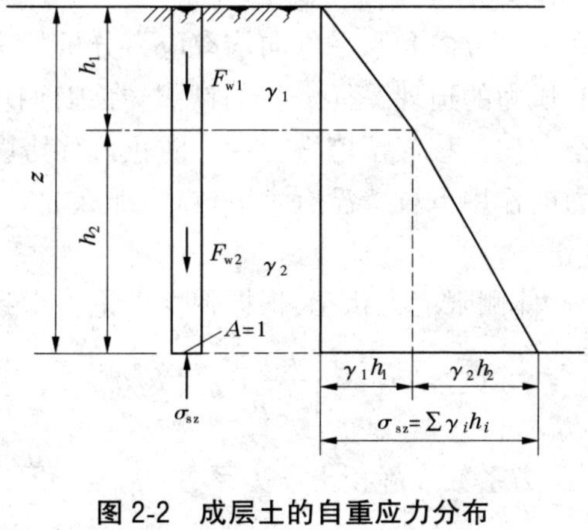

图 2-2　成层土的自重应力分布

2.3.2.2　有地下水存在时的计算公式

当有地下水存在时，计算地下水位以下的自重应力，应根据土的性质确定是否需要考虑水的浮力作用。对于砂性土，一般应考虑浮力作用；而对于黏性土，则根据其物理状态而定。

一般认为,当水下黏性土的液性指数 $I_L>1$ 时,土处于流动状态,土颗粒间有大量自由水存在,土体受到水的浮力作用;当其液性指数 $I_L<0$ 时,土处于固体或半固体状态,土中自由水受到颗粒间结合水膜的阻碍而不能传递静水压力,此时土体便不受水的浮力作用;当 $0<I_L<1$ 时,土处于塑性状态,此时很难确定土颗粒是否受到水的浮力作用,在实践中一般按最不利状态来考虑。

如果地下水位以下的土受到水的浮力作用,则水下部分土的自重应力按有效应力考虑,为简化计算,水下部分土的重度按有效重度(浮重度)γ'计算,其计算方法类似于成层土的情况(见图 2-3)。如果地下水以下埋藏有不透水层(如岩层或只含结合水的坚硬黏土层),此时由于不透水层中不存在水的浮力作用(或者说由于不透水层中没有孔隙水压力),所以其有效应力就是上覆土层的全部总应力,因此不透水层顶面及以下的自重应力应按上覆土层的水土总重计算。这样,上覆土层与不透水层交界面处上下的自重应力将发生突变。

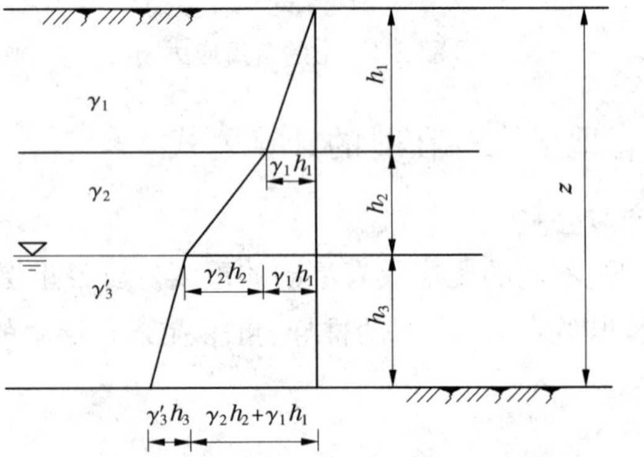

图 2-3 有地下水存在时土的自重应力分布

2.3.3 水平向自重应力的计算

土体在重力作用下,在竖直方向和水平方向均有应力分量。这与在桶里装满水,水对桶底有压力,同时对桶壁也有压力的道理一样。我们试想:在地面挖一个大坑,如果没有任何支撑作用,则坑壁会向临空方向位移甚至垮塌。为了防止位移垮塌,需在坑壁上水平方向施加支撑力,假设在某支撑力的作用下坑壁没有水平位移,那么此时的水平支撑力便是土体在重力作用下的水平应力分量。

将土体抽象成完全弹性体侧限应力状态,根据弹性理论可得到水平方向自重应力:

$$\sigma_{sx}=\sigma_{sy}=\frac{\mu}{1-\mu}\sigma_{sz}=K_0\sigma_{sz} \tag{2-4}$$

式中 K_0——土的静止侧压力系数或静止土压力系数,$K_0=\dfrac{\mu}{1-\mu}$,μ 为泊松比。

K_0 根据土的种类和密度的不同而不同,可通过试验来确定。此外,由于它与土的一些物理或力学指标存在着较好的相关关系,故也可通过这些指标来间接获得,后续土压力理论章节将进一步讨论。

【例 2-1】 如图 2-4 所示,土层的物理性质指标为:第一层土为细砂 $\gamma_1=19\ \text{kN/m}^3$,$\gamma_s=$

25.9 kN/m³，ω=18%；第二层土为黏土，γ_2=16.8 kN/m³，γ_s=26.8 kN/m³，ω=50%，ω_L=48%，ω_p=25%，并有地下水存在。试计算土中自重应力。

解：第一层土为细砂，地下水位以下的细砂要考虑浮力作用，其有效重度 γ' 为

$$\gamma' = \frac{(\gamma_s - \gamma_w)\gamma}{\gamma_s(1+\omega)} = \frac{(25.9-10)\times 19}{25.9\times(1+0.18)} = 9.88(\mathrm{kN/m^3})$$

第二层土为黏土层，其液性指数 I_L=1.09>1，故可认为该黏土层受到水的浮力作用，其有效重度为

$$\gamma' = \frac{(\gamma_s - \gamma_w)\gamma}{\gamma_s(1+\omega)} = \frac{(26.8-10)\times 16.8}{26.8\times(1+0.5)} = 7(\mathrm{kN/m^3})$$

a 点：$z=0$，$\sigma_{sz} = \gamma z = 0$

b 点：$z=2$ m，$\sigma_{sz} = \gamma z = 19\times 2 = 38(\mathrm{kPa})$

c 点：$z=5$ m，$\sigma_{sz} = \sum \gamma_i z_i = 19\times 2 + 9.88\times 3 = 67.64(\mathrm{kPa})$

d 点：$z=9$ m，$\sigma_{sz} = \sum \gamma_i z_i = 19\times 2 + 9.88\times 3 + 7\times 4 = 96(\mathrm{kPa})$

土层中的自重应力 σ_{sz} 分布如图 2-4 所示。

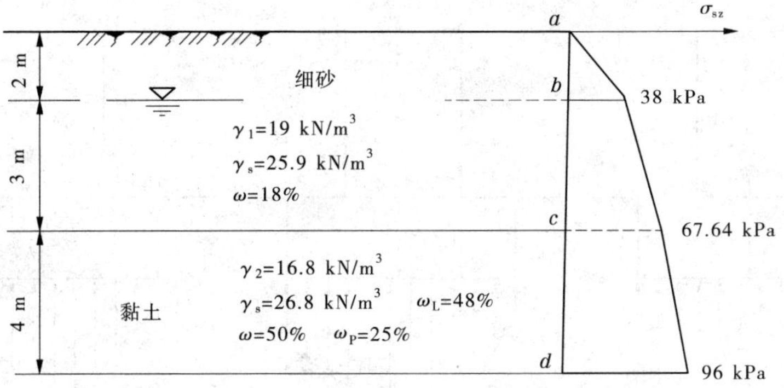

图 2-4　例 2-1 图

2.4　基底压力

外加荷载与上部结构和基础所受的全部重力都是通过基础传给地基的，作用于基础底面传至地基的单位面积压力称为基底压力。由于基底压力作用于基础与地基的接触面，故也称之为接触压力。其反作用力即地基对基础的作用力，称为地基反力（基底反力）。因此，在计算地基中的附加应力以及确定基础结构时，都必须研究基底压力的计算方法和分布规律。

试验和理论都证明，基底压力的分布与多种因素有关，如基础的形状、平面尺寸、刚度、埋深、基础上作用荷载的大小及性质、地基土的性质等。如图 2-5(a)所示，若一个基础的抗弯刚度 EI=0，则这种基础相当于理想柔性基础，基础底面的压力分布图形将与基础上作用的荷载分布图形相同，此时基础底面的沉降呈现中央大而边缘小的情形，属极端情况。实际工程中可以把柔性较大（刚度较小）、能适应地基变形的基础看作柔性基础。例如，如果近

似假定土坝或路堤本身不传递剪应力,则由其自身重力引起的基底压力分布就与其断面形状相同,为梯形分布,如图 2-5(b)所示。

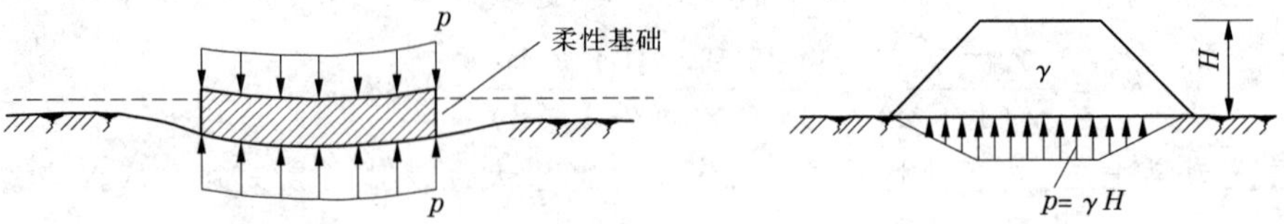

(a)理想柔性基础　　(b)堤坝下基底压力

图 2-5　柔性基础底面的压力分布特征

一些刚度很大(EI=∞)、不能适应地基变形的基础,可以视为刚性基础。例如,采用大块混凝土实体结构的桥梁墩台基础,属另一极端情况。由于刚性基础不会发生挠曲变形,所以在中心荷载作用下,基底各点的沉降是相同的,这时基底压力呈马鞍形分布,即呈现中央小而边缘大(按弹性理论的解答,边缘应力为无穷大)的情形,如图 2-6(a)所示。随着作用荷载的增大,基础边缘应力也相应增大,该处地基土将首先产生塑性变形,边缘应力不再增大,而中央部分则继续增大,从而使基底压力呈抛物线形分布,如图 2-6(b)所示。

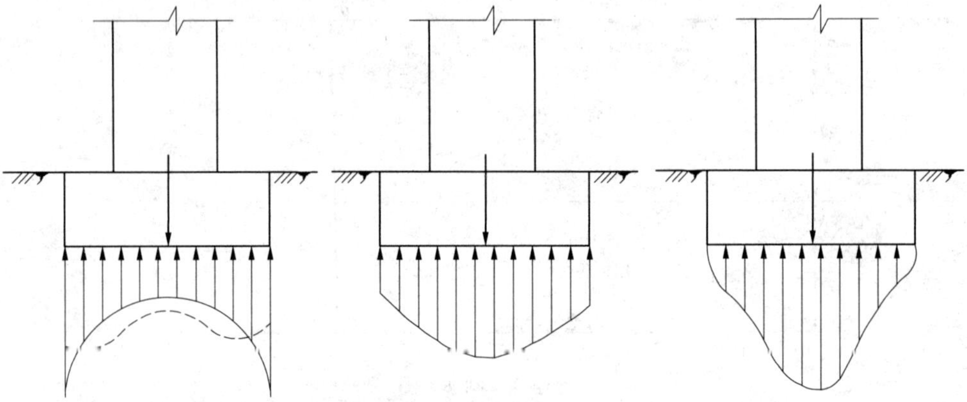

(a)马鞍形分布　　(b)抛物线形分布　　(c)钟形分布

图 2-6　刚性基础底面的压力分布特征

如果作用荷载继续增大,则基底压力会继续发展为钟形分布,如图 2-6(c)所示。这表明,刚性基础底面的压力分布形状与荷载大小有关。在实际工程中,许多基础的刚度一般均处于上述两种极端情况之间,称为弹性基础。对于有限刚度基础(弹性基础)底面的压力分布,可根据基础的实际刚度及土的性质,用弹性地基上梁和板的数值计算方法进行计算,具体可参阅有关文献。

总之,精确地确定基底压力是一个相当复杂的问题。试验证明:当基础宽度不小于 1.0 m、荷载不大时,刚性基础的基底压力分布可近似按直线变化规律计算。目前在工程实践中,一般将基底压力分布近似按直线变化考虑,根据材料力学公式进行简化计算。下面将分别从中心荷载和偏心荷载两方面来讨论基底压力的简化计算。

2.4.1　中心荷载作用

当荷载作用在基础形心处[见图 2-7(a)]时，基底压力 p 按材料力学中的中心受压公式计算，即

$$p = \frac{F}{A} \tag{2-5}$$

式中　F——作用在基础底面中心的竖直荷载，包括上部结构传至基础顶面的竖向力设计值和基础自重设计值及其回填土重标准值，kN；

A——基础底面面积。

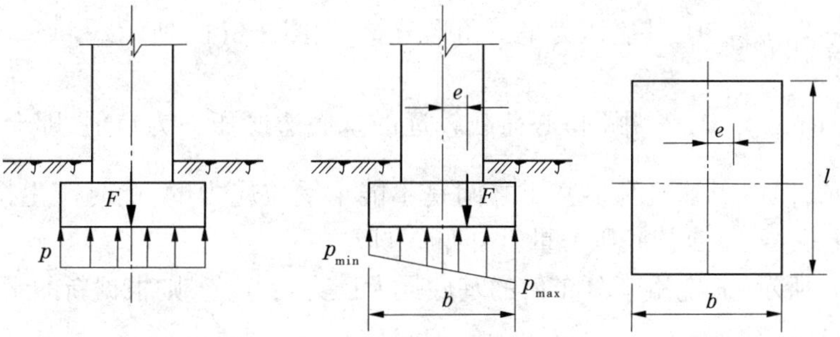

(a)中心荷载作用时　　(b)偏心荷载作用时

图 2-7　基底压力简化计算方法

对于荷载沿长度方向均匀分布的条形基础，沿长度方向截取一单位长度进行基底压力的计算。

2.4.2　偏心荷载作用

矩形基础受偏心荷载作用[见图 2-7(b)]时，基底压力 p 按材料力学中的偏心受压公式计算，即

$$\left.\begin{aligned} p_{max} &= \frac{F}{A} + \frac{M}{W} = \frac{F}{A}\left(1 + \frac{6e}{b}\right) \\ p_{min} &= \frac{F}{A} - \frac{M}{W} = \frac{F}{A}\left(1 - \frac{6e}{b}\right) \end{aligned}\right\} \tag{2-6}$$

式中　F、M——作用在基础底面的竖直合力、力矩，该力矩是上部结构直接传来的弯矩、水平力对基础底面的力矩以及竖直荷载偏心引起的力矩的代数和；

e——荷载偏心距，$e = \dfrac{M}{F}$；

W——基础底面的抗弯矩截面系数，对于矩形基础，$W = \dfrac{lb^2}{6}$，其中 b 为力矩作用方向的基础尺寸。

由式(2-6)可知，根据荷载偏心距 e 的大小，基底压力分布可能会出现下述 3 种情况：

(1)当 $e<\dfrac{b}{6}$时，$p_{min}>0$，基底压力呈梯形分布，如图 2-8(a)所示。

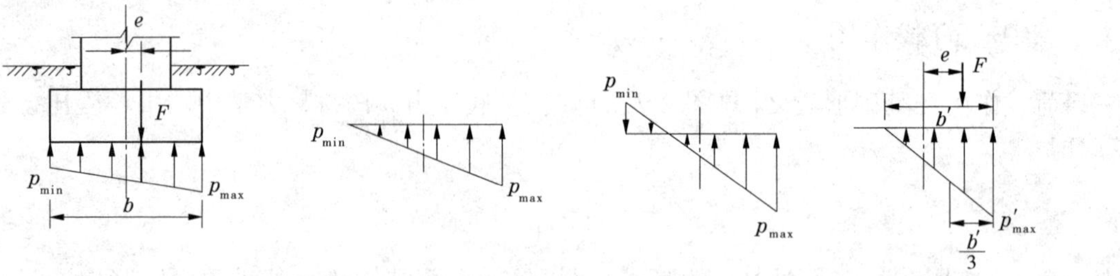

(a) $e<\frac{b}{6}$ (b) $e=\frac{b}{6}$ (c) $e>\frac{b}{6}$ (d) $e>\frac{b}{6}$ (基底压力重新分布)

图 2-8 偏心荷载时基底压力分布的几种情况

(2)当 $e=\frac{b}{6}$ 时，$p_{\min}=0$，基底压力呈三角形分布，如图 2-8(b)所示。

(3)当 $e>\frac{b}{6}$ 时，$p_{\min}<0$，表明距偏心荷载较远的基底边缘压力为负值，即会产生拉应力，如图 2-8(c)所示，但由于基底与地基土之间是不能承受拉应力的，此时产生拉应力部分的基底将与地基土脱离，而使基底压力重新分布。

如图 2-8(d)所示，假定重新分布后的基底最大压力为 $p'_{\max}$，则根据新的平衡条件可得

$$p'_{\max}=\frac{2F}{3\left(\frac{b}{2}-e\right)l} \tag{2-7}$$

实际上，这在工程上是不允许的，需进行设计调整，如调整基础尺寸或偏心距。

【例 2-2】 已知基底面积 $b\times l=2\ \text{m}\times 3\ \text{m}$，基底中心处的偏心力矩 $M=147\ \text{kN}\cdot\text{m}$，竖向力合力 $F=490\ \text{kN}$，求基底压力。

解： $e=\frac{M}{F}=\frac{147}{490}=0.3(\text{m})<\frac{b}{6}=0.5(\text{m})$，故基底压力呈梯形分布。

$$\begin{matrix}p_{\max}\\p_{\min}\end{matrix}=\frac{F}{A}\left(1\pm\frac{6e}{b}\right)=\frac{490}{6}\times\left(1\pm\frac{6\times0.3}{3}\right)=\begin{matrix}130.67\\32.67\end{matrix}(\text{kN/m}^2)$$

基底压力分布如图 2-9 所示。本例需注意：一般在表示基础尺寸时，b 为短边、l 为长边，但在上述计算公式中，b 是特指力矩作用方向的尺寸，事实上，力矩作用方向常为长度方向，因此本例中的 l 是指公式中的 b。

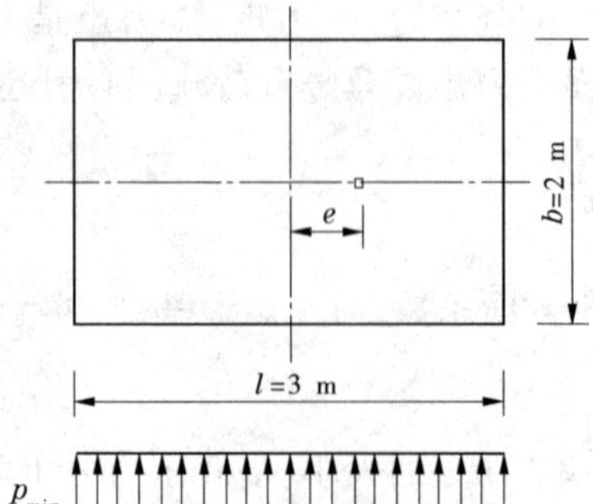

图 2-9 例 2-2 图

2.5　基底附加压力

建筑物建造前,地基中的自重应力已经存在。基底附加压力是作用在基础底面的压力与基础底面处原来的土中自重应力之差。它是引起地基土内附加应力及其变形的直接因素(当然还有其他因素引起地基土中附加应力的改变,如人工降水、地基土的干湿和温度变化、地震等外部作用)。实际上,一般浅基础总是置于天然地面下一定的深度,该处原有的自重应力由于基坑开挖而卸除。因此,将建筑物建造后的基底压力扣除基底标高处原有的土的自重应力后,才是基底平面处新增加于地基的基底附加压力。如图 2-10 所示,平均基底附加压力为

$$p_0 = p - \sigma_{sz} = p - \gamma_0 d \tag{2-8}$$

式中　p——基底平均接触压力;

σ_{sz}——土的自重应力,基底处 $\sigma_{sz}=\gamma_0 d$;

γ_0——基础底面标高以上天然土层的加权平均重度,有 $\gamma_0 = (\gamma_1 h_1 + \gamma_2 h_2 + \cdots + \gamma_n h_n)/(h_1 + h_2 + \cdots + h_n)$,其中,地下水位下的重度取有效重度;

d——基础埋深,从天然地面算起,对于有一定厚度的新填土,应从原天然地面算起。

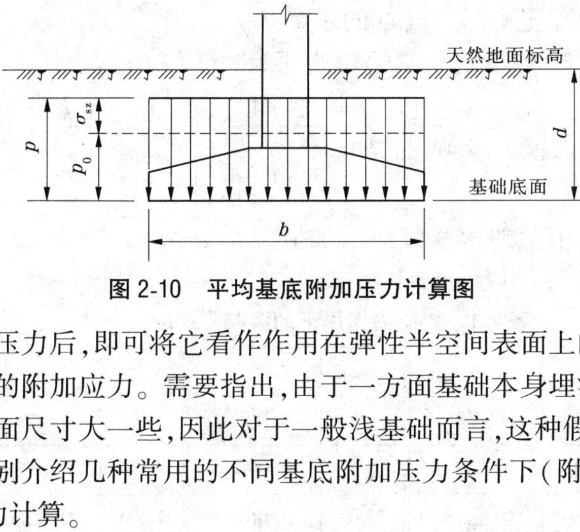

图 2-10　平均基底附加压力计算图

计算出基底附加压力后,即可将它看作作用在弹性半空间表面上的局部荷载,再根据弹性理论算得地基土中的附加应力。需要指出,由于一方面基础本身埋深不大,另一方面基坑开挖的尺寸比基础底面尺寸大一些,因此对于一般浅基础而言,这种假定所造成的误差可以忽略不计。下面将分别介绍几种常用的不同基底附加压力条件下(附加压力的形状和分布情况)的地基附加应力计算。

2.6　竖向集中力作用下的地基应力

讨论在竖向集中荷载作用下土的附加应力的计算,需要指出,集中荷载只在理论意义上存在,实际中的基底附加压力都是具有一定形状的分布荷载。但在集中荷载作用下应力分布的解答在地基附加应力计算中是一个最基本的公式。利用这一解答,通过叠加原理或积分的方法可以得到在各种分布荷载作用下土中应力的计算公式。

1885 年,法国学者布辛奈斯克(J. Boussinesq)用弹性理论推出在半空间弹性体表面上作用竖向集中力 F 时,在弹性体内任意点 M 所引起的应力的解析解。若以 F 作用点为原点,以 F 的作用线为 Z 轴,建立起三轴坐标系($OXYZ$),则 M 点坐标为(x,y,z)(见图 2-11)。

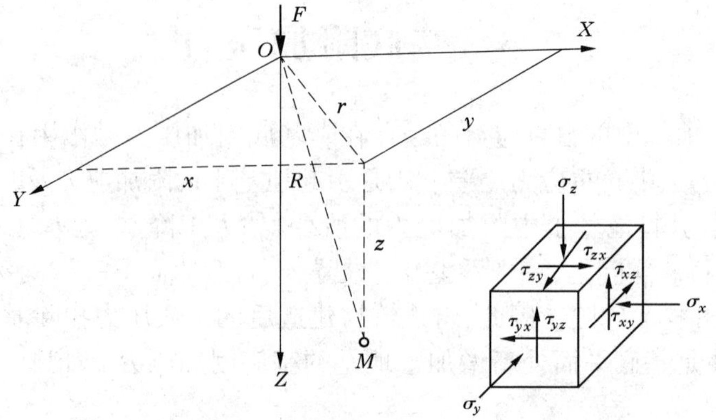

图 2-11　竖向集中荷载作用下土的应力

布辛奈斯克得出 M 点的 σ 与 τ 的 6 个应力分量表达式，以及 3 个位移分量表达式，其中对沉降计算意义最大的是竖向法向应力分量 σ_z。σ_z 的表达式为

$$\sigma_z = \frac{3Fz^3}{2\pi R^5} \tag{2-9}$$

式中　R——M 点至坐标原点 O 的距离，$R=\sqrt{x^2+y^2+z^2}=\sqrt{r^2+z^2}$，$r$ 为 M 点在半空间表面的投影点至坐标原点 O 的距离。

利用几何关系 $R^2=r^2+z^2$，式(2-9)可改写为

$$\sigma_z = \frac{3Fz^3}{2\pi R^5} = \frac{3}{2\pi}\frac{1}{\left[1+\left(\frac{r}{z}\right)^2\right]^{\frac{5}{2}}}\frac{F}{z^2} = \alpha\frac{F}{z^2} \tag{2-10}$$

式中　α——集中力作用下的地基竖向附加应力系数，$\alpha=f(r/z)$，由式(2-10)计算较为烦琐，故列表 2-1 以便查阅。

表 2-1　集中力作用下的竖向附加应力系数 α

r/z	α	r/z	α	r/z	α	r/z	α	r/z	α
0	0.477 5	0.50	0.273 3	1.00	0.084 4	1.50	0.025 1	2.00	0.008 5
0.05	0.474 5	0.55	0.246 6	1.05	0.074 4	1.55	0.022 4	2.20	0.005 8
0.10	0.465 7	0.60	0.221 4	1.10	0.065 8	1.60	0.020 0	2.40	0.004 0
0.15	0.451 6	0.65	0.197 8	1.15	0.058 1	1.65	0.017 9	2.60	0.002 9
0.20	0.432 9	0.70	0.176 2	1.20	0.051 3	1.70	0.016 0	2.80	0.002 1
0.25	0.410 3	0.75	0.156 5	1.25	0.045 4	1.75	0.014 4	3.00	0.001 5
0.30	0.384 9	0.80	0.138 6	1.30	0.040 2	1.80	0.012 9	3.50	0.000 7
0.35	0.357 7	0.85	0.122 6	1.35	0.035 7	1.85	0.011 6	4.00	0.000 4
0.40	0.329 4	0.90	0.108 3	1.40	0.031 7	1.90	0.010 5	4.50	0.000 2
0.45	0.301 1	0.95	0.095 6	1.45	0.028 2	1.95	0.009 5	5.00	0.000 1

【例 2-3】　在半无限土体表面作用一集中力 $F=200$ kN，计算底面深度 $z=3$ m 处水平面

上的竖向法向应力 σ_z 分布,以及距 F 作用点 $r=1$ m 处竖直面上的竖向法向应力 σ_z 分布。

解:欲计算 $z=3$ m 处水平面上的竖向法向应力 σ_z 的分布情况,需在该水平面上分别距离 F 作用线选取一系列点,求其 σ_z,并绘图找出其规律。分别取不同的 r 值查得(或计算)应力分布系数 α,如表 2-2 所示。

表 2-2　$z=3$ m 处水平面上的竖向法向应力 σ_z 的值

r/m	0	1	2	3	4	5
r/z	0	0.33	0.67	1.00	1.33	1.67
α	0.477 5	0.368 6	0.189 2	0.084 4	0.037 5	0.017 1
σ_z/kPa	10.6	8.2	4.2	1.9	0.8	0.4

欲计算距 F 作用点 $r=1$ m 处竖直面上的竖向法向应力 σ_z 的分布情况,需在竖直方向上选取一系列距 F 作用点 1 m 的点,求其 σ_z,并绘图找出其规律。分别取不同 z 值查得(或计算)应力分布系数 α,如表 2-3 所示。

表 2-3　$r=1$ m 处竖直面上的竖向法向应力 σ_z 的值

z/m	0	1	2	3	4	5	6
r/z	∞	1.00	0.50	0.33	0.25	0.20	0.17
α	0	0.084 4	0.273 3	0.368 6	0.410 3	0.432 9	0.444 1
σ_z/kPa	0	16.9	13.7	8.2	5.1	3.5	2.5

$z=3$ m 处水平面上的竖向法向应力 σ_z 分布,以及距 F 作用点 $r=1$ m 处竖直面上的竖向法向应力 σ_z 分布如图 2-12 所示。

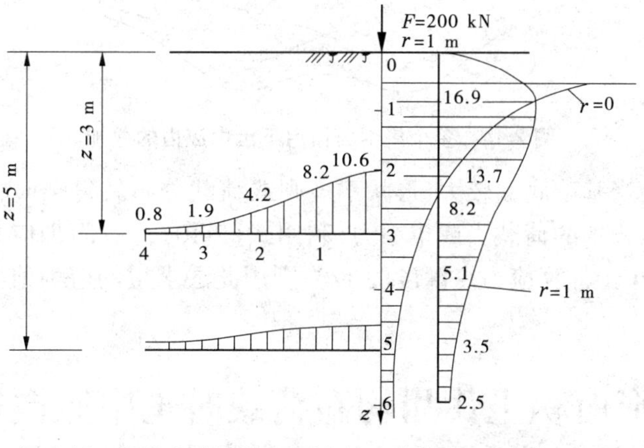

图 2-12　竖向集中力作用下土的应力分布　(单位:kPa)

集中荷载产生的竖向附加应力 σ_z 在地基中分布存在如下规律:

(1)在 F 作用线上,$r=0$。当 $z=0$ 时,$\sigma_z\to\infty$;随着深度 z 的增大,σ_z 逐渐减小,其分布如图 2-12 中 $r=0$ 线。

(2)在 $r>0$ 的竖直线上,当 $z=0$ 时,$\sigma_z=0$;随着深度 z 的增大,σ_z 从零逐渐增大,至一定深度后又随着 z 的增大逐渐减小,其分布如图 2-12 中 $r=1$ m 线。

(3)在 z 为常数的平面上,σ_z 在集中力作用线上最大,并随着 r 的增大而逐渐减小。随着深度 z 的增大,这一分布趋势保持不变,但 σ_z 随 r 增大而减小的速率变缓,如图 2-12 中 $z=3$ m 线和 $z=5$ m 线。

若在剖面图上将 σ_z 相等的点连接起来,可得到如图 2-13 所示的 σ_z 等值线。若在空间上将等值点连接起来,则呈泡状,所以图 2-13 也称为应力泡。

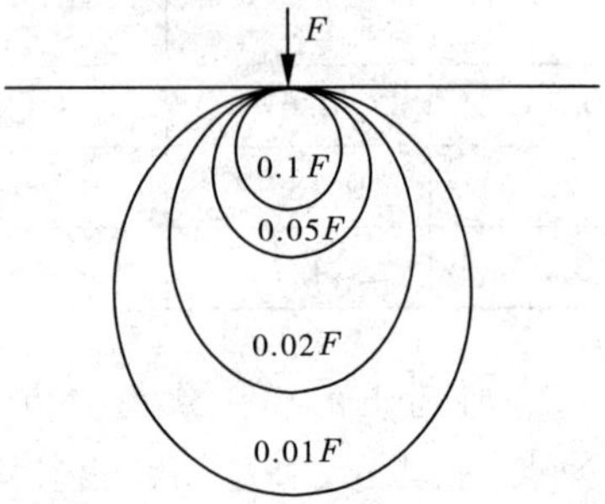

图 2-13　σ_z 的等值线(应力泡)

当地基表面有多个集中力时,可先分别计算出各集中力在地基中引起的附加应力,然后根据弹性理论的应力叠加原理求出地基中附加应力的总和。图 2-14 中曲线 a 表示集中力 F_1 在深度 z 处水平线上引起的应力分布,曲线 b 表示集中力 F_2 在同一水平线上引起的应力分布,把曲线 a 和曲线 b 引起的应力进行叠加,即可得到该水平线上总的应力分布(曲线 c)。

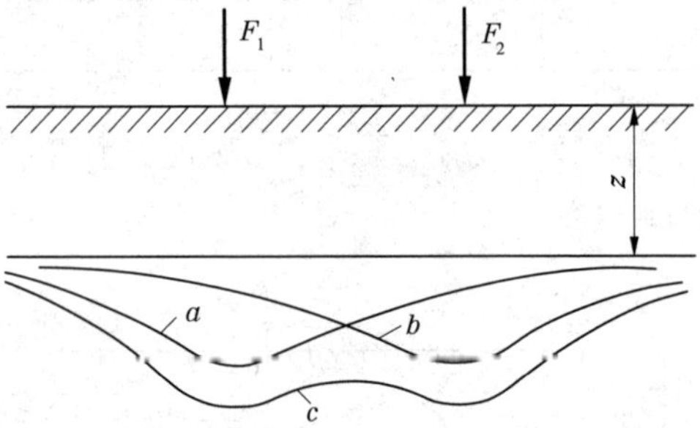

图 2-14　多个集中力作用下土中应力的叠加

在工程实践中,当基础底面较大、形状不规则或荷载分布较复杂时,可将基底划分为若干个小面积,把小面积上的荷载当成集中力,利用式(2-10)计算附加应力。分析表明,如果小面积的最大边长小于计算应力点深度的 1/3,则用此法求得的应力值与精确值相比,其误差不超过 5%。

2.7　矩形面积上作用均布荷载时土中竖向应力计算

在工程实践中,荷载往往是通过一定面积的基础传给地基的。如果基础底面的形状及荷载分布情况可以用某一函数来表示,则可应用积分方法解得相应土中应力。下面首先讨论矩形面积下作用均布荷载时土中竖向应力计算的问题。

为求得矩形面积上作用均布荷载时土中任意点的竖向应力,可先利用角点法求得矩形角点下某深度处的竖向应力,然后根据叠加原理进行应力叠加,可以得到该深度任意位置的竖向应力。

2.7.1　角点处土中竖向应力 σ_z 的计算

图 2-15 表示在弹性半空间地基表面 $l \times b$ 面积上作用有均布荷载 p 的情况。为了计算矩形面积角点 O 下某深度处 M 点的竖向应力值 σ_z，可在基底范围内取微元面积 $dA = dxdy$，作用在微元面积上的分布荷载可以用集中力 dF 表示，即有 $dF = pdxdy$。集中力 dF 在土中 M 点处引起的竖向应力 $d\sigma_z$ 为

$$d\sigma_z = \frac{3pz^3}{2\pi(x^2+y^2+z^2)^{5/2}}dxdy \tag{2-11}$$

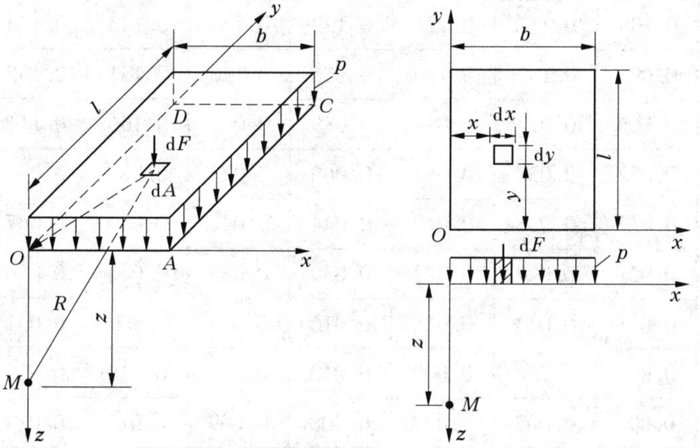

图 2-15　矩形面积均布荷载作用下角点处竖向应力 σ_z 计算模型

则在矩形面积均布荷载 p 作用下，土中 M 点的竖向应力 σ_z 可以通过在基底面积范围内进行积分求得，即

$$\sigma_z = \iint_A d\sigma_z = \frac{3z^3}{2\pi}p\int_0^l\int_0^b \frac{1}{(x^2+y^2+z^2)^{5/2}}dxdy = \alpha_a p \tag{2-12}$$

其中，$\alpha_a = \frac{1}{2\pi}\left[\frac{mn(1+n^2+2m^2)}{(m^2+n^2)(1+m^2)\sqrt{1+m^2+n^2}} + \arctan\frac{n}{m\sqrt{1+m^2+n^2}}\right]$ 称为角点下竖向附加应力系数，是 $n = l/b$ 和 $m = z/b$ 的函数，可通过其表达式计算得到，也可以通过表 2-4 查得。应当注意：l 为矩形面积的长边、b 为矩形面积的短边。

表 2-4　矩形面积上作用均布荷载，角点下竖向附加应力系数 α_a

$m=\frac{z}{b}$	$n=\frac{l}{b}$									
	1.0	1.2	1.4	1.6	1.8	2.0	3.0	4.0	5.0	10.0
0	0.250	0.250	0.250	0.250	0.250	0.250	0.250	0.250	0.250	0.250
0.2	0.249	0.249	0.249	0.249	0.249	0.249	0.249	0.249	0.249	0.249
0.4	0.240	0.242	0.243	0.243	0.244	0.244	0.244	0.244	0.244	0.244
0.6	0.223	0.228	0.230	0.232	0.232	0.233	0.234	0.234	0.234	0.234

续表 2-4

$m=\frac{z}{b}$	$n=\frac{l}{b}$									
	1.0	1.2	1.4	1.6	1.8	2.0	3.0	4.0	5.0	10.0
0.8	0.200	0.208	0.212	0.215	0.217	0.218	0.220	0.220	0.220	0.220
1.0	0.175	0.185	0.191	0.196	0.198	0.200	0.203	0.204	0.204	0.205
1.2	0.152	0.163	0.171	0.176	0.179	0.182	0.187	0.188	0.189	0.189
1.4	0.131	0.142	0.151	0.157	0.164	0.164	0.171	0.173	0.174	0.174
1.6	0.112	0.124	0.133	0.140	0.145	0.148	0.157	0.159	0.160	0.160
1.8	0.097	0.108	0.117	0.124	0.129	0.133	0.143	0.146	0.147	0.148
2.0	0.084	0.095	0.103	0.110	0.116	0.120	0.131	0.135	0.136	0.137
2.5	0.060	0.069	0.077	0.083	0.089	0.093	0.106	0.111	0.114	0.115
3.0	0.045	0.052	0.058	0.064	0.069	0.073	0.087	0.093	0.096	0.099
4.0	0.027	0.032	0.036	0.040	0.044	0.048	0.060	0.067	0.071	0.076
5.0	0.018	0.021	0.024	0.027	0.030	0.033	0.044	0.050	0.055	0.061
7.0	0.010	0.011	0.013	0.015	0.016	0.018	0.025	0.031	0.035	0.043
9.0	0.006	0.007	0.008	0.009	0.010	0.011	0.016	0.020	0.024	0.032
10.0	0.005	0.006	0.007	0.007	0.008	0.009	0.013	0.017	0.020	0.028

2.7.2 土中任意点的竖向应力 σ_z 的计算

当均布矩形荷载下的附加应力计算点不位于角点时，可通过作辅助线把荷载面分成若干个矩形面积，而使计算点正好位于这些矩形面积的角点之下，这样就可以利用式(2-12)及力的叠加原理来求解，此方法称为角点法。下面分 4 种情况（见图 2-16，计算点在图中 O 点以下任意深度处）说明角点法的具体应用。

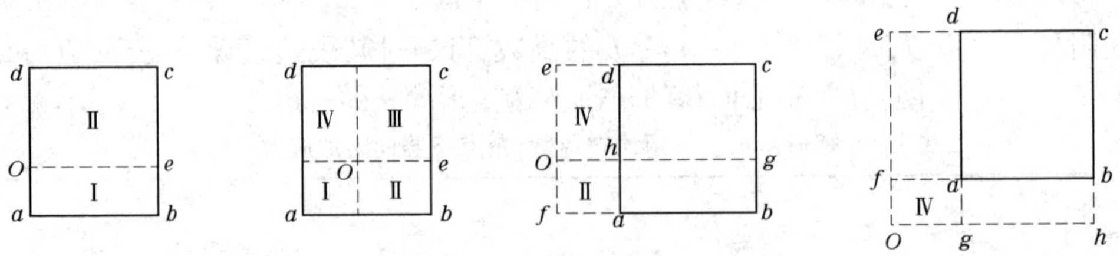

(a)O点在荷载面边缘 (b)O点在荷载面内 (c)O点在荷载面边缘外侧 (d)O点在荷载面角点外侧

图 2-16 以角点法计算在 O 点下任意点的地基附加应力

2.7.2.1 O 点在荷载面边缘

过 O 点作辅助线 Oe，将荷载面分成Ⅰ、Ⅱ两块，由叠加原理有 $\sigma_z=(\alpha_{a\text{I}}+\alpha_{a\text{II}})p_0$。

其中：$\alpha_{a\text{I}}$、$\alpha_{a\text{II}}$ 为按两块小矩形Ⅰ、Ⅱ计算，由 $(l_\text{I}/b_\text{I}, z/b_\text{I})$，$(l_\text{II}/b_\text{II}, z/b_\text{II})$ 查得的角点附加应力系数。

2.7.2.2　O 点在荷载面内

作两条辅助线,将荷载面分成Ⅰ、Ⅱ、Ⅲ、Ⅳ共 4 块,于是有 $\sigma_z=(\alpha_{a\mathrm{I}}+\alpha_{a\mathrm{II}}+\alpha_{a\mathrm{III}}+\alpha_{a\mathrm{IV}})p_0$。

如果 O 点位于荷载面中心,则 $\sigma_z=4\alpha_{a\mathrm{I}}p_0$,此即为利用角点法求基底中心下 σ_z 的解,也可直接查中点附加应力系数表,在此不再赘述。

2.7.2.3　O 点在荷载面边缘外侧

此时荷载面 $abcd$ 可看成由Ⅰ($Ofbg$)与Ⅱ($Ofah$)之差和Ⅲ($Oecg$)与Ⅳ($Oedh$)之差合成的,所以 $\sigma_z=(\alpha_{a\mathrm{I}}-\alpha_{a\mathrm{II}}+\alpha_{a\mathrm{III}}-\alpha_{a\mathrm{IV}})p_0$。

2.7.2.4　O 点在荷载面角点外侧

把荷载面看成Ⅰ($Ohce$)-Ⅱ($Ohbf$)-Ⅲ($Ogde$)+Ⅳ($Ogaf$),则 $\sigma_z=(\alpha_{a\mathrm{I}}-\alpha_{a\mathrm{II}}-\alpha_{a\mathrm{III}}+\alpha_{a\mathrm{IV}})p_0$。

【例 2-4】　如图 2-17 所示,在一长度 $l=6$ m、宽度 $b=4$ m 的矩形面积基础上作用大小 $p=100\ \mathrm{kN/m^2}$ 的均布荷载。试计算:

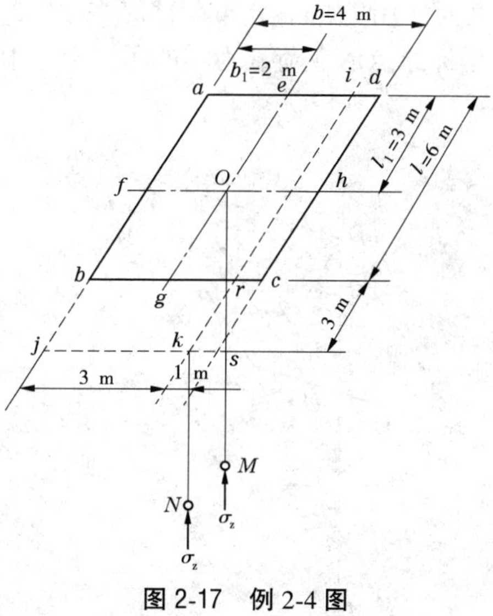

图 2-17　例 2-4 图

(1)矩形基础中心点 O 下深度 $z=8$ m 处 M 点竖向应力 σ_z 值。

(2)矩形基础外 k 点下深度 $z=6$ m 处 N 点竖向应力 σ_z 值。

解:(1)将矩形面积 $abcd$ 通过中心点 O 划分成 4 个相等的小矩形面积($afOe$、$Ofbg$、$eOhd$ 及 $Ogch$),此时 M 点位于 4 个小矩形面积的角点下,可按角点法进行计算。

考虑矩形面积 $afOe$,已知 $l_1/b_1=3/2=1.5$,$z/b_1=8/2=4$,由表 2-4 查得附加应力系数 $\alpha_a=0.038$,故得 $\sigma_z=4\sigma_{z,afOe}=4\alpha_a p_0=4\times0.038\times100=15.2(\mathrm{kPa})$。

(2)k 点位于荷载面边缘外侧,故有

$$\sigma_z=(\alpha_{a,ajki}-\alpha_{a,bjkr}+\alpha_{a,iksd}-\alpha_{a,rksc})p_0$$

附加应力系数计算结果列于表 2-5 中,而 N 点的竖向应力为

$$\sigma_z=(0.131-0.084+0.051-0.035)\times100=0.063\times100=6.3(\mathrm{kPa})$$

表 2-5　用角点法计算不同面积在 N 点的竖向附加应力系数 α_a 计算结果

荷载作用面积	$\frac{l}{b}=n$	$\frac{z}{b}=m$	α_a
ajki	$\frac{9}{3}=3$	$\frac{6}{3}=2$	0. 131
iksd	$\frac{9}{1}=9$	$\frac{6}{1}=6$	0. 051
bjkr	$\frac{3}{3}=1$	$\frac{6}{3}=2$	0. 084
rksc	$\frac{3}{1}=3$	$\frac{6}{1}=6$	0. 035

2. 8　矩形面积上作用三角形分布荷载时土中竖向附加应力

当地基矩形面积($l\times b$)表面作用三角形分布荷载时(见图 2-18),为计算荷载为零的角点下的竖向应力值 σ_z,可将坐标原点取在荷载为零的角点上,相应的竖向应力值 σ_z 可用下式计算:

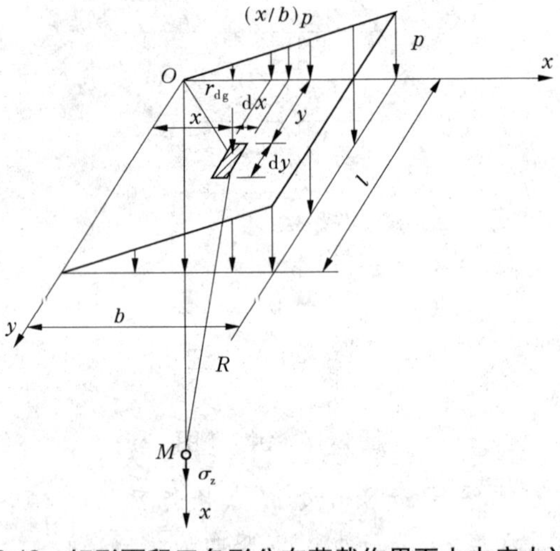

图 2-18　矩形面积三角形分布荷载作用下土中应力计算

$$\sigma_z=\frac{mn}{2\pi}\left[\frac{1}{\sqrt{m^2+n^2}}-\frac{m^2}{(1+m^2)\sqrt{1+m^2+n^2}}\right]p=\alpha_t p \tag{2-13}$$

其中,附加应力系数 α_t 是 $m=l/b$ 和 $n=z/b$ 的函数,即

$$\alpha_t=\frac{mn}{2\pi}\left[\frac{1}{\sqrt{m^2+n^2}}-\frac{m^2}{(1+m^2)\sqrt{1+m^2+n^2}}\right] \tag{2-14}$$

具体数值可以查表 2-6。

表 2-6　矩形面积上作用三角形分布荷载时的竖向附加应力系数 α_t

$n=\frac{z}{b}$	$m=\frac{l}{b}$							
	0.2	0.6	1.0	1.4	1.8	3.0	8.0	10.0
0	0	0	0	0	0	0	0	0
0.2	0.023 3	0.029 6	0.030 4	0.030 5	0.030 6	0.030 6	0.030 6	0.030 6
0.4	0.026 9	0.048 7	0.053 1	0.0543	0.054 6	0.054 8	0.054 9	0.054 9
0.6	0.025 9	0.056 0	0.065 4	0.068 4	0.069 4	0.070 1	0.070 2	0.070 2
0.8	0.023 2	0.055 3	0.068 8	0.073 9	0.075 9	0.077 3	0.077 6	0.077 6
1.0	0.020 1	0.050 8	0.066 6	0.073 5	0.076 6	0.079 0	0.079 6	0.079 6
1.2	0.017 1	0.045 0	0.061 5	0.069 8	0.073 8	0.077 4	0.078 3	0.078 3
1.4	0.014 5	0.039 2	0.055 4	0.064 4	0.069 2	0.073 9	0.075 2	0.075 3
1.6	0.012 3	0.033 9	0.049 2	0.058 6	0.063 9	0.069 7	0.071 5	0.071 5
1.8	0.010 5	0.029 4	0.045 3	0.052 8	0.058 5	0.065 2	0.067 5	0.067 5
2.0	0.009 0	0.025 5	0.038 4	0.047 4	0.053 3	0.060 7	0.063 6	0.063 6
2.5	0.006 3	0.018 3	0.028 4	0.036 2	0.041 9	0.051 4	0.054 7	0.054 8
3.0	0.004 6	0.013 5	0.021 4	0.028 0	0.033 1	0.041 9	0.047 4	0.047 6
5.0	0.001 8	0.005 4	0.008 8	0.012 0	0.014 8	0.021 4	0.029 6	0.030 1
7.0	0.000 9	0.002 8	0.004 7	0.006 4	0.008 1	0.012 4	0.020 4	0.021 2
10.0	0.000 5	0.001 4	0.002 4	0.003 3	0.004 1	0.006 6	0.012 8	0.013 9

注:b 值不是指基础的宽度,而是指三角形荷载分布方向的基础边长,l 为另一方向的长度。

【例 2-5】　如图 2-19 所示,有一矩形面积基础长 $l=5$ m,宽 $b=3$ m,三角形分布的荷载作用在地基表面,荷载最大值 $p=100$ kPa。试计算在矩形面积内 O 点下深度 $z=3$ m 处的竖向应力 σ_z 值。

解:求解时需要通过两次叠加法来计算。第一次是荷载作用面积的叠加,可利用前面的角点法计算;第二次是荷载分布图形的叠加。

(1)荷载作用面积的叠加。如图 2-19(a)、图 2-19(b)所示,由于 O 点位于矩形面积 $abcd$ 内。通过 O 点将矩形面积划分为 4 块,假定其上作用均布荷载 p_1,即图 2-19(c)中的荷载 $DABE$,则在 M 点处产生的竖向应力 σ_{z1} 可用前面介绍的角点法进行计算,即

$$\sigma_{z1}=\sigma_{z1(aeOh)}+\sigma_{z1(ebfO)}+\sigma_{z1(Ofcg)}+\sigma_{z1(hOgd)}$$

其中,α_{a1}、α_{a2}、α_{a3}、α_{a4} 分别为各块面积的竖向附加应力系数,可由表 2-4 查得,结果如表 2-7 所示。

$$\sigma_{z1}=p_1\sum\alpha_{ai}=\frac{100}{3}\times(0.045+0.093+0.156+0.073)=12.2(\text{kPa})$$

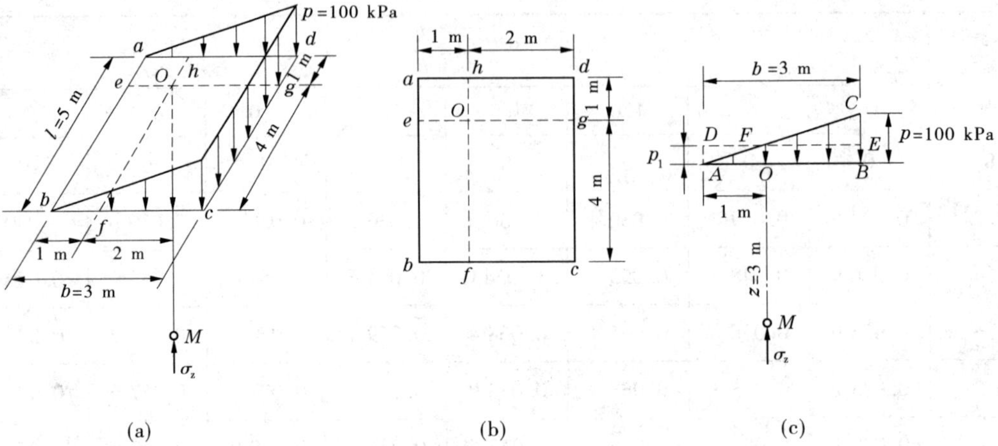

图 2-19　例 2-5 图

表 2-7　附加应力系数 α_{ai} 计算结果

编号	荷载作用面积	$n=\frac{l}{b}$	$m=\frac{z}{b}$	a_{ai}
1	*aeOh*	1/1= 1	3/1=3	0. 045
2	*ebfO*	4/1=4	3/1=3	0. 093
3	*Ofcg*	4/2=2	3/2=1. 5	0. 156
4	*hOgd*	2/1=2	3/1= 3	0. 073

(2)荷载分布图形的叠加。上述角点法求得的应力 σ_{z1} 是由均布荷载 p_1 引起的,但实际作用的荷载是三角形分布。为此,可以将图 2-19(c)所示的三角形分布荷载 *ABC* 分割成 3 块,即均布荷载 *DABE*、三角形荷载 *AFD* 和 *CFE*。三角形荷载 *ABC* 等于均布荷载 *DABE* 减去三角形荷载 *AFD*,再加上三角形荷载 *CFE*。这样,将 3 块分布荷载产生的附加应力进行叠加即可。

三角形分布荷载 *AFD* 的最大值为 p_1,作用在矩形面积 *aeOh* 和 *ebfO* 上,并且 *O* 点在荷载为零处。因此,它在 *M* 点引起的竖向应力 σ_{z2} 是由 2 块矩形面积上三角形分布荷载引起的附加应力之和,即

$$\sigma_{z2} = \sigma_{z2(aeOh)} + \sigma_{z2(ebfO)} = p_1(\alpha_{t1} + \alpha_{t2})$$

其中,附加应力系数 α_{t1}、α_{t2} 可由表 2-6 查得,结果如表 2-8 所示。于是可求得 σ_{z2} 为

$$\sigma_{z2} = \frac{100}{3} \times (0.021\,4 + 0.045) = 2.2(\text{kPa})$$

表 2-8　附加应力系数 α_{ti} 计算结果

编号	荷载作用面积	$m=\frac{l}{b}$	$n=\frac{z}{b}$	a_{ti}
1	*aeOh*	1/1=1	3/1=3	0. 021 4
2	*ebfO*	4/1=4	3/1=3	0. 043 0
3	*Ofcg*	4/2=2	3/2=1. 5	0. 067 5
4	*hOgd*	2/1=2	3/1=3	0. 034 6

三角形分布荷载 CFE，其最大值为 $p-p_1$，作用在矩形面积 $Ofcg$ 和 $hOgd$ 上，同样 O 点也在荷载零点处。因此，它在 M 点处产生的竖向应力 σ_{z3} 是这两块矩形面积上三角形分布荷载引起的附加应力之和，即

$$\sigma_{z3} = \sigma_{z3(Ofcg)} + \sigma_{z3(hOgd)} = (p - p_1)(\alpha_{t3} + \alpha_{t4})$$
$$= \left(100 - \frac{100}{3}\right) \times (0.0675 + 0.0346) = 6.8(\text{kPa})$$

将上述计算结果进行叠加，即可求得三角形分布荷载 ABC 在 M 点产生的竖向应力 σ_z 为

$$\sigma_z = \sigma_{z1} - \sigma_{z2} + \sigma_{z3} = 12.2 - 2.2 + 6.8 = 16.8(\text{kPa})$$

2.9　平面问题的附加应力计算

在半无限体表面作用有无限长的条形荷载，荷载在宽度方向分布是任意的，但在长度方向的分布规律是相同的，此时土中任意一点的应力只与该点的平面坐标有关，而与荷载长度方向的坐标无关，属于平面问题。

在实际工程中并没有无限长的荷载面积。研究表明，当基础的长宽比 $l/b \geqslant 10$ 时，计算的地基附加应力值与按 $l/b=\infty$ 时的解相当接近。

因此，墙基、路基、挡土墙基础等均可按平面问题计算地基中的附加应力。

2.9.1　条形均布荷载作用下土中竖向应力计算

如图 2-20 所示，在土体表面宽度为 b 的条形面积上作用均布荷载 p，计算土中任一点 $M(x,z)$ 的竖向应力 σ_z。为此，在条形荷载的宽度方向上取微分宽度 $d\xi$，将其上作用的荷载 $dp=pd\xi$ 视为线荷载，dp 在 M 点处引起的竖向附加应力为 $d\sigma_z$。在荷载分布宽度范围 b 内进行积分，即可求得整个条形荷载在 M 点处引起的竖向应力 σ_z 为

$$\sigma_z = \int_0^b d\sigma_z = \int_0^b \frac{2z^3 p}{\pi[(x-\xi)^2 + z^2]^2} d\xi$$
$$= \frac{p}{\pi}\left[\arctan\frac{n}{m} - \arctan\frac{n-1}{m} + \frac{mn}{m^2+n^2} - \frac{m(n-1)}{m^2+(n-1)^2}\right] = \alpha_u p \qquad (2\text{-}15)$$

其中，附加应力系数 α_u 是 $n=x/b$ 和 $m=z/b$ 的函数，可从表 2-9 中查得。

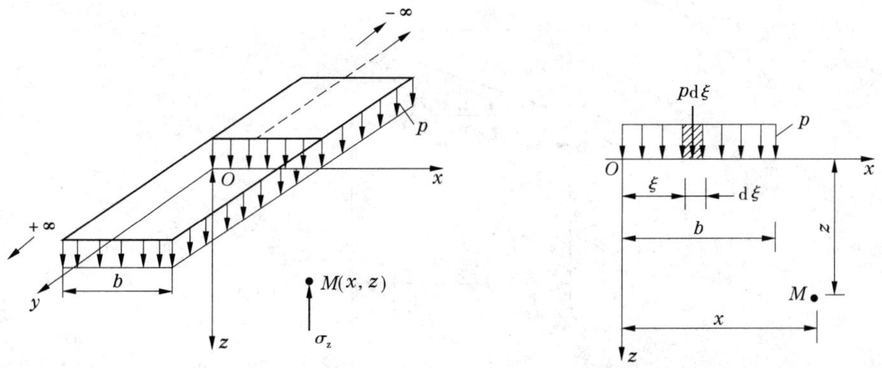

图 2-20　均布条形荷载作用下土中附加应力计算

表 2-9 均布条形荷载附加应力系数 α_u

$n=\frac{x}{b}$	$m=\frac{z}{b}$										
	0	0.2	0.4	0.6	0.8	1.0	1.2	1.4	2.0	3.0	4.0	6.0
0	0.500	0.498	0.489	0.468	0.440	0.409	0.375	0.345	0.275	0.198	0.153	0.104
0.25	1.000	0.937	0.797	0.679	0.586	0.510	0.450	0.400	0.298	0.206	0.156	0.105
0.50	1.000	0.977	0.881	0.755	0.642	0.550	0.477	0.420	0.306	0.208	0.158	0.106
0.75	1.000	0.937	0.797	0.679	0.586	0.510	0.450	0.400	0.298	0.206	0.156	0.105
1.00	0.500	0.498	0.489	0.468	0.440	0.409	0.375	0.345	0.275	0.198	0.153	0.104
1.25	0	0.059	0.173	0.243	0.276	0.288	0.287	0.279	0.242	0.186	0.147	0.102
1.50	0	0.011	0.056	0.111	0.155	0.185	0.202	0.210	0.205	0.171	0.140	0.100
2.00	0	0.001	0.010	0.026	0.048	0.071	0.091	0.107	0.134	0.136	0.122	0.094

2.9.2 三角形分布条形荷载作用下的竖向应力计算

如图 2-21 所示,坐标轴原点取在三角形荷载的零点处,荷载分布最大值为 p,计算地基土中 $M(x,z)$ 点的竖向应力 σ_z。此时,也可在条形荷载宽度范围 b 内积分。为此,在条形荷载的宽度方向上取微分单元 $d\xi$,将其上作用的荷载 $dp=\frac{\xi}{b}pd\xi$ 视为线荷载,而 dp 在 M 点处引起的竖向附加应力为 $d\sigma_z$,则三角形分布条形荷载在 M 点处引起的竖向应力 σ_z 为

$$\sigma_z=\frac{2z^3p}{\pi b}\int_0^b\frac{\xi d\xi}{[(x-\xi)^2+z^2]^2}=\frac{p}{\pi}[n(\arctan\frac{n}{m}-\arctan\frac{n-1}{m})-\frac{m(n-1)}{(n-1)^2+m^2}]=\alpha_s p \tag{2-16}$$

其中,α_s 为三角形分布条形荷载作用下竖向附加应力系数,是 $n=x/b$ 和 $m=z/b$ 的函数,可从表 2-10 中查得。

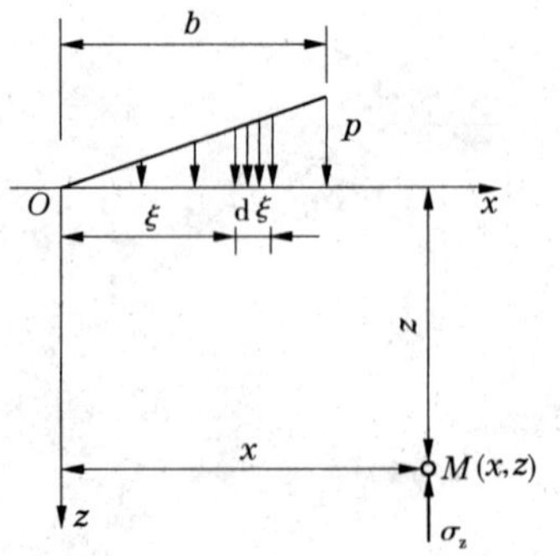

图 2-21 三角形分布条形荷载作用下土中应力计算

表 2-10　三角形分布条形荷载作用下竖向应力系数 α_s

$m=\frac{z}{b}$	$n=\frac{x}{b}$										
	-1.5	-1.0	-0.5	0	0.25	0.50	0.75	1.0	1.5	2.0	2.5
0	0	0	0	0	0.250	0.500	0.750	0.500	0	0	0
0.25	0	0	0.001	0.075	0.256	0.480	0.643	0.424	0.017	0.003	0
0.50	0.002	0.003	0.023	0.127	0.263	0.410	0.477	0.353	0.056	0.017	0.003
0.75	0.006	0.016	0.042	0.153	0.248	0.335	0.361	0.293	0.108	0.024	0.009
1.00	0.014	0.025	0.061	0.159	0.223	0.275	0.279	0.241	0.129	0.045	0.013
1.50	0.020	0.048	0.096	0.145	0.178	0.200	0.202	0.185	0.124	0.062	0.041
2.00	0.033	0.061	0.092	0.127	0.146	0.155	0.163	0.153	0.108	0.069	0.050
3.00	0.050	0.064	0.080	0.096	0.103	0.104	0.108	0.104	0.090	0.071	0.050
4.00	0.051	0.060	0.067	0.075	0.078	0.085	0.082	0.075	0.073	0.060	0.049
5.00	0.047	0.052	0.057	0.059	0.062	0.063	0.063	0.065	0.061	0.051	0.047
6.00	0.041	0.041	0.050	0.051	0.052	0.053	0.053	0.053	0.050	0.050	0.045

【例 2-6】　如图 2-22 所示，一路堤高度为 5 m，顶宽为 10 m，底宽为 20 m，已知填土重度 $\gamma=20\ \mathrm{kN/m^3}$。试求路堤中心线下 O 点（$z=0$）及 M 点（$z=10$ m）处的竖向应力 σ_z 值。

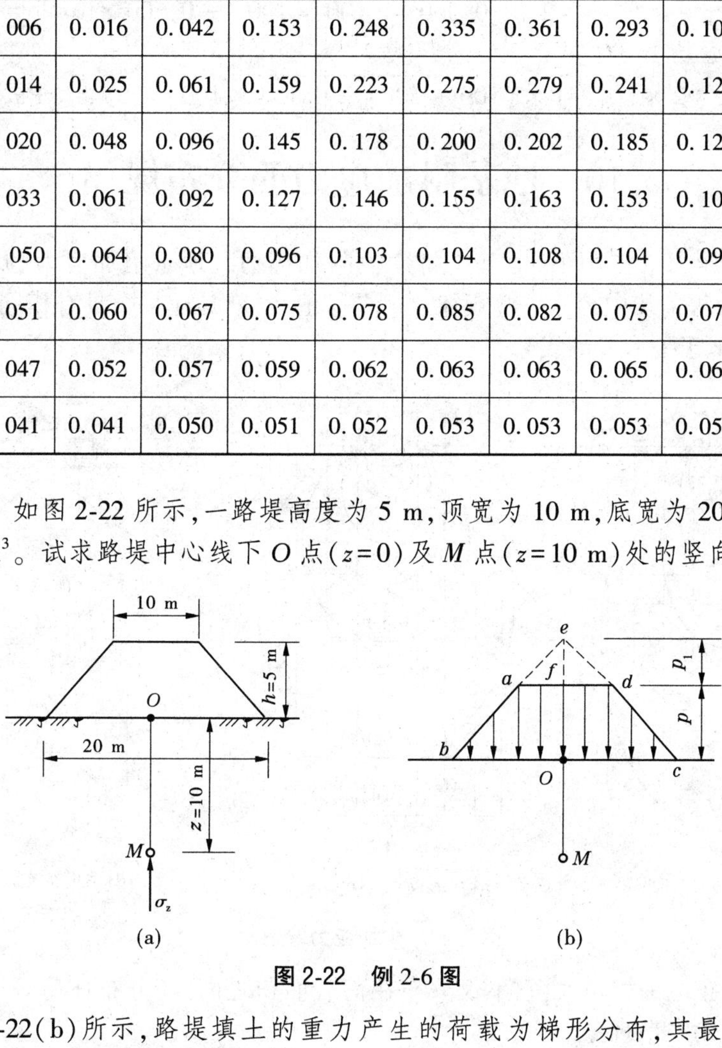

图 2-22　例 2-6 图

解：如图 2-22(b) 所示，路堤填土的重力产生的荷载为梯形分布，其最大强度 $p=\gamma h=20\times5=100$（kPa）。将梯形荷载 $abcd$ 划分为三角形荷载 ebc 与三角形荷载 ead 之差，这样就可利用式(2-16)进行叠加计算，即

$$\sigma_z = 2[\sigma_{z(ebO)} - \sigma_{z(eaf)}] = 2[\alpha_{s1}\times(p+p_1) - \alpha_{s2}p_1]$$

其中，p_1 为三角形荷载 eaf 的最大强度，可按三角形比例关系求得

$$p_1 = p = 100(\mathrm{kPa})$$

附加应力系数 α_{s1}、α_{s2} 可由表 2-10 查得，结果如表 2-11 所示。

表 2-11　附加应力系数 α_{si} 计算结果

编号	荷载作用面积	$\frac{x}{b}$	O 点(z=0)		M 点(z=0)	
			$\frac{z}{b}$	α_{si}	$\frac{z}{b}$	α_{si}
1	ebO	10/10=1	0	0.500	10/10=1	0.241
2	eaf	5/5=1	0	0.500	10/5=2	0.153

于是,可得 O 点的竖向应力 σ_z 为

$$\sigma_z = 2[\sigma_{z(ebO)} - \sigma_{z(eaf)}] = 2\times[0.500\times(100+100) - 0.500\times100] = 100(\text{kPa})$$

M 点的竖向应力 σ_z 为

$$\sigma_z = 2\times[0.241\times(100+100) - 0.153\times100] = 65.8(\text{kPa})$$

2.10　地基附加应力的分布规律

在基底附加压力的作用下,地基中将产生附加应力。地基附加应力的分布情况可从图 2-23 附加应力等值线中得到一些规律。所谓等值线,就是地基中具有相同附加应力数值的点的连线(类似于地形等高线)。

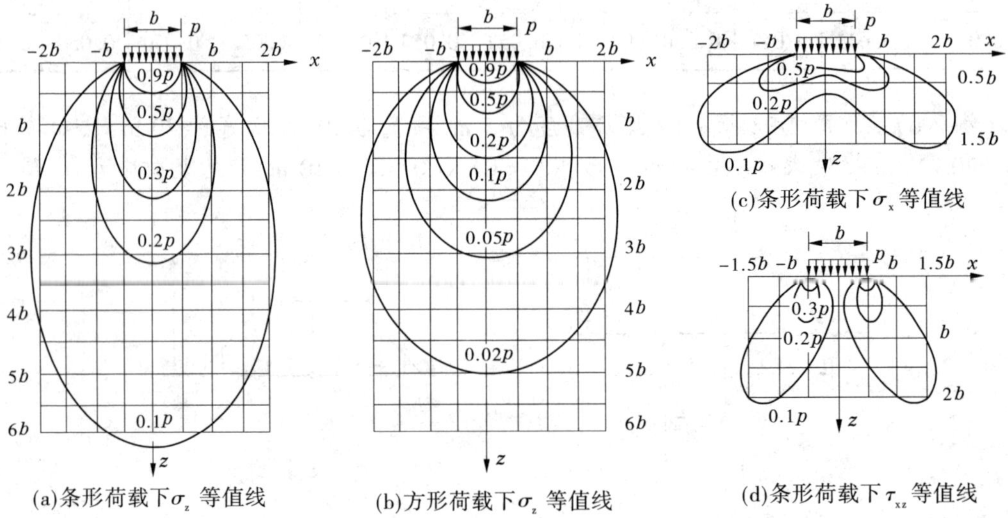

(a)条形荷载下σ_z 等值线　(b)方形荷载下σ_z 等值线　(c)条形荷载下σ_x 等值线　(d)条形荷载下τ_{xz} 等值线

图 2-23　附加应力等值线

(1)σ_z 的分布范围相当大,它不仅分布在荷载面积之内,还分布在荷载面积以外,这就是所谓的附加应力扩散现象。

(2)在离基础底面(地基表面)不同深度 z 处的各个水平面上,以基底中心点下轴线处的 σ_z 为最大;离开中心轴线越远的点,σ_z 越小。

(3)在荷载分布范围内任意点竖直线上的 σ_z 值,随着深度增大而逐渐减小。

(4)方形荷载所引起的 σ_z,其影响深度要比条形荷载小得多。例如,在方形荷载中心下 $z=2b$ 处,$\sigma_z\approx0.1p$,而在条形荷载下 $\sigma_z=0.1p$ 等值线约在中心下 $z=6b$ 处通过。这一等值线反映了附加应力在地基中的影响范围。在后面某些章节中还会提到地基主要受力层这一

概念，它指的是基础底面至 $\sigma_z = 0.2p$ 深度处（对于条形荷载，该深度约为 $3b$，方形荷载约为 $1.5b$）的这部分土层。建筑物荷载主要由地基的主要受力层承担，且地基沉降的绝大部分是由这部分土层的压缩所形成的。

(5)当两个或多个荷载距离较近时，扩散到同一区域的竖向附加应力会彼此叠加起来，使该区域的附加应力比单个荷载作用时明显增大。这就是所谓的附加应力叠加现象。由条形荷载下的 σ_x 和 τ_{xz} 的等值线图可见，σ_x 的影响范围较浅，所以基础下地基土的侧向变形主要发生于浅层；而 τ_{xz} 的最大值出现于荷载边缘，所以位于基础边缘下的土容易发生剪切破坏。

由上述分布规律可知，当地面上作用有大面积荷载（或地下水位大范围下降）时，附加应力随深度增大而衰减的速率变缓，其影响深度会很大，因此往往会引起可观的地面沉降。当岩层或坚硬土层上可压缩土层的厚度小于或等于荷载面积宽度的一半时，荷载面积下的 σ_z 几乎不扩散，此时可认为荷载面中心点下的 σ_z 不随深度变化。

本章小结

地基土中的应力分为两大类：一类是在没有外来作用情况下，土体自重所产生的自重应力；另一类是由于建筑物自重等所产生的地基附加应力。前者的计算比较简单，后者将其抽象成空间半无限体表面作用荷载后无限体内部的竖向应力计算问题，针对后者，我们从最基本的集中荷载入手，结合角点法解决了矩形和条形均布荷载作用下地基中竖向附加应力分布问题，为后续解决地基稳定性、地基沉降问题打下基础。

练习题

2-1　如图 2-24 所示，已知地表下 1 m 处有地下水存在，地下水位以上砂土层的重度 $\gamma = 17.5\ \text{kN/m}^3$，地下水位以下砂土层饱和重度 $\gamma_{sat} = 19\ \text{kN/m}^3$；黏土层饱和重度 $\gamma_{sat} = 19.2\ \text{kN/m}^3$，含水量 $\omega = 22\%$，液限 $\omega_L = 48\%$，塑限 $\omega_p = 24\%$。

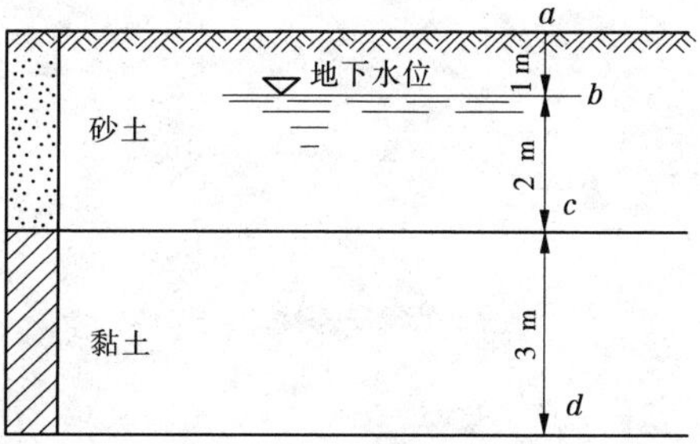

图 2-24　练习题 2-1 图

(1)根据液性指数的大小判断是否应考虑黏土层中水的浮力的影响；

(2)计算地基中的自重应力并绘出其分布图。

2-2　如图 2-25 所示基础，已知基础底面宽度 $b = 4$ m，长度 $l = 10$ m。作用在基础底面中心处的竖直荷载 $F = 4\ 200$ kN，弯矩 $M = 1\ 800$ kN·m。试计算基础底面的压力分布。

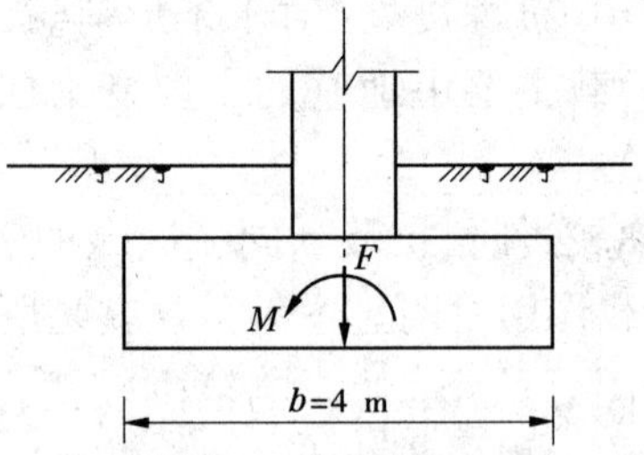

图 2-25　练习题 2-2 图

2-3　如图 2-26 所示，矩形 *ABCD* 的宽度为 5 m、长度为 10 m，其上作用均布荷载 $p=150$ kPa。试用角点法计算 *G* 点下深度 6 m 处 *M* 点的竖向应力 σ_z 值。

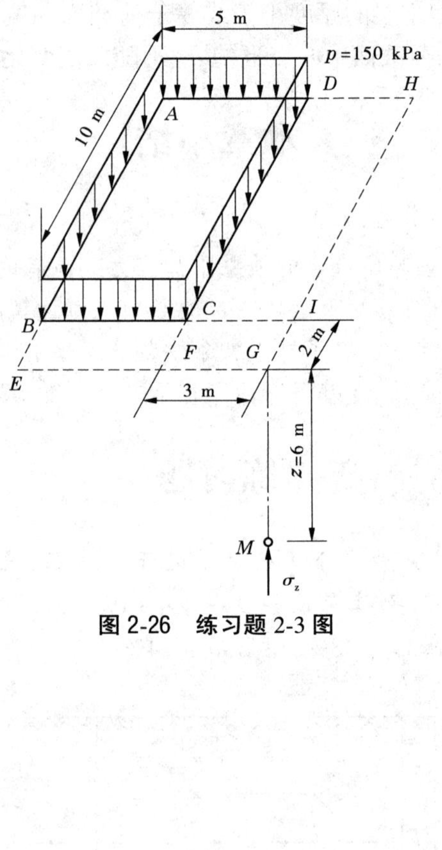

图 2-26　练习题 2-3 图

第 3 章　地基土的变形

【本章导读】

由于土具有压缩性,因此地基承受建筑物基础荷载后,必然会产生一定的沉降。沉降值的大小一方面取决于建筑物荷载的大小和分布,另一方面取决于地基土层的类型、分布、各土层厚度及其压缩性。进行地基设计时,必须根据建筑物的情况和勘探试验资料,计算基础可能发生的沉降,并设法将其控制在建筑物所容许的范围以内。当不满足设计要求时,必须从上部结构、基础与地基三方面做出合理的调整。本章主要介绍土的压缩性、地基最终沉降量计算、饱和土的单向渗流固结理论。

基本要求:通过本章学习,应掌握利用固结仪确定土的压缩性和压缩性指标;会用分层总和法和规范法计算土的沉降;掌握固结沉降的概念和一维固结理论及边界条件对固结沉降解的影响;会进行一维固结沉降的计算。

重点:通过试验获得土的压缩性指标;地基最终沉降量计算方法;地基沉降随时间变化规律。

难点:分层总和法计算地基沉降量;太沙基一维渗流固结理论。

【课程思政】

党的二十大报告指出:建成世界最大的高速铁路网、高速公路网,机场港口、水利、能源、信息等基础设施。

基础工程是基础设施的基础,地基变形的计算又是基础工程设计的基础工作,地基变形计算的准确与否直接影响高速铁路网、高速公路网,机场港口、水利、能源、信息等基础设施的安全与稳定。

3.1　概　述

地基中的土体在荷载作用下会产生变形,在竖直方向的变形称为沉降。沉降的大小取决于建筑物的质量与分布、地基土层的种类、各土层的厚度及土的压缩性等。

土体的变形或沉降主要由以下三方面原因引起:

(1)固体颗粒自身的压缩或变形。

(2)土中孔隙水(有时还包括封闭气体)的压缩。

(3)土中孔隙体积的减小,即土中孔隙水和气体被排出。

试验表明,对于饱和土来说,固体颗粒和孔隙水的压缩量很小。在一般压力作用下,固体颗粒和孔隙水的压缩量与土的总压缩量之比非常小,完全可以忽略不计。由此可以假定,饱和土的体积压缩是由孔隙的减小引起的。由于假定水为不可压缩,因此饱和土的体积压缩量等于孔隙水的排出量。

在荷载作用下,土体的沉降通常可分为以下三部分:

(1)瞬时沉降:施加荷载后,土体在很短的时间内产生的沉降。一般认为,瞬时沉降是土骨架在荷载作用下产生的弹性变形,通常根据弹性理论公式对其进行估算。

(2)主固结沉降:是由于饱和黏性土在荷载作用下产生的超静孔隙水压力逐渐消散,孔隙水排出,孔隙体积减小而产生的,一般会持续较长的一段时间。其总沉降可根据压缩曲线采用分层总和法进行计算,对其沉降的发展过程需根据固结理论计算。

(3)次固结沉降:指超静孔隙水压力完全消散,主固结沉降完成后的那部分沉降。通常认为次固结沉降是由于土颗粒之间的蠕变及重新排列而产生的。对于不同的土类,次固结沉降在总沉降量中所占的比例不同。有机质土、高压缩性黏土的次固结沉降量较大,而大多数土类次固结沉降量很小。

土体完成压缩过程所需的时间与土的透水性有很大关系。无黏性土因透水性较大,其压缩变形可在短时间内趋于稳定;而透水性小的饱和黏性土,其压缩稳定所需的时间则可长达几个月、几年甚至几十年。土的压缩随时间而增长的过程,称为土的固结。对于饱和黏性土来说,土的固结问题是十分重要的。

对于地基和基础的沉降,特别是在建筑物基础不同部位之间,由于荷载不同或土层压缩性不同会引起不均匀沉降(沉降差)。沉降差过大会影响建筑物的安全和正常使用。例如,一些房屋墙体开裂就是由地基不均匀沉降引起的。

为了保证建筑物的安全与正常使用,设计时必须计算和估计基础可能发生的沉降量和沉降差,并设法将其控制在容许范围内。必要时还需采取相应的工程措施,以确保建筑物的安全和正常使用。

本章主要讨论两个问题:其一,地基土在附加应力作用下的总沉降问题;其二,地基沉降与时间的关系问题,即地基土的固结问题。

3.2 土的压缩性

欲计算获得地基土的总沉降量,需弄清两方面问题:其一,作用在地基土上的附加应力,这在上一章已经得以解决;其二,地基土抵抗变形的固有属性,即压缩指标。前者属外因,后者属内因。

土的压缩性指标可通过室内试验或原位试验来测定。由于试验条件及应力条件都将引起压缩指标的改变,为使试验结果更接近工程实际,试验时应力求试验条件与土的天然状态及其在外荷载作用下的实际应力条件相适应。

3.2.1 压缩试验和压缩曲线

在一般工程中,常用不允许土样产生侧向变形(侧限条件)的室内压缩试验(又称侧限压缩试验或固结试验)来测定土的压缩性指标,其试验条件虽未能完全符合土的实际工作情况,但操作简便、试验时间短,故有其实用价值。

室内压缩试验是用侧限压缩仪(又称固结仪)进行的,如图 3-1(a)所示。试验时,用金属环刀切取保持天然结构的原状土样,并置于圆筒形压缩容器[见图 3-1(b)]的刚性护环内,土样上、下各垫有一块透水石,使土样受压后土中水可以自由地从上、下两面排出。由于金属环刀和刚性护环的限制,土样在压力作用下只可能发生竖向压缩,而无侧向变形(土样横截面面积不变)。土样在天然状态下或经人工饱和后,进行逐级加压固结,求出在各级压力作用下土样压缩稳定后的孔隙比,便可绘制土的压缩曲线。

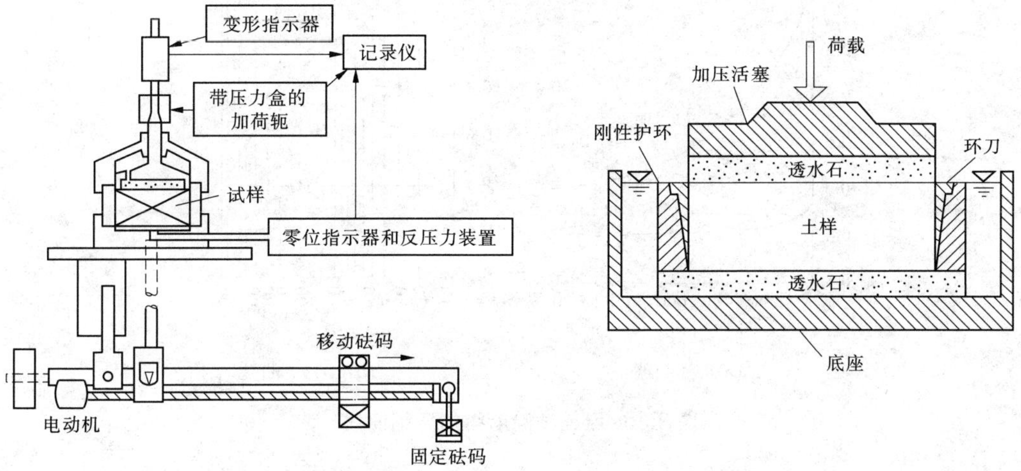

(a)压缩仪示意图　　(b)压缩容器示意图

图 3-1　压缩仪及压缩容器示意图

根据压缩试验数据,可以得到在每一级荷载作用下竖向变形量 Δh 随时间 t 的变化过程[见图 3-2(a)]及所施加荷载 p 与变形稳定后竖向变形量 Δh 的关系曲线[见图 3-2(b)]。由此可以得到孔隙比与所施荷载之间的关系,即压缩曲线,如图 3-3 所示。

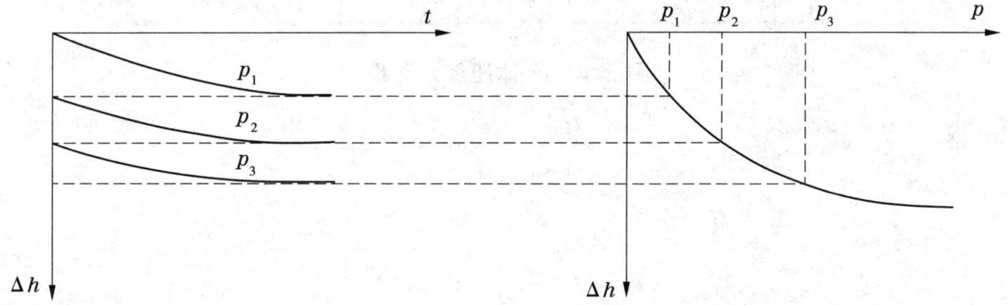

(a)Δh-t 关系曲线　　(b)Δh-p 关系曲线

图 3-2　压缩试验资料整理

压缩曲线可按两种方式绘制:一种是 e-p 曲线,如图 3-3(a)所示;另一种是 e-lg p 曲线,如图 3-3(b)所示。

设施加 Δp 前试件的高度为 H_1,孔隙比为 e_1;施加 Δp 后试件的压缩变形量为 s,如图 3-4 所示。施加 Δp 前试件中的土粒体积 V_{s1} 和施加 Δp 后试件中土粒体积 V_{s2} 分别为

$$V_{s1} = \frac{1}{1 + e_1} H_1 A_1 \tag{3-1}$$

$$V_{s2} = \frac{1}{1 + e_2} (H_1 - s) A_2 \tag{3-2}$$

由于侧向应变为零,$A_1 = A_2$,土粒体积不变,即 $V_{s1} = V_{s2}$,因此

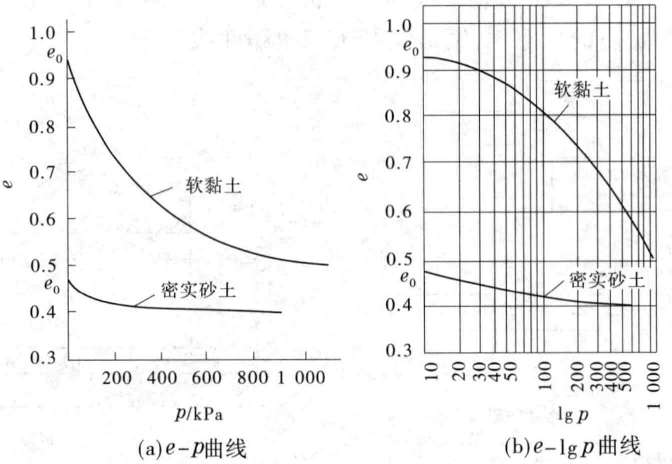

图 3-3　压缩试验所得的压缩曲线

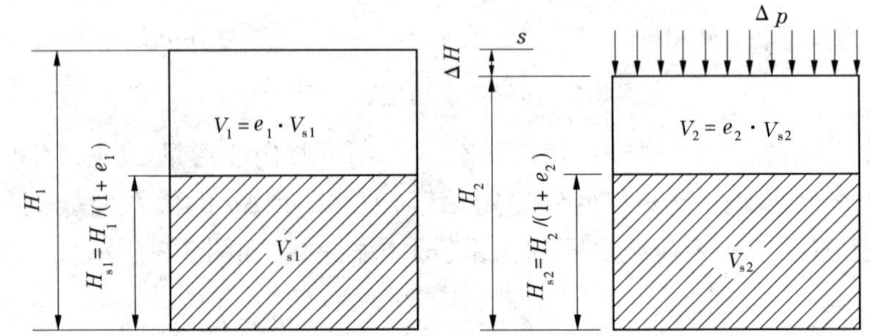

图 3-4　土体压缩示意图

$$\frac{H_1}{1+e_1}=\frac{H_1-s}{1+e_2} \tag{3-3}$$

所以

$$e_2=e_1-\frac{s}{H_1}(1+e_1) \tag{3-4}$$

式中　e_1——土体的天然孔隙比,可根据原状土体的实验室三相基本比例指标计算得到。

这样,只要测定土样在各级压力 Δp 作用下的稳定压缩量 s,就可以按式(3-4)计算出相应的孔隙比 e_2,从而绘制 e-p 曲线或 e-lg p 曲线。如果已知 e-p 曲线或 e-lg p 曲线,就可以根据它们来计算在荷载作用下土样的变形。不同种类的土,其压缩曲线的形状有很大区别,曲线越陡说明土的压缩性越高。

采用直角坐标系绘制 e-p 曲线时,压力 p 按 50 kPa、100 kPa、200 kPa、400 kPa 四级加荷;采用半对数直角坐标系绘制 e-lg p 曲线,压力等级宜为 12.5 kPa、25 kPa、50 kPa、100 kPa、200 kPa、400 kPa、800 kPa、1 600 kPa、3 200 kPa。

3.2.2　压缩系数

由图 3-3(a)可见,密实砂土的 e-p 曲线比较平缓,而压缩性较大的软黏土的 e-p 曲线则较陡,这表明压缩性不同的土,其 e-p 曲线的形状是不一样的。曲线越陡,说明随着压力的

增大,土孔隙比的减小越显著,土的压缩性越高。土的压缩性可用图 3-5 中割线 M_1M_2 的斜率来表示,即

$$a = \tan\alpha = \frac{\Delta e}{\Delta p} = \frac{e_1 - e_2}{p_2 - p_1} \tag{3-5}$$

式中　a——土的压缩系数,MPa^{-1}。

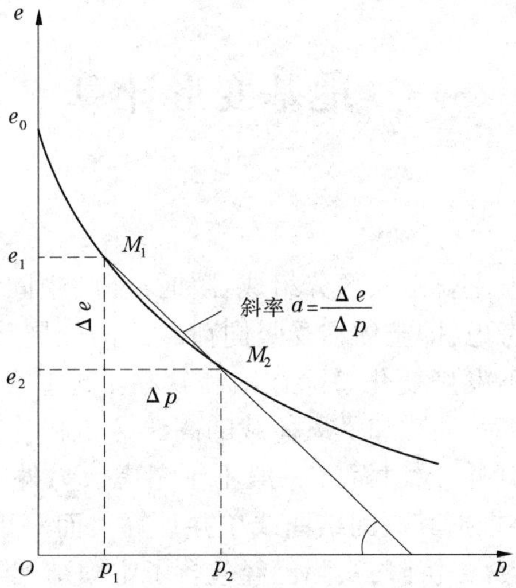

图 3-5　压缩系数计算示意图

显然,a 越大,土的压缩性越高。由于地基土在自重应力作用下的变形通常已经稳定,只有附加应力(应力增量 Δp)才会产生新的地基沉降,所以式(3-5)中 p_1 一般是指地基计算深度处土的自重应力 σ_{sz}。p_2 为地基计算深度处的总应力,即自重应力 σ_{sz} 与附加应力 σ_z 之和,而 e_1、e_2 则分别为 e-p 曲线上相应于 p_1、p_2 的孔隙比。

不同类别与处于不同状态的土,其压缩性可能相差较大。为了便于比较,通常采用由 $p_1 = 100$ kPa 和 $p_2 = 200$ kPa 求出的压缩系数 a_{1-2} 来评价土的压缩性的高低。

当 $a_{1-2} < 0.1\ MPa^{-1}$ 时,属低压缩性土;

当 $0.1\ MPa^{-1} \leqslant a_{1-2} < 0.5\ MPa^{-1}$ 时,属中压缩性土;

当 $a_{1-2} \geqslant 0.5\ MPa^{-1}$ 时,属高压缩性土。

3.2.3　压缩模量(侧限压缩模量)

在完全侧限条件下,土体竖向附加压力与相应的应变增量之比为土的压缩模量,用 E_s 表示。E_s 可以根据压缩试验通过 e-p 曲线求得。

如图 3-4 所示,在附加压力 Δp 作用下,土体产生竖向变形量 ΔH,则竖向应变增量为 $\Delta H/H_1$,因此

$$E_s = \frac{\Delta p}{\Delta H/H_1} \tag{3-6}$$

由式(3-4)可知

$$s = \Delta H = \frac{e_1 - e_2}{1 + e_1}H_1 \tag{3-7}$$

将式(3-7)代入式(3-6)得

$$E_s = \frac{(1+e_1)\Delta p}{e_1 - e_2} = \frac{1+e_1}{a} \tag{3-8}$$

式(3-8)反映了 E_s 与 a 之间的换算关系,在实际计算时可根据压缩试验所得数据直接进行计算。需要注意的是,E_s 与 a 一样,在不同竖向压力条件下的值不同,E_s 越小,表示土的压缩性越高。

3.3 地基变形计算

3.3.1 概述

如前所述,地基沉降变形主要由三部分组成:瞬时沉降、主固结沉降和次固结沉降。其中,瞬时沉降一般按弹性体考虑,即土体在受竖向荷载后向四周挤出变形,由于饱和土体中的水来不及排除,故总体积不发生变化。除在饱和软黏土地基上施加荷载(尤其如临时荷载或活荷载占很大比例的仓库、油罐和受风荷载的高耸建筑物等情况),瞬时沉降占总沉降相当大的部分,应当予以估算外,瞬时沉降一般不予考虑。另外,次固结沉降对某些土(如软黏土)是比较明显的,需要根据其次固结曲线单独计算。而对于大多数土体,根据室内压缩试验得到的压缩曲线而计算的沉降,实际已经包含了主固结沉降和次固结沉降。

此外,我们必须认识到,对于土体这种复杂的材料,目前还不能寄希望于某种理论计算能够非常完美地预测出地基土的沉降变形量。在实际应用中,一般会选用能够反映地基变形主要矛盾并具有一定实用价值的理论公式进行计算,采用实际观测积累得到相应的经验系数予以修正的思路来预测地基土的最终沉降量。本节主要介绍分层总和法和基于分层总和法思想与应力面积法思想的规范法。

3.3.2 分层总和法计算地基沉降

3.3.2.1 基本假定

(1)认为基底附加压力 p_0 是作用于地表的局部荷载。

(2)假定地基为弹性半无限体,地基中的附加应力按第 2 章所述计算。

(3)土层压缩时不发生侧向变形。

(4)只计算竖向附加应力作用下产生的竖向压缩变形,不计剪应力的影响。

根据上述假定,地基中土层的受力状态与压缩试验中土样的受力状态相同,所以可以采用压缩试验得到的压缩性指标来计算土层压缩量。上述假定比较符合基础中心点下土体的受力状态,所以分层总和法一般只用于计算基底中心点的沉降。

3.3.2.2 基本公式

利用压缩试验成果计算地基沉降,实际上就是在已知 e-p 曲线的情况下,根据附加压力 Δp 来计算土层的竖向变形量 ΔH,即土层的沉降量 s。

由式(3-6)~式(3-8)可得到各土层的沉降量计算公式的两种表达形式:

$$s_i = \frac{e_{1i} - e_{2i}}{1 + e_{1i}} h_i \tag{3-9}$$

$$s_i = \frac{\bar{\sigma}_{zi}}{E_{si}}h_i \tag{3-10}$$

式中 $\bar{\sigma}_{zi}$——第 i 层土的平均附加应力,kPa;

E_{si}——第 i 层土的侧限压缩模量,kPa;

h_i——第 i 层土的计算厚度;

e_{1i}——第 i 层土的原始孔隙比;

e_{2i}——第 i 层土压缩稳定时的孔隙比。

3.3.2.3 分层总和法计算原理与步骤

1. 原理

由于地基土层往往不是由单一土层组成的,各土层的压缩性能不一样,在建筑的荷载作用下在压缩土层中所产生的附加应力的分布沿深度方向也非直线分布,为了计算地基最终沉降量 s,首先必须分层,然后分层计算每一薄层的沉降量 s_i,最后将各层的沉降量总和起来,即得地基表面的最终沉降量 s。

$$s = \sum_{i=1}^{n} s_i \tag{3-11}$$

2. 步骤和方法

(1)分层。为了地基沉降量计算结果比较精确,除每一薄层的厚度 $h_i \leqslant 0.4b$ 外,基础底面附加应力数值大、变化大,分层厚度应小些,尽量使每一薄层的附加应力的分布线接近于直线。地下水位处、层与层接触面处都要作为分层点。

(2)计算地基土的自重应力,并按一定比例绘制自重应力分布图(自重应力从地面算起)。

(3)计算基础底面接触压力。

(4)计算基础底面附加压力。基础底面附加压力 p_0 等于基础底面接触压力减去基础埋深 d 以内土所产生的自重应力 γd,即

$$p_0 = p - \gamma d \tag{3-12}$$

(5)计算地基中的附加应力,并按与自重应力同一比例绘制附加应力的分布图形。附加应力从基底面算起。按基础中心点下土柱所受的附加应力计算地基最终沉降量。

(6)确定压缩土层最终计算深度 z_n。因地基土层中附加应力的分布是随着深度增大而减小的,超过某一深度后,其下的土层压缩变形很小,可忽略不计,此深度称为压缩土层最终计算深度 z_n。一般土根据 $\sigma_z = 0.2\sigma_{sz}$ 条件确定,软土由 $\sigma_z = 0.1\sigma_{sz}$ 确定。

(7)计算每一薄层的沉降量 s_i。由式(3-9)或式(3-10)得

$$s_i = \frac{e_{1i} - e_{2i}}{1 + e_{1i}}h_i$$

$$s_i = \frac{\bar{\sigma}_{zi}}{E_{si}}h_i$$

(8)计算地基最终沉降量。

$$s = \sum_{i=1}^{n} s_i$$

【例 3-1】 设有一矩形(8 m×6 m)混凝土基础,埋置深度为 2.0 m,基础垂直荷载(包括基础自重)为 9 600 kN,地基为细砂和饱和黏土层,有关地质资料、荷载和基础平剖图如图 3-6 所示。试用分层总和法求算基础平均沉降。

解: 按地质剖面,把基底以下土层分成若干薄层。基底以下细砂层厚 4.4 m,可以分成两层,每层厚 2.2 m,以下的饱和黏土层按 2.4 m($0.4b=0.4\times6$)分层。

(1)计算各薄层顶、底面的自重应力 σ_{sz}。

细砂天然重度 $\gamma=20\ \text{kN/m}^3$,则

$$\sigma_{sz0}=2\times20=40(\text{kPa})$$
$$\sigma_{sz1}=40+2.2\times20=84(\text{kPa})$$
$$\sigma_{sz2}=84+2.2\times20=128(\text{kPa})$$
$$\sigma_{sz3}=128+2.4\times18.5=172.4(\text{kPa})$$
$$\sigma_{sz4}=172.4+2.4\times18.5=216.8(\text{kPa})$$

(2)计算基础中心垂直轴线的附加应力 σ_z,并确定压缩层底位置。

①计算基底附加压力 p_0。

$$p_0=\frac{9\ 600-20\times2\times6\times8}{6\times8}=160(\text{kPa})$$

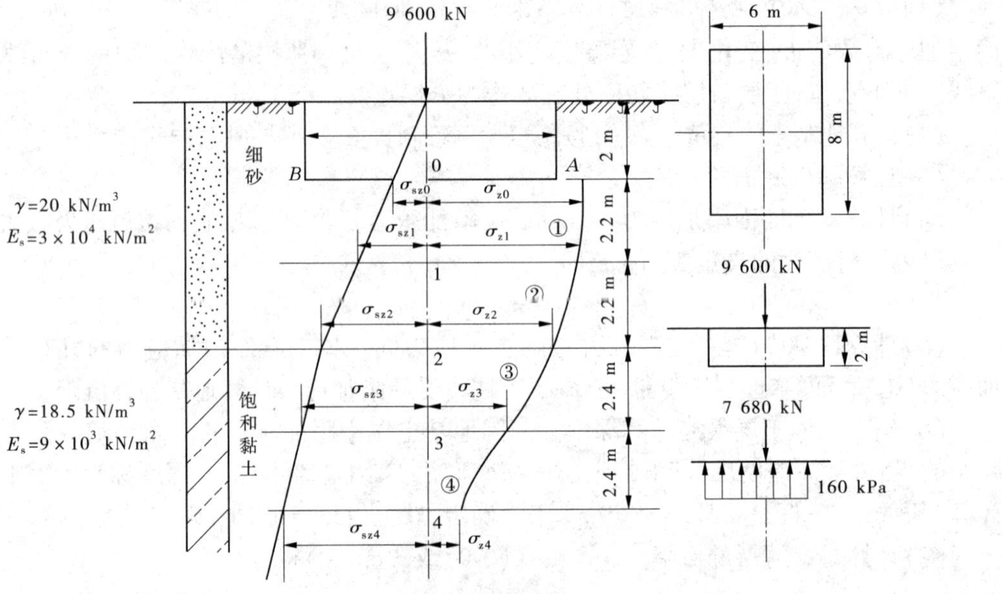

图 3-6 地基、基础及荷载情况

②计算基础中心垂直轴线上的 σ_z 并确定压缩层计算深度。计算结果如表 3-1 所示。

表 3-1 压缩层计算深度的确定

位置	z_i/m	z_i/b	l/b	α_{ai}	$\sigma_{zi}=4\alpha_{ai}p_0$/kPa
0	0	0	4/3	0.250 0	160
1	2.2	2.2/3	4/3	0.217 1	139
2	4.4	4.4/3	4/3	0.141 6	91
3	6.8	6.8/3	4/3	0.086 2	55
4	9.2	9.2/3	4/3	0.054 4	35

由表 3-1 可知,压缩计算深度取在第 4 层底面上合适。

(3)计算垂直线上各分层的平均附加应力。

根据 $\bar{\sigma}_{zi}=\dfrac{\sigma_{z(i-1)}+\sigma_{zi}}{2}$ 可求得第 i 层土平均附加应力,如表 3-2 所示。

表 3-2　各土层沉降量计算

位置	$\bar{\sigma}_{zi}$/kPa	E_{si}/kPa	h_i/m	s_i/m
1	149.5	3×10^4	2.2	0.010 963
2	115	3×10^4	2.2	0.008 433
3	73	0.9×10^4	2.4	0.019 467
4	45	0.9×10^4	2.4	0.012 000
$\sum s_i$				0.050 863

(4)计算各土层的变形 s_i 和总沉降 s,如表 3-2 所示。

由表 3-2 可知,总沉降量约为 0.051 m。

3.3.3　规范法计算地基沉降

《建筑地基基础设计规范》(GB 50007—2011)所推荐的地基最终沉降量计算方法是另一种形式的分层总和法,它也采用侧限条件下的压缩性指标,并运用了平均附加应力系数计算;还规定了地基沉降计算深度标准,提出了地基的沉降计算经验系数,使得计算成果接近于实测值。

GB 50007—2011 所采用的平均附加应力系数,其概念是:假设地基是均质的,即所假定的土在侧限条件下的压缩模量不随深度而变,则从基底至地基任意深度范围内的压缩量(见图 3-7)为

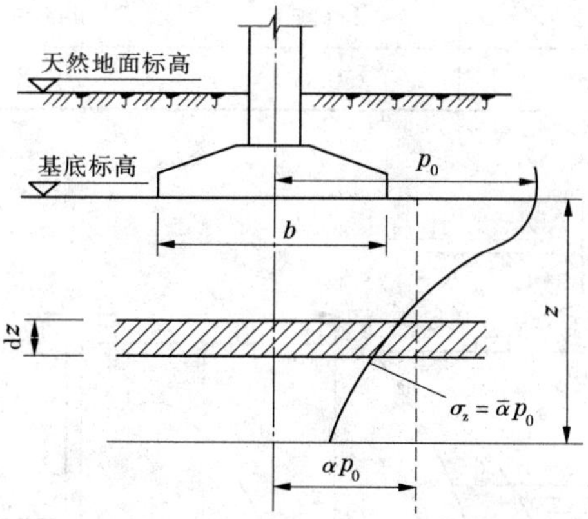

图 3-7　平均附加应力系数的原理

$$s=\int_0^z\varepsilon\mathrm{d}z=\frac{1}{E_s}\int_0^z\sigma_z\mathrm{d}z=\frac{A}{E_s}\tag{3-13}$$

式中　ε——土的侧限压缩应变,$\varepsilon=\sigma_z/E_s$;

A——深度 z 范围内的附加应力分布图所包围的面积,$A=\int_0^z\sigma_z\mathrm{d}z$。

因为附加应力 σ_z 可以根据基底应力与附加应力系数计算，所以 A 还可以表示为

$$A=\int_0^z \sigma_z \mathrm{d}z = p_0\int_0^z \alpha \mathrm{d}z = p_0 z\bar{\alpha} \tag{3-14}$$

式中 p_0——基底的附加压力；

α——附加应力系数；

$\bar{\alpha}$——深度 z 范围内的竖向平均附加应力系数。

将式(3-14)代入式(3-13)，则地基最终沉降量可以表示为

$$s=\frac{p_0 z\bar{\alpha}}{E_s} \tag{3-15}$$

式(3-15)是用平均附加应力系数表达的从基底到任意深度 z 范围内地基沉降量的计算公式。由地基在垂直方向分层的特点，结合分层总和的思想，可得成层地基中第 i 层土沉降量的计算公式为

$$\Delta s_i=\frac{\Delta A_i}{E_{si}}=\frac{A_i - A_{i-1}}{E_{si}}=\frac{p_0}{E_{si}}(z_i\bar{\alpha}_i - z_{i-1}\bar{\alpha}_{i-1}) \tag{3-16}$$

式中 A_i、A_{i-1}——z_i、z_{i-1} 范围内的附加应力面积；

$\bar{\alpha}_i$、$\bar{\alpha}_{i-1}$——z_i、z_{i-1} 对应的竖向平均附加应力系数。

GB 50007—2011 用符号 z_n 表示地基沉降计算深度，并规定 z_n 应满足下列条件：由该深度处向上取按表 3-3 规定的计算厚度 Δz(见图 3-8)所得的计算沉降量 Δs_n 不大于 z_n 范围内总的计算沉降量的 2.5%，即应满足(包括考虑相邻荷载的影响)：

$$\Delta s_n \leqslant 0.025\sum_{i=1}^{n}\Delta s_i \tag{3-17}$$

表 3-3 计算厚度 Δz 值

b/m	$b\leqslant 2$	$2<b\leqslant 4$	$4<b\leqslant 8$	$8<b$
Δz/m	0.3	0.6	0.8	1.0

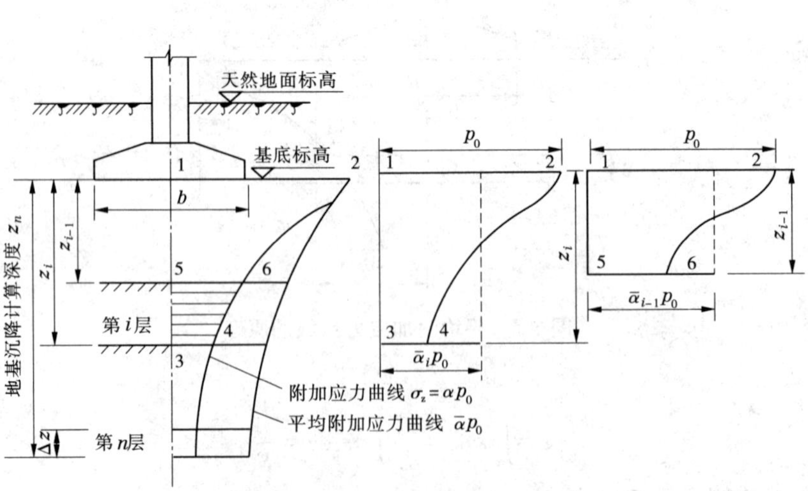

图 3-8 规范法计算地基沉降示意图

在按式(3-17)所确定的沉降计算深度下如有软弱土层，则尚应向下继续计算，直至软弱

土层中所取规定厚度 Δz 的计算沉降量满足式(3-17)。

当无相邻荷载影响,基础宽度在 1~50 m 时,基础中点的地基沉降计算深度也可按简化公式(3-18)计算,即

$$z_n = b(2.5 - 0.04\ \ln b) \tag{3-18}$$

式中　b——基础宽度。

在沉降计算深度范围内有基岩存在时,取基岩表面为计算深度。

为了提高计算准确度,计算所得的地基最终沉降量尚需乘以一个沉降计算经验系数 ψ_s。ψ_s 按式(3-19)确定,即

$$\psi_s = s_\infty / s \tag{3-19}$$

式中　s_∞——利用地基观测资料推算的最终沉降量。

因此,各地区宜按实测资料制定适合于本地区各种地基情况的 ψ_s 值;无实测资料时,可采用规范提供的数值,如表 3-4 所示。

表 3-4　沉降计算经验系数 ψ_s

地基附加压力	$\overline{E}_s$/MPa				
	2.5	4.0	7.0	15.0	20.0
$p_0 \geqslant f_k$	1.4	1.3	1.0	0.4	0.2
$p_0 \leqslant 0.75 f_k$	1.1	1.0	0.7	0.4	0.2

注:$\overline{E}_s$ 为沉降计算深度范围内压缩模量的当量值,其计算公式 $\overline{E}_s = \dfrac{\sum A_i}{\sum \dfrac{A_i}{E_{si}}}$。其中,$A_i = p_0(z_i\overline{\alpha}_i - z_{i-1}\overline{\alpha}_{i-1})$。

综上所述,GB 50007—2011 推荐的地基最终沉降量 s_∞(单位为 mm)的计算公式为

$$s_\infty = \psi_s s = \psi_s \frac{p_0}{E_{si}} \sum (z_i\overline{\alpha}_i - z_{i-1}\overline{\alpha}_{i-1}) \tag{3-20}$$

GB 50007—2011 中提供了各种荷载形式下地基中的平均附加应力系数表,计算时可根据要求查表计算,查表方法与附加应力系数相同。下面仅给出均布的矩形荷载角点下(b 为荷载面宽度)的地基平均附加应力系数表,如表 3-5 所示。

表 3-5　均布的矩形荷载角点下的地基平均附加应力系数 $\overline{\alpha}$

z/b	l/b												
	1.0	1.2	1.4	1.6	1.8	2.0	2.4	2.8	3.2	3.6	4.0	5.0	10.0
0	0.250 0	0.250 0	0.250 0	0.250 0	0.250 0	0.250 0	0.250 0	0.250 0	0.250 0	0.250 0	0.250 0	0.250 0	0.250 0
0.2	0.249 6	0.249 7	0.249 7	0.249 8	0.249 8	0.249 8	0.249 8	0.249 8	0.249 8	0.249 8	0.249 8	0.249 8	0.249 8
0.4	0.247 4	0.247 9	0.248 1	0.248 3	0.248 3	0.248 4	0.248 5	0.248 5	0.248 5	0.248 5	0.248 5	0.248 5	0.248 5
0.6	0.242 3	0.243 7	0.244 4	0.244 8	0.245 1	0.245 2	0.245 4	0.245 5	0.245 5	0.245 5	0.245 5	0.245 5	0.245 6
0.8	0.234 6	0.237 2	0.238 7	0.239 5	0.240 0	0.240 3	0.240 7	0.240 8	0.240 9	0.240 9	0.241 0	0.241 0	0.241 0
1.0	0.225 2	0.229 1	0.231 3	0.232 6	0.233 5	0.234 0	0.234 6	0.234 9	0.235 1	0.235 2	0.235 2	0.235 3	0.235 3

续表 3-5

z/b	l/b												
	1.0	1.2	1.4	1.6	1.8	2.0	2.4	2.8	3.2	3.6	4.0	5.0	10.0
1.2	0.214 9	0.219 9	0.222 9	0.224 8	0.226 0	0.226 8	0.227 8	0.228 2	0.228 5	0.228 6	0.228 7	0.228 8	0.228 9
1.4	0.204 3	0.210 2	0.214 0	0.216 4	0.219 0	0.219 1	0.220 4	0.221 1	0.221 5	0.221 7	0.221 8	0.222 0	0.222 1
1.6	0.193 9	0.200 6	0.204 9	0.207 9	0.209 9	0.211 3	0.213 0	0.213 8	0.214 3	0.214 6	0.214 8	0.215 0	0.215 2
1.8	0.184 0	0.191 2	0.196 0	0.199 4	0.201 8	0.203 4	0.205 5	0.206 6	0.207 3	0.207 7	0.207 9	0.208 2	0.208 4
2.0	0.174 6	0.182 2	0.187 5	0.191 2	0.193 8	0.195 8	0.198 2	0.199 6	0.200 4	0.200 9	0.201 2	0.201 5	0.201 8
2.2	0.165 9	0.173 7	0.179 3	0.183 3	0.186 2	0.188 3	0.191 1	0.192 7	0.193 7	0.194 3	0.194 7	0.195 2	0.195 5
2.4	0.157 8	0.165 7	0.171 5	0.175 7	0.178 9	0.181 2	0.184 3	0.186 2	0.187 3	0.188 0	0.188 5	0.189 0	0.189 5
2.6	0.150 3	0.158 3	0.164 2	0.168 6	0.171 9	0.174 5	0.177 9	0.179 9	0.181 2	0.182 0	0.182 5	0.183 2	0.183 8
2.8	0.143 3	0.151 4	0.157 4	0.161 9	0.165 4	0.168 0	0.171 7	0.173 9	0.175 3	0.176 3	0.176 9	0.177 7	0.178 4
3.0	0.136 9	0.144 9	0.151 0	0.155 6	0.159 2	0.161 9	0.165 8	0.168 2	0.169 8	0.170 8	0.171 5	0.172 5	0.173 3
3.2	0.131 0	0.139 0	0.145 0	0.149 7	0.153 3	0.156 2	0.160 2	0.162 8	0.164 5	0.165 7	0.166 4	0.167 5	0.168 5
3.4	0.125 6	0.133 4	0.139 4	0.144 1	0.147 8	0.150 8	0.155 0	0.157 7	0.159 5	0.160 7	0.161 6	0.162 8	0.163 9
3.6	0.120 5	0.128 2	0.134 2	0.138 9	0.142 7	0.145 6	0.150 0	0.152 8	0.154 8	0.156 1	0.157 0	0.158 3	0.159 5
3.8	0.115 8	0.123 4	0.129 3	0.134 0	0.137 8	0.140 8	0.145 2	0.148 2	0.150 2	0.151 6	0.152 6	0.154 1	0.155 4
4.0	0.111 4	0.118 9	0.124 8	0.129 4	0.133 2	0.136 2	0.140 8	0.143 8	0.145 9	0.147 4	0.148 5	0.150 0	0.151 6
4.2	0.107 3	0.114 7	0.120 5	0.125 1	0.128 9	0.131 9	0.136 5	0.139 6	0.141 8	0.143 4	0.144 5	0.146 2	0.147 9
4.4	0.103 5	0.110 7	0.116 4	0.121 0	0.124 8	0.127 9	0.132 5	0.135 7	0.137 9	0.139 6	0.140 7	0.142 5	0.144 4
4.6	0.100 0	0.107 0	0.112 7	0.117 2	0.120 9	0.124 0	0.128 7	0.131 9	0.134 2	0.135 9	0.137 1	0.139 0	0.141 0
4.8	0.096 7	0.103 6	0.109 1	0.113 6	0.117 3	0.120 4	0.125 0	0.128 3	0.130 7	0.132 4	0.133 7	0.135 7	0.137 9
5.0	0.093 5	0.100 3	0.105 7	0.110 2	0.113 9	0.116 9	0.121 6	0.124 9	0.127 3	0.129 1	0.130 4	0.132 5	0.131 8
6.0	0.080 5	0.086 6	0.091 6	0.095 7	0.099 1	0.102 1	0.106 7	0.110 1	0.112 6	0.114 6	0.116 1	0.118 5	0.121 6
7.0	0.070 5	0.076 1	0.080 6	0.084 4	0.087 7	0.090 4	0.094 9	0.098 2	0.100 8	0.102 8	0.104 4	0.107 1	0.110 9
8.0	0.062 7	0.067 8	0.072 0	0.075 5	0.078 5	0.081 1	0.085 3	0.088 6	0.091 2	0.093 2	0.094 8	0.097 6	0.102 0
10.0	0.051 4	0.055 6	0.059 2	0.062 2	0.064 9	0.067 2	0.071 0	0.073 9	0.076 3	0.078 3	0.079 9	0.082 9	0.088 0
12.0	0.043 5	0.047 1	0.050 2	0.052 9	0.055 2	0.057 3	0.060 6	0.063 4	0.065 6	0.067 4	0.069 0	0.071 9	0.077 4
16.0	0.032 2	0.036 1	0.038 5	0.040 7	0.042 5	0.044 2	0.046 9	0.049 2	0.051 1	0.052 7	0.054 0	0.056 7	0.062 5
20.0	0.026 9	0.029 2	0.031 2	0.033 0	0.034 5	0.035 9	0.038 3	0.040 2	0.041 8	0.043 2	0.044 4	0.046 8	0.052 4

【知识拓展】

应力历史对地基沉降的影响

金属弹簧无论之前加载大小和次数怎样，只要施加的压力一样，其变形量就一样，而土体这种材料则不同，土体历史上承受的应力对目前土的压缩性高低是有影响的。例如，某场地历史上最高地面远高于目前地面，则该场地的土呈超压密状态，其压缩性比通常情况要低。因此，将地基土按历史上曾受到过的最大压力与目前所受的土的自重压力相比较，可分为以下三种类型：①正常固结土。土层历史上所经受的最大压力，等于现有覆盖土的自重压力。大多数建筑场地的土层均属于正常固结土。②超固结土。该土层历史上曾经受过大于现有覆盖土重的前期固结压力。这可能是因为水流冲刷、冰川作用及人类活动等，已将沉积于目前土体之上的先前的土体搬运走了。③欠固结土。土层目前还没有达到完全固结，土层实际固结压力（有效应力）小于土层自重压力。这主要是指新近沉积的黏性土或人工填土，这种土的沉降比较大。本书只针对主流的正常固结土来讲解沉降计算，而对于超固结土和欠固结土的沉降计算，可参考其他相关书籍。

3.4　地基沉降与时间的关系

第3.3节介绍了地基最终沉降量的计算，最终沉降量是指在上部荷载产生的附加应力作用下，地基土体发生压缩达到稳定的沉降量。但是对于不同的地基土体，要达到压缩稳定的时间长短不同。对于砂土地基和碎石土地基，因压缩性较小、透水性较大，一般在施工完成时，地基的变形已基本稳定；对于黏性土，特别是饱和黏土地基，因压缩性大、透水性小，其地基土的固结变形常要延续数年，甚至几十年才能完成。地基土的压缩性越大，透水性越小，则完成固结（也就是压缩稳定）的时间越长。对于这类固结很慢的地基，在设计时不仅要计算基础的最终沉降量，有时还需知道地基沉降过程，预计建筑物在施工期间和使用期间的地基沉降量（地基沉降与时间的关系），以便预留建筑物有关部分之间的净空，组织施工顺序，控制施工进度，以及作为采取必要措施的依据。

饱和土体在荷载作用下，土孔隙中的自由水随着时间推移缓慢渗出，土的体积逐渐减小的过程，称为土的渗透固结。

太沙基一维固结又称单向固结，是指土体在荷载作用下产生的变形与孔隙水的流动仅发生在一个方向上的固结问题。严格的一维固结只发生在室内有侧限的固结试验中，在实际工程中并不存在，但在大面积均布荷载作用下的固结，可近似为一维固结问题。

3.4.1　固结模型和基本假设

太沙基（1924年）建立了如图3-9所示的模型。在图3-9中，整体代表一个土单元，弹簧代表骨架，水代表孔隙水，活塞上的小孔代表土的渗透性，活塞与筒壁之间无摩擦。

在外荷载p刚施加的瞬间，水还来不及从小孔中排出，弹簧未被压缩，荷载p全部由孔隙水承担，水中产生超静孔隙水压力u，此时，$u=p$。随着时间的推移，水不断从小孔中向外排出，超静孔隙水压力逐渐减小，弹簧逐步受到压缩，弹簧所承担的力逐渐增大。弹簧中的应力代表土骨架所受的力，即土体中的有效应力σ'，在这一阶段$\sigma'+u=p$。有效应力与超静孔隙水压力之和称为总应力 σ。当水中超静孔隙水压力减小到 0 时,水不再从小孔中挤出,全部外荷载由弹簧承担,即有效应力 $\sigma'=p$。在整个过程中,总应力 σ、有效应力 σ' 和超静孔隙水压力 u 之间的关系为

$$\sigma = \sigma' + u \tag{3-21}$$

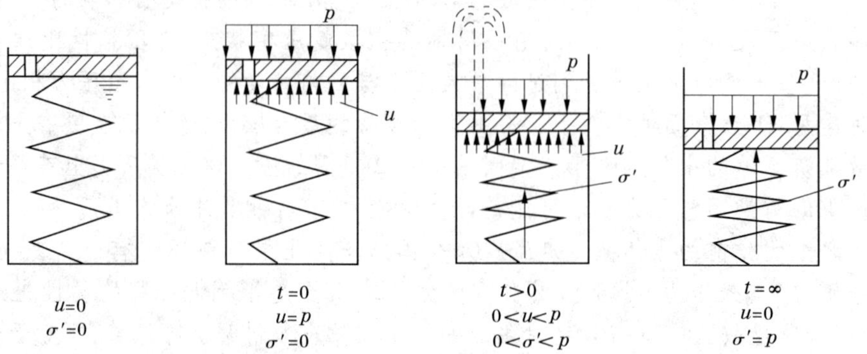

图 3-9　固结模型

太沙基采用这一物理模型,并做出如下假设:

(1)土体是饱和的。

(2)土体是均质的。

(3)土颗粒与孔隙水在固结过程中不可压缩。

(4)土中水的渗流服从达西渗透定律。

(5)在固结过程中,土的渗透系数 k 是常数。

(6)在固结过程中,土的压缩系数 a 是常数。

(7)外部荷载是一次瞬时施加的。

(8)土体的固结变形是小变形。

(9)土中水的渗流与土体变形只发生在一个方向。

在以上假设的基础上,太沙基建立了一维渗流固结理论。

3.4.2　固结方程

根据上述物理模型与基本假定,考虑最简单的情况。图 3-10 表示了一个饱和的黏性土层,厚度为 H,已在自重作用下完成了固结。设在它上面受到连续均布荷载 p 的作用,因此由它所引起的附加应力 σ_z 沿深度为均匀分布,并等于 p。饱和黏土层下面是不可压缩的不透水层,在固结过程中,土中水只能向上面透水砂层排走。ad 表示任意时间 t 时,土中有效应力 σ' 或超静孔隙水压力 u 沿深度的变化曲线,它将随着时间改变它的位置,结果是有效应力面积增加而超静孔隙水压力面积减小,如图 3-10 中的虚线所示。

取土体中距排水面某一深度处的土单元体 $\mathrm{d}x\mathrm{d}y\mathrm{d}z$,如图 3-10 所示。由于土骨架对孔隙水的渗透有阻碍作用,故除在荷载施加的瞬间及固结完成时刻外,在固结过程中土单元的上下表面处的超静孔隙水压力是不同的。因此,超静孔隙水压力是时间和深度的函数,即 $u=u(z,t)$。在固结过程中,单元体 $\mathrm{d}x\mathrm{d}y\mathrm{d}z$ 在 $\mathrm{d}t$ 时间内沿竖向排出的水量等于单元体在 $\mathrm{d}t$ 时间内的竖向压缩量。

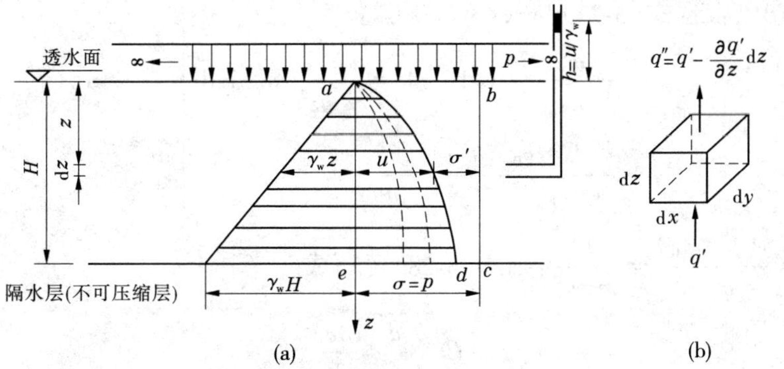

图 3-10　土体单元的固结

单元体在 dt 时间内排水量 dQ 表达式为

$$dQ = \frac{\partial v}{\partial z}dzdxdydt \tag{3-22}$$

根据达西渗透定律,有

$$v = ki = \frac{k\partial u}{\gamma_w \partial z} \tag{3-23}$$

式中　v——水在土体中的渗透速度,m/s;

i——水力梯度;

k——渗透系数,m/s;

u——超静孔隙水压力,kPa;

γ_w——水的重度,kN/m^3。

将式(3-23)代入式(3-22),得

$$dQ = \frac{k\partial^2 u}{\gamma_w \partial z^2}dzdxdydt \tag{3-24}$$

单元体在 dt 时间内的压缩量,即土中孔隙体积的变化量 dV 表达式为

$$dV = \frac{\partial}{\partial t}\left(\frac{e}{1+e_0}\right)dxdydzdt \tag{3-25}$$

式中　e——t 时刻土体的孔隙比;

e_0——土体初始孔隙比。

土体孔隙比的改变与土体受到的有效应力有关,根据压缩曲线(压缩系数定义)得

$$\frac{\partial e}{\partial \sigma'} = -a \tag{3-26}$$

式中　a——土体的竖向压缩系数;

σ'——土中有效应力。

将式(3-26)代入式(3-25),并结合有效应力原理,有

$$\sigma' + u = \sigma$$

得

$$dV = \frac{a}{1+e_0}\frac{\partial u}{\partial t}dxdydzdt \tag{3-27}$$

因为 $\mathrm{d}Q=\mathrm{d}V$，根据式(3-24)与式(3-27)可得

$$\left.\begin{aligned}\frac{a}{1+e_0}\frac{\partial u}{\partial t}\mathrm{d}x\mathrm{d}y\mathrm{d}z\mathrm{d}t &= \frac{k\partial^2 u}{\gamma_w \partial z^2}\mathrm{d}z\mathrm{d}x\mathrm{d}y\mathrm{d}t \\ \frac{k(1+e_0)}{a\gamma_w}\frac{\partial^2 u}{\partial z^2} &= \frac{\partial u}{\partial t}\end{aligned}\right\} \tag{3-28}$$

定义 $C_v=\dfrac{k(1+e_0)}{a\gamma_w}=\dfrac{k}{m_v\gamma_w}$，则式(3-28)可写成

$$C_v\frac{\partial^2 u}{\partial z^2}=\frac{\partial u}{\partial t} \tag{3-29}$$

式中　C_v——固结系数，m^2/s。

式(3-29)称为太沙基一维固结方程。该方程属二阶偏微分方程，运用一定的求解方法结合初始条件和边界条件进行求解，得到任一点任一时刻的超静孔隙水压力 $u(z,t)$ 成为解决问题的关键。

3.4.3　固结方程的解

根据给定的边界条件和初始条件，可以求解微分方程式(3-29)，从而得到超静孔隙水压力随时间沿深度的变化规律。

图 3-10 所示土层厚度为 H，固结系数为 C_v，排水条件为单面排水，表面作用瞬时施加的大面积均布荷载 p。

如图 3-10(a)所示的边界条件(可压缩层顶底面排水条件)和初始条件(开始固结时的附加应力分布情况)如下：

边界条件

$$z=0, u=0 \quad (t>0)$$

$$z=H, \frac{\partial u}{\partial t}=0 \quad (t>0)$$

初始条件

$$t=0, u=p \quad (0\leqslant z\leqslant H)$$

$$t=\infty, u=0 \quad (0\leqslant z\leqslant H)$$

采用分离变量法求解式(3-29)，令

$$u=F(z)G(t) \tag{3-30}$$

将式(3-30)代入式(3-29)，可得

$$C_vF''(z)G(t)=F(z)G'(t)$$

即

$$\frac{F''(z)}{F(z)}=\frac{G'(t)}{C_vG(t)}$$

因此

$$\frac{F''(z)}{F(z)}=\frac{G'(t)}{C_vG(t)}=\text{常数}$$

令该常数为 $-A^2$，可得

$$F(z)=C_1\cos Az+C_2\sin Az \tag{3-31}$$

$$G(t)=C_3\exp(-A^2C_vt) \tag{3-32}$$

把式(3-31)与式(3-32)代入式(3-30),得

$$u=(C_1\cos Az+C_2\sin Az)C_3\exp(-A^2C_vt)=(C_4\cos Az+C_5\sin Az)\exp(-A^2C_vt) \tag{3-33}$$

根据边界条件和初始条件可得

$$u=\frac{4p}{\pi}\sum_{m=1}^{\infty}\frac{1}{m}\sin\frac{m\pi z}{2H}\exp\left(\frac{-m^2\pi^2T_v}{4}\right) \tag{3-34}$$

式中　m——正整数,且 $m=1,3,5\cdots$;

H——最长排水距离,当土层为单面排水时,H 等于土层厚度,当土层上下双面排水时,H 取一半土层厚度;

T_v——时间因数,且 $T_v=\dfrac{C_vt}{H^2}$。

根据式(3-34)可以计算图 3-10 中任一点任一时刻的超静孔隙水压力 $u(z,t)$。因为固结的本质是超静孔隙水压力向有效应力转化的过程,所以已知某点某时刻的超静孔隙水压力,也就知道了该点该时刻的固结程度。基于此,可引入固结度的概念。

3.4.4　固结度

在某一荷载作用下经过时间 t 后土体固结过程完成的程度称为固结度,通常用 U 表示。土体在固结过程中完成的固结变形和土体抗剪强度增长均与固结度有关。从本质上讲,土的固结度是超静孔隙水压力向有效应力转化的程度。针对土体中某点而言,固结度可表示为

$$U=\frac{\sigma'}{\sigma}=\frac{\sigma-u}{\sigma}=1-\frac{u}{\sigma} \tag{3-35}$$

式中　σ——在一定荷载作用下,土体中某点总应力,kPa;

σ'——土体中某点有效应力,kPa;

u——土体中某点超静孔隙水压力,kPa。

在实际应用中,我们更关心的是土层的平均固结度,而不是某一点的固结度。平均固结度的宏观表现是某一时刻固结沉降量占最终沉降量的比值,但其本质是某一时刻总有效应力占最终有效应力的比值。基于此,下面给出平均固结度的定义及推导过程。地基土层在某一荷载作用下,经过时间 t 后所产生的固结沉降量 s_{ct} 与该土层固结完成时最终固结沉降量 s_c 之比称为平均固结度,也称地基固结度,即

$$U_t=\frac{s_{ct}}{s_c} \tag{3-36}$$

在压缩应力、土层性质和排水条件等一定的情况下,U_t 仅是时间 t 的函数。对于竖向排水情况,由于固结沉降与有效应力成正比,所以某一时刻有效应力的面积和最终有效应力的面积之比即为竖向排水的平均固结度 U_{zt}(见图 3-10)。

$$U_{zt}=\frac{\text{应力面积 }abcd}{\text{应力面积 }abce}=\frac{\text{应力面积 }abce-\text{应力面积 }aed}{\text{应力面积 }abce}=1-\frac{\int_0^H u_{zt}\mathrm{d}z}{\int_0^H \sigma_z\mathrm{d}z} \tag{3-37}$$

由此可见,地基的固结度也就是土体中超静孔隙水压力向有效应力转化过程的完成程度。

将式(3-34)解得的孔隙水压力沿土层深度的分布函数代入式(3-37),经积分可求得图3-10所示条件下土层固结度为

$$U_t = 1 - \frac{8}{\pi^2}\sum_{m=1}^{\infty}\frac{1}{m^2}e^{-\pi^2 m^2 T_v/4} \quad (m = 1,3,5\cdots) \tag{3-38}$$

由于式(3-38)中级数收敛很快,故当 T_v 值较大(如 $T_v \geqslant 0.16$)时,可只取其第一项,其精度已满足工程要求,则式(3-38)可简化为

$$U_t = 1 - \frac{8}{\pi^2}e^{-\pi^2 T_v/4} = f(T_v) \tag{3-39}$$

由此可见,固结度 U_t 仅为时间因数 T_v 的函数。当土的性质指标 k, e, a 和土层厚度 H 已知时,针对某一具体的排水条件和边界条件,即可求得 U_t-t 关系。

根据式(3-39),在压缩应力分布及排水条件相同的情况下,两个土质相同(C_v 相同)而厚度不同的土层,要达到相同的固结度,其时间因数 T_v 应相等,即

$$T_v = \frac{C_v}{H_1^2}t_1 = \frac{C_v}{H_2^2}t_2$$

$$\frac{t_1}{t_2} = \frac{H_1^2}{H_2^2} \tag{3-40}$$

式(3-40)表明,土质相同而厚度不同的两个土层,当压缩应力分布和排水条件都相同时,达到同一固结度所需时间之比等于两土层最长排水距离的平方之比。因此,对于同一地基情况,若将单面排水改为双面排水,要达到相同的固结度,所需历时应减少为原来的1/4。

以上讨论限于饱和黏性土层中附加应力沿深度均匀分布的情况,它相当于地基已在自重作用下固结完成,而基础面积很大,压缩土层较薄($H/b<0.5$)的情况。但实际上遇到的情况要比这个复杂得多。为了使计算不致过分复杂,按照饱和黏性土层内实际应力的分布情况(由附加应力和自重应力之和,或由两种应力单独构成)和排水条件可近似而又足够准确地分为5种,如图3-11所示。

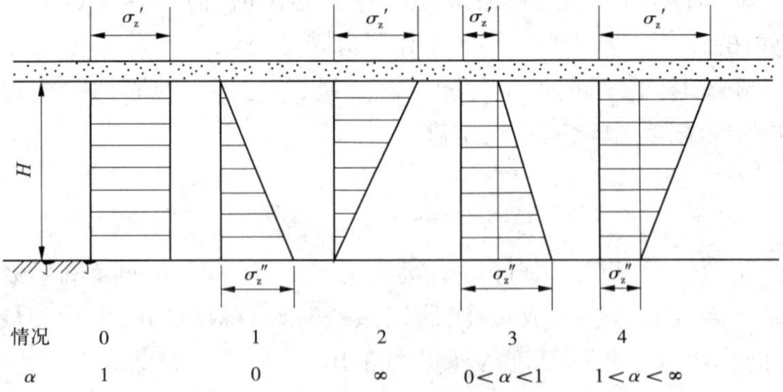

图3-11　5种简化附加应力分布

情况0:相当于上述的最简单情况;

情况1:相当于大面积新沉积或新填的土层由于自重应力而产生固结的情况。

情况 2:相当于地基在自重应力作用下已经完成固结,而基础底面积较小,压缩层很厚,在土层底面处的附加应力已经接近零的情况。

情况 3:相当于地基在自重应力作用下还未固结,就在上面修建建筑物的情况。

情况 4:与情况 2 相似,但在压缩土层底面的附加应力远大于零的情况。

如图 3-11 所示,其中 α 为反映附加应力分布形态的参数,定义为透水面上的附加应力 σ'_z 与不透水面上附加应力 σ''_z 之比,即 $\alpha=\dfrac{\sigma'_z}{\sigma''_z}$。因此,对不同的附加应力分布,$\alpha$ 值不同,式(3-29)的解也不尽相同,所求得的土层平均固结度也就不一样。因此,土层的平均固结度与土层中附加应力的分布形态有关。显然,只要给定附加应力的分布形态,就可以按照上述思路求解平均固结度 U_{zt}。为了使用的方便,已将各种附加应力呈直线分布(不同 α 值)情况下土层的平均固结度与时间因数之间的关系绘制成曲线,如图 3-12 所示。

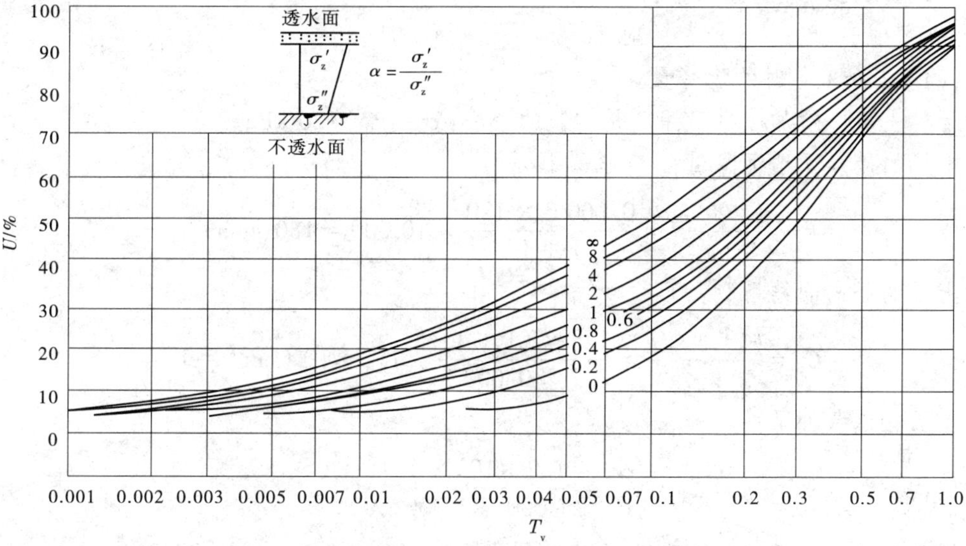

图 3-12　平均固结度 U 与时间因数 T_v 关系曲线

利用图 3-12 和式(3-36),可以解决下列两类沉降计算问题:

(1)已知土层的最终沉降量 s_c,求某一固结时刻 t 已完成的沉降 s_{ct}。对于这类问题,首先根据土层的 k、a、e、H 和给定的 t,算出土层平均固结系数 C_v 和时间因数 T_v,然后利用图 3-12 中的曲线查出相应的固结度 U,最后由式(3-36)求得 s_{ct}。

(2)已知土层的最终沉降量 s_c,求土层产生某一沉降量 s_{ct} 所需的时间 t_0。对于这类问题,首先求出土层平均固结度 $U=s_{ct}/s_c$,然后从图 3-12 中的曲线查得相应的时间因数 T_v,最后按式 $t=H^2T_v/C_v$ 求出所需的时间。

以上所述均为单面排水情况。若土层为双面排水,则无论土层中附加应力分布为哪一种情况,只要是线性分布,均可按情况 0($\alpha=1$)计算。这是根据叠加原理而得到的结论,具体论证过程不再赘述,可参考有关文献。但对于双面排水情况,时间因数中的排水距离应取土层厚度的一半。

由式(3-38)可知,在土层厚度确定后,某一时刻土层的固结度由固结系数决定,土的固结系数越大,土体固结越快。因此,正确测定固结系数对估计固结速率有重要意义。固结系

数的表达式为

$$C_v = \frac{k(1+e_0)}{\gamma_w a} \tag{3-41}$$

由于式(3-41)中的参数不易确定,特别是 a 不是定值,所以采用式(3-41)计算固结系数难以得到满意的结果。因此,常采用试验方法测定固结系数,一般是先通过压缩试验,绘制在一定压力下的时间–压缩量曲线,再结合理论公式来确定固结系数 C_v。有关的方法很多,如时间平方根拟合法与时间对数拟合法,可以参见《土工试验方法标准》(GB/T 50123—2019)。

【例 3-2】 某厚度为 10 m 的饱和黏土层,在大面积荷载 $p_0=120$ kPa 作用下,设该土层的初始孔隙比 $e_0=1$,压缩系数 $a=0.3\ \text{MPa}^{-1}$,渗透系数 $k=1.8$ cm/年,黏土层在单面排水和双面排水条件下分别求:

(1) 加荷历时一年的沉降量;

(2) 沉降量达 156 mm 所需的时间。

解:(1) 求 $t=1$ 年时的沉降量。

由于黏土层中附加应力沿深度是均布的,故有 $\sigma_1=p_0=120$ kPa。

黏土层的最终固结沉降量:

$$s=\frac{a\sigma_z}{1+e_0}H=\frac{0.000\,3\times 120}{1+1}\times 10\,000=180(\text{mm})$$

黏土层的竖向固结系数:

$$C_v=\frac{k(1+e_0)}{\gamma_w a}=\frac{1.8\times(1+1)}{0.1\times 0.000\,3}=1.2\times 10^5(\text{cm}^2/\text{年})$$

在单面排水条件下:

时间因数 $$T_v=\frac{C_v}{H^2}t=\frac{1.2\times 10^5\times 1}{1\,000\times 1\,000}=0.12$$

查图 3-12 得 $U_z=0.39$,则 $t=1$ 年时的沉降量 $s_t=U_z s=0.39\times 180=70.2$(mm)。

在双面排水条件下:

时间因数 $$T_v=\frac{C_v}{H^2}t=\frac{1.2\times 10^5\times 1}{500\times 500}=0.48$$

查图 3-12 得 $U_z=0.75$,则 $t=1$ 年时的沉降量 $s_t=0.75\times 180=135$(mm)。

(2) 求沉降量达 156 mm 所需的时间。

平均固结度 $$U=\frac{s_t}{s}=\frac{156}{180}=0.87$$

由图 3-12 可查得 $T_v=0.76$,在单向排水条件下:

$$t=\frac{T_v H^2}{C_v}=\frac{0.76\times 1\,000^2}{1.2\times 10^5}=6.3(\text{年})$$

在双向排水条件下:

$$t=\frac{0.76\times 500^2}{1.2\times 10^5}=1.6(\text{年})$$

实践表明:用单向固结理论计算的饱和土的固结情况与饱和土样压缩试验所得的固结情况大致接近,但与实测结果相比却有较大出入,如上海地区的实测资料表明,实测的沉降速度远比计算结果要快,这说明前者是由于单向固结理论的假设与试验条件基本一致,而后者则是除理论本身存在一些问题外,没有考虑许多实际复杂因素的影响(如上海地区土的横向渗透系数远大于竖向渗透系数),因此计算结果与实测结果有较大出入。

总之,在很多情况下,尤其是对于饱和软土,应用单向固结理论是有局限性的。从理论本身来看,只有当建筑物基础的面积很大,可压缩性土层的厚度很小(如小于或等于基础宽度的一半),而下面为坚硬且不透水的岩层时,才接近单向固结的条件。在多数情况下,当土层受到局部荷载时,孔隙水的渗流实际属于二维问题或三维问题。二维固结和三维固结常称为多维固结。为了求解多维固结问题,Rendulic(1935)首先将太沙基一维固结方程推广至多维条件,得到 Terzaghi-Rendulic 扩散方程。Biot(1940)从连续介质基本方程出发得到 Biot 固结理论,他考虑了孔隙水压力消散与土骨架变形之间的耦合作用。关于这两种理论,读者可以参阅《高等土力学》相关章节。

【知识拓展】

关于地基沉降与时间的关系问题,本节内容考虑太沙基一维渗流固结理论的前后完整性,故对其中比较简单的附加应力不随深度变化的情况给出了推导。因为涉及偏微分方程求解的数学难点,可能会对一些读者的阅读造成一定困难,但这并不影响该理论的应用。对于理论的应用,主要是解决前面提到的两类工程问题:其一是已知时间求沉降量;其二是已知沉降量求时间。问题的解决需要注意排水条件和附加应力的分布情况,根据排水条件和应力分布情况,结合已知条件查得相应的固结度或时间因数,进一步根据固结度或时间因数的定义使问题得以解决。

本章小结

(1)地基工程要求满足地基的变形条件,即地基内土层变形引起的沉降量不超过上部结构的容许值。为了解决该问题,必须先计算出地基中的应力状态,然后依据土的变形规律、参数与力学原理按照地基系统实际工作的条件进行计算分析,得到地基的最终变形量或变形过程;最后将它们和在长期建设经验基础上得到的容许变形进行比较,倘若变形量不能满足工程要求,可从地基、基础、上部结构,甚至施工方法等方面入手,提出减小地基沉降或减少地基沉降影响的经济且可行的途径与措施。

(2)从原则上讲,地基变形量的计算应包括地基中的黏性土层与无黏性土层,但固结过程的计算应主要对黏性土进行,而把固结过程很短的无黏性土层只视为黏性土的排水边界来处理。地基的变形量用分层总和法计算(规范法只是为了减少分层总数且不降低计算精度,而根据附加应力的竖向分布情况通过积分引入平均附加应力系数来计算各分层的平均附加应力,其基本思想仍是分层总和法)。地基的固结过程,对于饱和土可以一维渗流固结理论为基础,并考虑土层的排水条件(单面排水或双面排水)、附加应力沿土层的分布图形(矩形、三角形、倒三角形、梯形、倒梯形)等不同情况,以及土的压缩与固结参数的变化来计算。

一般需要回答“地基经过某一时间会发生多大的固结变形量”和“地基发生某一固结变

形量需要多长时间"这两类问题。回答前者就是已知时间因数查图 3-12 得到固结度,进而得到该段时间的固结变形量;回答后者就是已知固结度查图得到时间因数,进而得到所需时间。

练习题

3-1　某工程钻孔 3 号的土样 3−1 粉质黏土和 3−2 淤泥质黏土的压缩试验数据列于表 3-6,试绘制压缩曲线,计算 a_{1-2} 并评价其压缩性。

表 3-6　练习题 3-1 表

垂直压力/kPa		0	50	100	200	300	400
孔隙比	土样 3−1	0.866	0.799	0.770	0.736	0.721	0.714
	土样 3−2	1.085	0.960	0.890	0.803	0.748	0.707

3-2　设有一基础,其底面面积为 5 m×10 m,埋深为 2 m,中心垂直荷载为 12 500 kN(包括基础自重),地基的土层分布及有关指标如图 3-13 所示。试利用分层总和法计算地基总沉降量。

3-3　有一厚 H 的饱和黏性土层,双面排水,加荷两年后固结度达到 90%。若该土层是单面排水,则达到同样的固结度 90%,需要多长时间?

3-4　设有一砾砂层厚 2.8 m,其下为厚 1.6 m 的饱和黏土层,再下面为透水的卵石夹砂(假定不可压缩),各土层的有关指标如图 3-14 所示。现有一条形基础,宽 2 m、埋深 2 m,埋于砾砂层中,中心荷载为 300 kN/m,假定为一次加荷。

试求:(1) 总沉降量;

(2) 下沉 1/2 总沉降量时所需的时间。

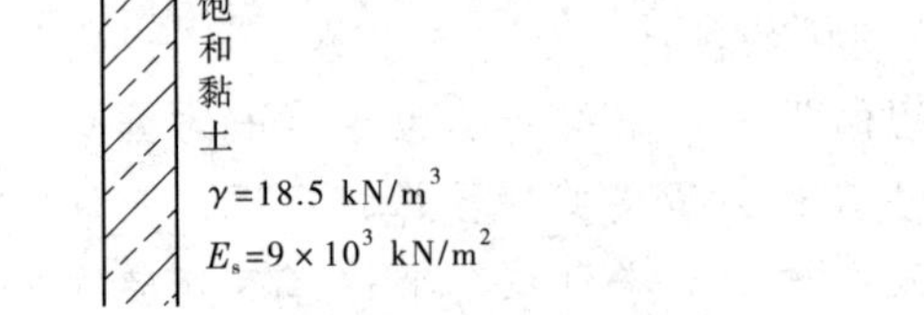

图 3-13　练习题 3-2 图

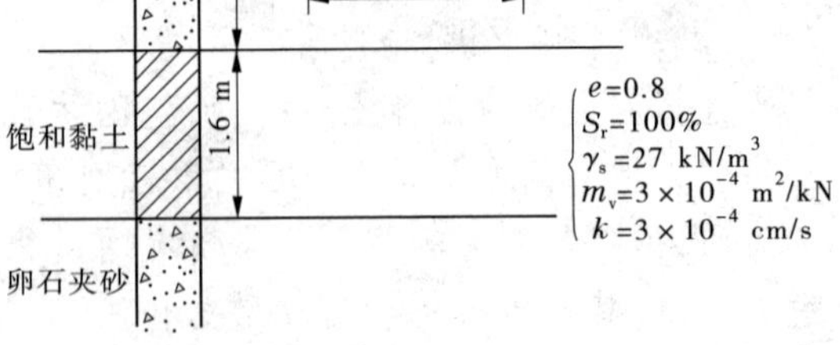

图 3-14　练习题 3-4 图

第 4 章　土的抗剪强度

【本章导读】

本章主要介绍土的抗剪强度的基本概念与极限平衡条件、土的抗剪强度试验方法、不同排水条件时剪切试验成果、地基临塑荷载及极限承载力等知识。

基本要求:通过本章学习,应掌握确定土的抗剪强度的方法,排水和不排水强度的意义和区别;掌握确定土的抗剪强度指标及其影响因素的方法,会运用莫尔-库仑破坏准则判定一点应力状态;熟悉地基临塑荷载及极限承载力等概念;掌握获得地基承载力的方法。

重点:莫尔-库仑破坏准则的物理意义;直接剪切试验测定土的抗剪强度指标;不同排水条件下测定土的抗剪强度指标的方法;剪切试验的其他方法;地基承载力确定方法;地基变形和破坏的类型;地基临塑荷载及临界荷载确定地基承载力。

难点:土中一点应力的极限平衡条件;按理论公式确定地基承载力。

建筑物地基的破坏绝大多数属于剪切破坏,土体抵抗剪切破坏的极限能力即土的抗剪强度。抗剪强度是土的重要力学性质之一,实际工程中的地基承载力、挡土墙的土压力以及土坡稳定等都受土的抗剪强度所控制。因此,研究土的抗剪强度及其变化规律对工程设计、施工、管理等都具有非常重要的意义。

【课程思政】

党的二十大报告指出,加快发展方式绿色转型,发展绿色低碳产业,推动形成绿色低碳的生产方式。黏土作为用量最大的建筑材料之一,绿色、低碳的使用方式更加符合减排需求。红砖曾在农村被广泛使用,红砖的烧制不仅高碳而且消耗了大量的黏土,而黏土属于不可再生资源。国家出台一系列措施保护黏土,如今红砖建房已退出历史舞台,取而代之的是节能、减排、低碳的水泥砖、免烧砖、泡沫砖。

4.1　概　述

土体的破坏通常都是剪切破坏。之所以会产生剪切破坏,是因为土是由碎散的颗粒组成的,颗粒间的摩擦力是其强度的主要部分,所以它的强度和破坏都是由剪切力控制的,这与连续介质的固体不同。土的强度通常是指土体抵抗剪切破坏的能力。土的抗剪强度是土的重要力学指标之一,建筑物地基、各种结构物的地基(包括路基、坝、塔、桥等)、挡土墙、地下结构的土压力及各类结构(如堤坝、路基、路堑、基坑等)的边坡和自然边坡的稳定性等均由土的抗剪强度控制。就土木工程中各种土的边坡稳定性分析而言,土的抗剪强度是最重要的计算参数。能否正确地确定土的抗剪强度,往往是设计和工程成败的关键所在。土体的强度通常是指在某种破坏状态时的某一点上由各种作用引起的组合应力中的最大广义剪应力。例如,在平面应变情况下的稳定分析中,若某点的剪应力达到其抗剪强度(其破坏定义为产生滑动破坏面),则在剪切面两侧的土体将发生相对位移且产生滑动破坏,该剪切面也称为滑动面或破坏面。随着荷载的继续增加,土体中的剪应力达到抗剪强度的区域也越来越大,最后各滑动面连成整体,土体发生整体剪切破坏而丧失稳定性。图 4-1 给出了土体失稳的两个例子。

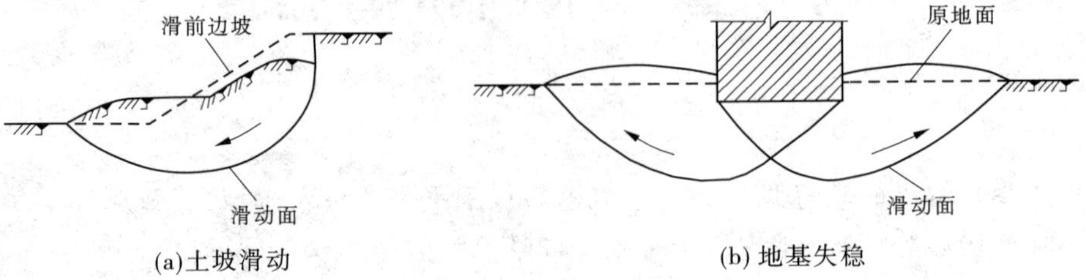

图 4-1　土体失稳破坏

4.2　土的抗剪强度与极限平衡条件

4.2.1　土的破坏准则

所谓破坏准则,就是如果满足其应力状态就会产生破坏的条件公式。换句话说,就是抗剪强度(破坏时滑动面上的最大剪应力)的表达式。土的抗剪强度取决于很多因素,但为了实际应用的方便,土力学中应用最多的抗剪强度是具有两个参数的莫尔-库仑破坏准则。由于土是离散颗粒的集合体,故土与其他工程材料相比具有很大的不同,我们可以认为土质材料最初就是已经被破碎了的散粒。与其他材料相比,土体基本粒子间的黏聚力很小,它主要依靠土颗粒间的摩擦力承受荷载,所以土的变形与破坏主要受摩擦准则的控制。土的抗拉强度非常小(仅限于具有黏聚力的黏土),而且在长期荷载作用下是不稳定的,具有不断减少的特性,因此工程中不考虑土的抗拉强度。土的强度主要是由土颗粒之间的摩擦力引起的,因此可以认为土的破坏准则是式(4-1)表示的摩擦准则。

$$F = \mu N \tag{4-1}$$

式中　F——摩擦力;

N——作用于土粒间的法向力;

μ——摩擦系数。

把式(4-1)的两边同除以横截面面积 A 得到应力,若设 $F/A=\tau_f$,$N/A=\sigma$,$\mu=\tan\varphi$,可得下式:

$$\tau_f = \sigma \tan\varphi \tag{4-2}$$

式中　τ_f——抗剪强度;

σ——破坏面(滑动面)上的垂直压应力;

φ——内摩擦角。

如果考虑 $\sigma=0$ 时的黏结力对抗剪强度的有利影响,则有比式(4-2)更一般的表达式:

$$\tau_f = c + \sigma\tan\varphi \tag{4-3}$$

式中　c——黏聚力。

因为式(4-2)、式(4-3)是库仑提出的摩擦准则,所以以库仑的名字命名为库仑公式。从公式的形式可以看出,土颗粒之间的垂直压应力 σ 越大,土的强度就越高。如大家所熟知的，放在手上的一把干砂，只要轻轻一吹，就可以飞扬起来(干砂处于散粒状，其强度为零)；而位于地下 10 m 深的砂层则可以作为桩的持力层(强度较高)。因此，即使是同样的土，在不同的深度其抗剪强度也不同。式(4-2)、式(4-3)是由总应力表达的抗剪强度公式。

后来，由于有效应力原理的发展，人们认识到只有有效应力的变化才能引起强度的变化，因此库仑公式(4-3)用有效应力的概念可表示为

$$\tau_f = \sigma'\tan\varphi' + c' = (\sigma - u)\tan\varphi' + c' \tag{4-4}$$

由此可知，土的抗剪强度有两种表达方式，土的 c 和 φ 统称为土的总应力强度指标，直接应用这些指标进行土体稳定性分析的方法称为总应力法；而 c' 和 φ' 统称为土的有效应力强度指标，应用这些指标进行土体稳定性分析的方法称为有效应力法。那么，土有没有固有的抗剪强度指标呢？当然是有的，那就是土的有效强度指标。用有效应力表示的有效强度指标是土的固有性质，不随排水条件而变化。这是有效强度指标的最大优点，但用于工程计算时需要已知土层中的有效应力，在一般情况下是比较困难的，因此应用就受到了限制。在工程计算中，用总应力指标计算比较容易实现，因此在实际工程中总应力指标的应用比较广泛。

莫尔-库仑破坏准则公式中的 c 值和 φ 值，虽然具有一定表观的物理意义，即黏聚力和摩擦角，但最好把 c 值和 φ 值理解为破坏试验结果整理后的两个数学参数。因为即使是同一种土样，其 c 值和 φ 值也并非常数，它们会因试验方法和试验条件(如固结与排水条件)等的不同而发生变化。但如前所述，在一定试验条件下获得的有效强度指标是常数。

另外应该指出，许多土类的抗剪强度并非都呈线性，而是随着应力水平的增大逐渐呈现非线性。1910 年莫尔指出，当法向应力范围较大时，抗剪强度线往往呈曲线形状。这一现象可用图 4-2 来说明。由于土的 σ-τ_f 关系是曲线而非直线，其上各点的抗剪强度指标 c 和 φ 并非恒定值，而应由该点的切线性质决定，此时就不能用库仑公式来概括土的抗剪强度特性。通常把试验所得的不同形状的抗剪强度线统称为抗剪强度包线，也称为莫尔破坏包线。而库仑公式仅是抗剪强度包线的一种线性表达式。因其是最常用于表达抗剪强度包线的，所以经常把库仑公式的线性表达式称为抗剪强度包线。

4.2.2　莫尔-库仑破坏准则

莫尔继续进行库仑的研究工作，提出材料的破坏是剪切破坏理论，认为在破裂面上，法向应力与抗剪强度之间存在函数关系：

$$\tau_f = f(\sigma) \tag{4-5}$$

这一函数所定义的曲线如图 4-2 所示，它就是抗剪强度包线。

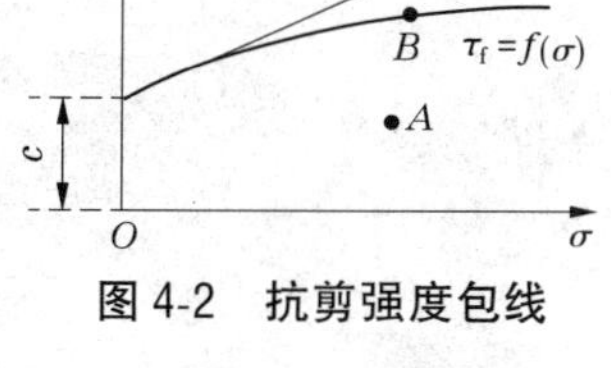

图 4-2　抗剪强度包线

土样某一点的应力状态由若干个面的法向应力和剪应力来表征，如果某一个面上的法向应力 σ 和剪应力 τ 所代表的点落在图 4-2 的坐标系中抗剪强度包线下面，如 A 点，表明在该法向应力 σ 作用下，该截面上的剪应力 τ 小于土的抗剪强度 τ_f，土体不会沿该截面发生剪切破坏。如果该点正好落在抗剪强度包线上，如 B 点，表明剪应力等于抗剪强度，土体单元处于临界破坏状态。如果该点落在抗剪强度包线上面，如 C 点，表明土体已经破坏。实

际上,这种应力状态是不会存在的,因为剪应力 τ 增加到 τ_f 时,就不可能再继续增大了。此处仅用于判断土体在该应力状态下是否破坏的依据。土单元体中只要有一个截面发生了剪切破坏,该单元体就进入破坏状态。这种状态称为极限平衡状态。试验表明,一般土体在应力变化范围不大时,抗剪强度包线可以用库仑公式(4-2)~式(4-4)表示,即土的抗剪强度与法向应力呈线性函数关系。这种以库仑公式作为抗剪强度公式,根据剪应力是否达到抗剪强度作为破坏标准的理论就是莫尔-库仑破坏理论。另外需要指出的是,通常应力状态和土体抗剪切破坏的能力是随空间的位置而变化的,所以土体强度一般是指空间某一点的强度。

4.2.3 土中一点应力的极限平衡条件

如前所述,当土中某点任一方向的剪应力 τ 达到土的抗剪强度 τ_f 时,称该点处于极限平衡状态。因此,若已知土体的抗剪强度 τ_f,则只要求得土中某点各个面上的剪应力 τ 和法向应力 σ,即可判断土体该点所处的状态。

由材料力学知识可知,当已知某点的主应力或相互垂直的面上的应力时,该点任一截面上的应力就已知了。主应力不因坐标改变而变化,故常用一点的主应力来表达一点的应力情况。下面以平面问题为例,阐述通过抗剪强度包线和用莫尔应力圆表达的一点应力情况来判断一点应力状态的过程。

从土体中任取一单元体,如图4-3所示。设作用在该单元体上的大、小主应力分别为 σ_1 和 σ_3,根据材料力学知识可知,与大主应力 σ_1 作用面成 α 角的斜面上的正应力 σ 和 τ 可由主应力表示为

$$\left.\begin{aligned}\sigma &= \frac{\sigma_1+\sigma_3}{2}+\frac{\sigma_1-\sigma_3}{2}\cos2\alpha \\ \tau &= \frac{\sigma_1-\sigma_3}{2}\sin2\alpha\end{aligned}\right\} \tag{4-6}$$

上述应力间的关系也可用莫尔应力圆表示。

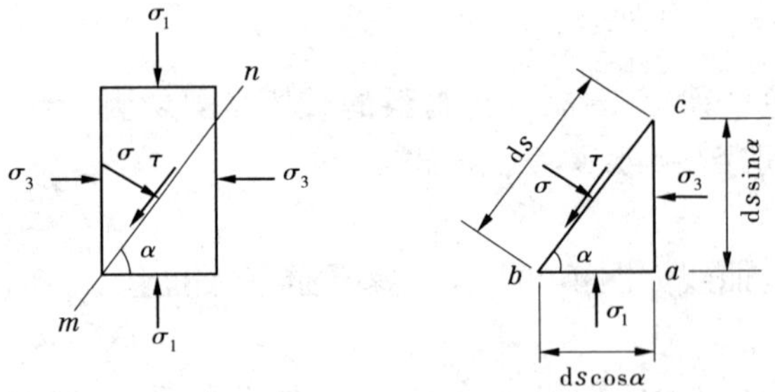

图 4-3　一点的应力状态

将式(4-6)变为

$$\left.\begin{aligned}\sigma - \frac{\sigma_1+\sigma_3}{2} &= \frac{\sigma_1-\sigma_3}{2}\cos2\alpha \\ \tau &= \frac{\sigma_1-\sigma_3}{2}\sin2\alpha\end{aligned}\right\}$$

取两式平方和,即得莫尔应力圆的公式:

$$(\sigma-\frac{\sigma_1+\sigma_3}{2})^2+\tau^2=(\frac{\sigma_1-\sigma_3}{2})^2 \tag{4-7}$$

表示纵、横坐标分别为 τ 和 σ 的圆,圆心为$(\frac{\sigma_1+\sigma_3}{2},0)$,圆半径等于$\frac{\sigma_1-\sigma_3}{2}$。

将式(4-7)的函数图形与抗剪强度包线共同绘制在 $\sigma-\tau$ 坐标系下,便可很直观地判断某点的应力状态,如图 4-4 所示。

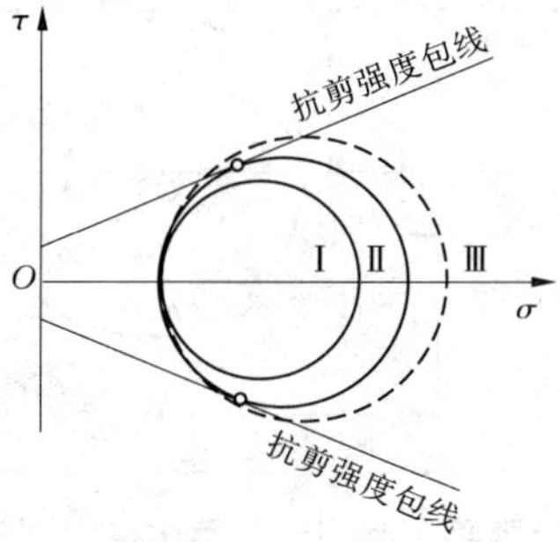

图 4-4　莫尔应力圆与抗剪强度包线的关系

莫尔应力圆上任一点坐标(σ,τ)代表该点某一方向截面上的应力,因此一个应力圆把一点的各个方向上的应力全部表示出来了。当莫尔应力圆(见图 4-4 圆Ⅰ)处于抗剪强度包线的下方时,说明该点在各方向的应力均在抗剪强度包线的下方,小于抗剪强度,不会发生破坏;当莫尔应力圆(见图 4-4 圆Ⅱ)有一点正好与抗剪强度包线相切,说明土中这一点有一截面(它与大主应力 σ_1 作用截面的夹角为 $45°+\frac{\varphi}{2}$),该截面上的剪应力正好等于其抗剪强度,该截面处于破坏的临界状态,该莫尔应力圆称为极限莫尔应力圆,该点所处的应力状态称为极限应力状态;对于莫尔应力圆Ⅲ(与抗剪强度包线相割),实际上是不存在的,否则一部分圆弧将处于强度包线之上,意味着这部分圆弧所代表的截面上的剪应力将超过抗剪强度,这在实际中是不可能发生的,但对判断给定的应力情况处于怎样的应力状态是有实际意义的。

根据前面所述,判断一点的应力是否达到了极限平衡条件(即破坏的临界状态),主要看这点的莫尔应力圆是否与抗剪强度包线(库仑公式表达的强度线)相切。也就是说,在图 4-4 中,莫尔应力圆与抗剪强度包线相切,表明土体在该点处于极限平衡状态。以上方法是在已知一点应力情况(主应力已知)条件下,通过作图直观判断该点的应力状态(破坏、极限平衡还是稳定)。下面讨论处于极限平衡条件下的主应力之间有何关系,进而通过解析法判断一点的应力状态。由图 4-5 可知,处于极限平衡条件下土体的抗剪强度指标与大、小主应力之间的关系如下:

$$\sin\varphi=\frac{O'A}{O''O'}=\frac{\frac{1}{2}(\sigma_1-\sigma_3)}{c\cdot\cot\varphi+\frac{1}{2}(\sigma_1+\sigma_3)}=\frac{\sigma_1-\sigma_3}{\sigma_1+\sigma_3+2c\cdot\cot\varphi} \tag{4-8}$$

利用三角函数关系转换后可得

$$\sigma_1 = \sigma_3 \tan^2\left(45° + \frac{\varphi}{2}\right) + 2c \cdot \tan\left(45° + \frac{\varphi}{2}\right) \tag{4-9}$$

$$\sigma_3 = \sigma_1 \tan^2\left(45° - \frac{\varphi}{2}\right) - 2c \cdot \tan\left(45° - \frac{\varphi}{2}\right) \tag{4-10}$$

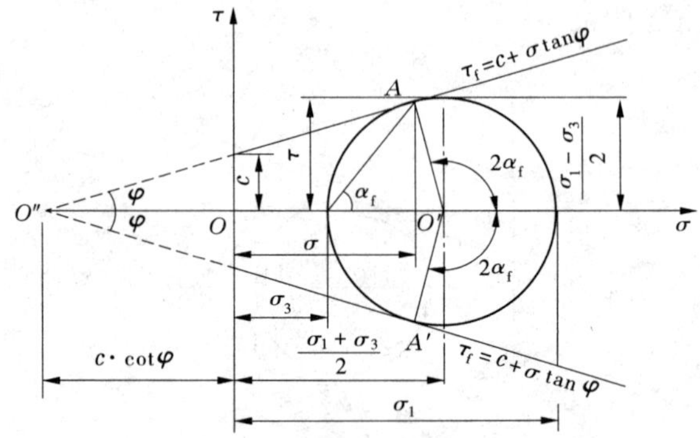

图 4-5　极限平衡状态时的莫尔应力圆与强度包线

式(4-8)~式(4-10)等价,均表示土单元体达到破坏的临界状态时大、小主应力应满足的关系,这就是莫尔-库仑破坏准则,也是土体达到极限平衡状态的条件,故亦称极限平衡条件。已知主应力 σ_1、σ_3,由图 4-5 可知,当 σ_1 一定时,σ_3 越小,土越接近破坏;反之,当 σ_3 一定时,σ_1 越大,土越接近破坏。第 5 章的朗肯土压力理论,就是该破坏准则的经典应用。

由图 4-5 中的几何关系可以得到破坏面与大主应力 σ_1 作用面间夹角 α_f 的关系式为 $\varphi+90°=2\alpha_f$,所以:

$$\alpha_f = \frac{1}{2}(\varphi + 90°) = \frac{\varphi}{2} + 45° \tag{4-11}$$

有了破坏面与大主应力 σ_1 作用面间的夹角 α_f,就可利用式(4-6)计算出破坏面上的法向应力 σ 和剪应力 τ,根据极限平衡状态下大、小主应力之间的关系[式(4-9)和式(4-10)],可以得到以下结论,并用于土体应力状态的判断。

(1)由实测小主应力 σ_3 及公式 $\sigma_1=\sigma_3 \tan^2\left(45°+\frac{\varphi}{2}\right)+2c \cdot \tan\left(45°+\frac{\varphi}{2}\right)$ 可推求土体处于极限状态时,所能承受的大主应力 σ_{1f}(若实际大主应力为 σ_1)。

(2)同理,由实测 σ_1 及公式 $\sigma_3=\sigma_1 \tan^2\left(45°-\frac{\varphi}{2}\right)-2c \cdot \tan\left(45°-\frac{\varphi}{2}\right)$ 可推求土体处于极限平衡状态时所能承受的小主应力 σ_{3f}(若实际小主应力为 σ_3)。

(3)应力状态判断:

当 $\sigma_{1f}>\sigma_1$ 或 $\sigma_{3f}<\sigma_3$ 时,土体处于稳定平衡;

当 $\sigma_{1f}=\sigma_1$ 或 $\sigma_{3f}=\sigma_3$ 时,土体处于极限平衡;

当 $\sigma_{1f}<\sigma_1$ 或 $\sigma_{3f}>\sigma_3$ 时,土体处于失稳状态。

【例 4-1】　地基中某一单元土体上的大主应力 $\sigma_1=420$ kPa,小主应力 $\sigma_3=180$ kPa。通过试验测得该土样的抗剪强度指标 $c=18$ kPa,$\varphi=20°$。试问:

(1)该单元土体处于何种状态?

(2)是否会沿剪应力最大的面发生破坏?

解: (1)单元体所处状态的判别。

设达到极限平衡状态时所需小主应力为 σ_{3f},则由式(4-10)得

$$\begin{aligned}\sigma_{3f} &= \sigma_1\tan^2\left(45° - \frac{\varphi}{2}\right) - 2c \cdot \tan\left(45° - \frac{\varphi}{2}\right)\\ &= 420 \times \tan^2(45° - \frac{20°}{2}) - 2 \times 18 \times \tan\left(45° - \frac{20°}{2}\right)\\ &= 180.7(\text{kPa}) > \sigma_3 = 180\ \text{kPa}\end{aligned}$$

因为 σ_{3f} 大于该单元土体的实际小主应力 σ_3,极限莫尔应力圆半径小于实际莫尔应力圆半径,所以该单元土体处于剪切破坏状态。

若设达到极限平衡状态时的大主应力为 σ_{1f},则由式(4-9)可得

$$\begin{aligned}\sigma_{1f} &= \sigma_3\tan^2\left(45° + \frac{\varphi}{2}\right) + 2c \cdot \tan\left(45° + \frac{\varphi}{2}\right)\\ &= 180 \times \tan^2\left(45° + \frac{20°}{2}\right) + 2 \times 18 \times \tan\left(45° + \frac{20°}{2}\right)\\ &= 419(\text{kPa}) < \sigma_1 = 420\ \text{kPa}\end{aligned}$$

按照将极限莫尔应力圆半径与实际莫尔应力圆半径相比较的判断方式同样可得出上述结论。

(2)判断是否沿剪应力最大的面发生剪切破坏。

由式(4-6)可知,当 $\alpha=45°$时,剪应力最大,即 $\tau_{max}=\dfrac{\sigma_1-\sigma_3}{2}$。

对于本题,$\tau_{max}=\dfrac{\sigma_1-\sigma_3}{2}=\dfrac{420-180}{2}=120(\text{kPa})$。

剪应力最大面上的正应力为

$$\begin{aligned}\sigma &= \frac{\sigma_1 + \sigma_3}{2} + \frac{\sigma_1 - \sigma_3}{2}\cos2\alpha\\ &= \frac{420 + 180}{2} + \frac{420 - 180}{2}\cos90°\\ &= 300(\text{kPa})\end{aligned}$$

剪应力最大面上的抗剪强度为

$$\tau_f = \sigma\tan\varphi + c = 300 \times \tan20° + 18 = 127(\text{kPa})$$

因为在剪应力最大面上 $\tau_f>\tau_{max}$,所以剪应力最大面上不会发生剪切破坏。事实上,剪切破坏发生在与大主应力作用面夹角为$\dfrac{\varphi}{2}$+45°的斜面上,而非与大主应力作用面夹角为45°的剪应力最大的斜面上。剪应力大的斜面上的抗剪强度更大,所以不在那个面上破坏。

4.3　土的抗剪强度的测定方法

土的抗剪强度是决定建筑物地基和土工结构稳定的关键因素,因此正确测定土的抗剪

强度指标对工程实践具有重要的意义。经过数十年的不断发展,目前已有多种类型的仪器、设备可用于测定土的抗剪强度指标。土的剪切试验可分为室内试验和现场试验。室内试验的特点是边界条件比较明确,且容易控制,但室内试验要求必须从现场采取试样,在取样的过程中不可避免地引起应力释放和土的结构扰动。为弥补室内试验的不足,可在现场进行原位试验。原位试验的优点是试验直接在现场原位置进行,不需取试样,因此能够很好地反映土的结构和构造特性。对无法进行或很难进行室内试验的土,如粗粒土、极软黏土及岩土接触面等,可进行原位试验,以取得必要的力学指标。总之,每种试验仪器都有一定的适用性和局限性,在试验方法和成果整理等方面也有各自不同的做法。

4.3.1 直接剪切试验

直接剪切试验是测定土的抗剪强度指标的室内试验方法之一,它可直接测出给定剪切面上土的抗剪强度。它所使用的仪器称为直接剪切仪(简称直剪仪),分为应变控制式和应力控制式两种。前者对试样采用等速剪应变测定相应的剪应力,后者则是对试样分级施加剪应力测定相应的剪切位移。我国普遍采用应变控制式直剪仪,其结构构造如图 4-6 所示,

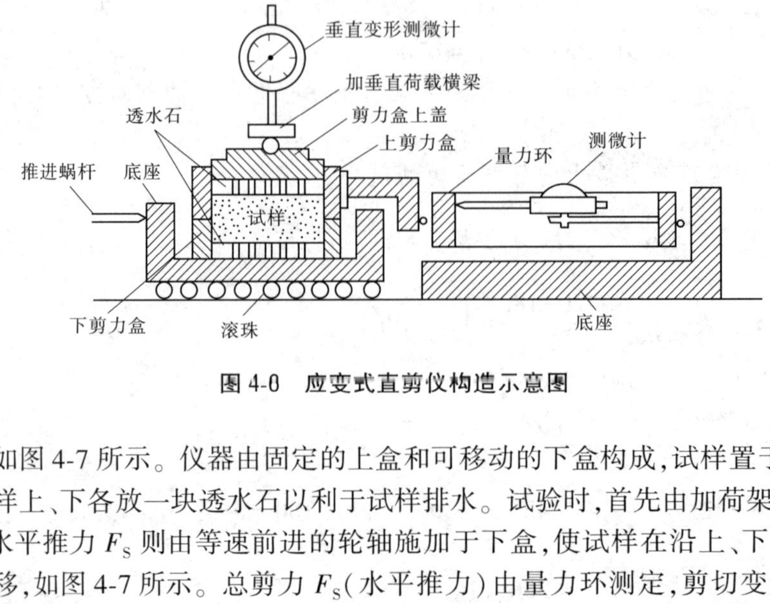

图 4-6 应变式直剪仪构造示意图

其受力状态如图 4-7 所示。仪器由固定的上盒和可移动的下盒构成,试样置于上、下盒之间的盒内。试样上、下各放一块透水石以利于试样排水。试验时,首先由加荷架对试样施加竖向压力 F_N,水平推力 F_S 则由等速前进的轮轴施加于下盒,使试样在沿上、下盒水平接触面产生剪切位移,如图 4-7 所示。总剪力 F_S(水平推力)由量力环测定,剪切变形由百分表测定。在施加每一种法向应力后($\sigma = F_N/A$,A 为试件面积),逐级增大剪切面上的剪应力 τ($\tau = F_S/A$),直至试件破坏。将试验结果绘制成剪应力 τ 和剪应变 γ 的关系曲线,如图 4-8 所示。一般由曲线的峰值作为该法向应力 σ 下相应的抗剪强度 τ_f,必要时也可取终值作为抗剪强度。

采用几种不同的法向应力,测出相应的几个抗剪强度 τ_f。在 $\sigma-\tau_f$ 坐标上绘制 $\sigma-\tau_f$ 曲线,即为土的抗剪强度曲线,也就是抗剪强度包线,如图 4-9 所示,直剪仪具有构造简单、操作简便的特点,并符合某些特定条件,至今仍是实验室常用的一种试验仪器。但该试验也存在如下缺点:

(1)剪切过程中试样内的剪应变和剪应力分布不均匀。试样剪破时,靠近剪力盒边缘应变最大,而试样中间部位的应变相对小得多。此外,剪切面附近的应变又大于试样顶部和

底部的应变。基于同样的原因,试样中的剪应力也是很不均匀的。

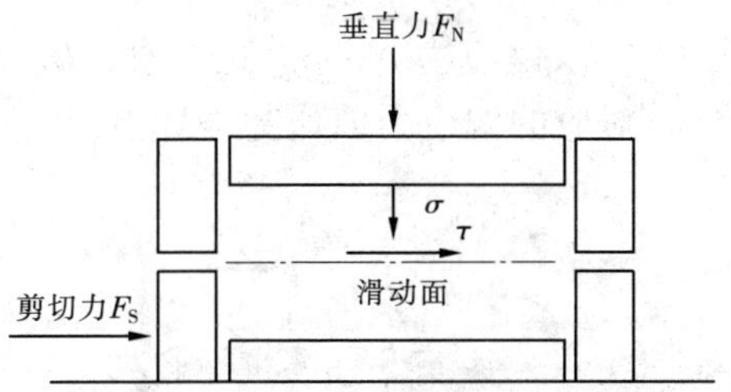

图 4-7　直接剪切试验的概念图

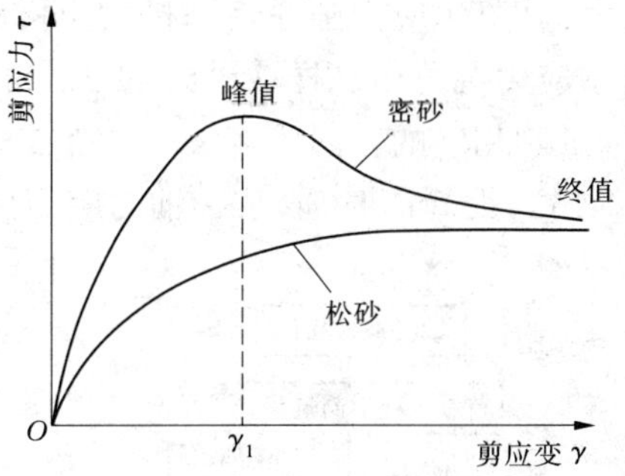

图 4-8　剪应力-剪应变关系曲线

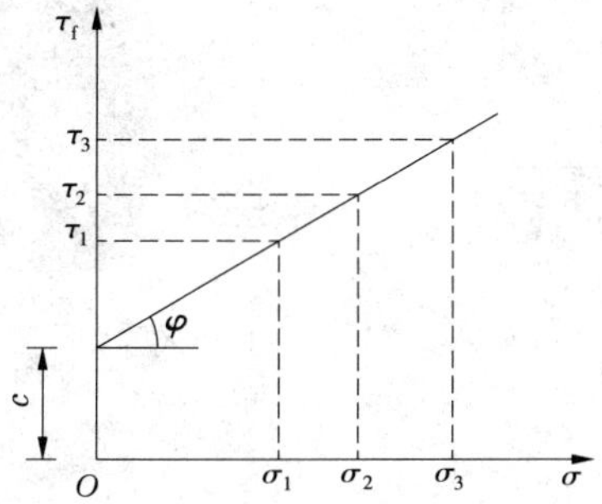

图 4-9　直剪试验结果

(2)剪切面被人为地限制在上、下盒的接触面上,而该平面并非是试样抗剪最弱的剪切面。

(3)剪切过程中试样面积逐渐减小,且垂直荷载发生偏心;但计算抗剪强度时,却按受剪面积不变和剪应力均匀分布计算。

(4)不能严格控制排水条件,因此不能量测试样中的孔隙水压力。

4.3.2　三轴剪切试验

土工三轴仪是一种能较好地测定土的抗剪强度的试验设备。与直剪仪相比,三轴仪试样中的应力相对比较均匀和明确。三轴仪也分为应变控制和应力控制两种,但目前由计算机和传感器等组成的自动化控制系统可同时具有应变控制和应力控制两种功能。如图 4-10 所示为三轴仪的简图,图 4-11 所示为三轴仪的照片。三轴仪的核心部分是压力室,它是由一个金属活塞、底座和透明有机玻璃圆筒组成的封闭容器;轴向加压系统用以对试样施加轴向附加压力,并可控制轴向应变的速率;周围压力系统则通过液体(通常是水)对试样施加围压;试样为圆柱形,并用橡皮膜包裹起来,以使试样中的孔隙水与膜外液体(水)完全隔开。试样中的孔隙水通过其底部的透水面与孔隙水压力量测系统连通,并由孔隙水压力阀门控制。

试验时,先打开围压系统阀门,使试样在各向受到的围压达 σ_3,并维持不变[见图 4-12(a)],然后由轴压系统通过活塞对试样施加轴向附加压力 $\Delta\sigma$($\Delta\sigma=\sigma_1-\sigma_3$,称为偏应力)。

试验过程中，$\Delta\sigma$ 不断增大而 σ_3 维持不变，试样的轴向应力(大主应力) σ_1($\sigma_1=\sigma_3+\Delta\sigma$)也不断增大，其莫尔应力圆亦逐渐扩大至极限莫尔应力圆，试样最终被剪破[见图 4-12(b)]。极限莫尔应力圆可由试样剪破时的 σ_{1f} 和 σ_3 作出[见图 4-12(c)中实线圆]。破坏点的确定方法是：量测相应的轴向应变 ε_1，点绘 $\Delta\sigma-\varepsilon_1$ 关系曲线，以偏应力 $\sigma_1-\sigma_3$ 的峰值为破坏点(见图 4-13)；无峰值时，取某一轴向应变(如 $\varepsilon_1=15\%$)对应的偏应力值作为破坏点。

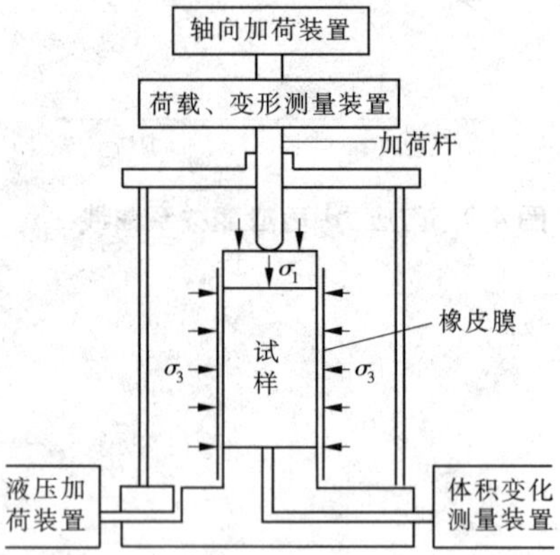

图 4-10　三轴仪简图

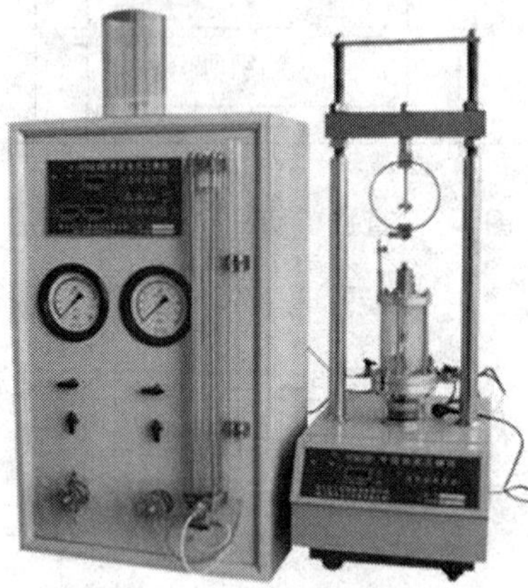

图 4-11　三轴仪照片

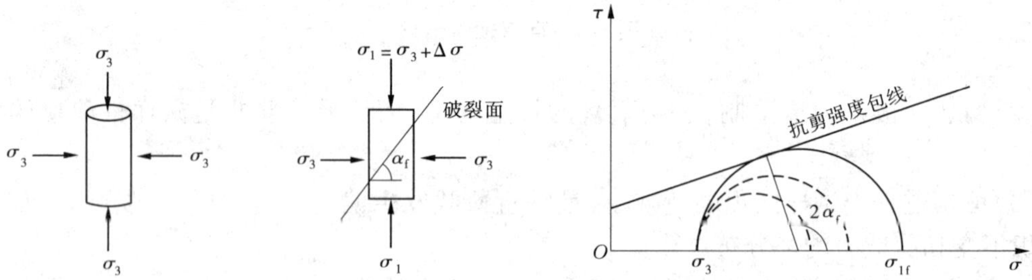

(a)试样受围压作用　(b)破坏时试样上的主应力　(c)试样破坏时的莫尔应力圆

图 4-12　三轴剪切试验原理

在给定的围压 σ_3 作用下，一个试样的试验只能得到一个极限莫尔应力圆。同种土样需要 3 个以上试样在不同的 σ_3 作用下进行试验，方能得到一组极限莫尔应力圆。由于这些试样均被剪破，绘制极限莫尔应力圆的公切线即为该土样的抗剪强度包线。它通常呈直线状，其与横坐标的夹角即为土的内摩擦角 φ，与纵坐标的截距即为土的黏聚力 c(见图 4-14)。

三轴剪切试验可根据工程实际情况的不同，采用不同的排水条件进行。在试验中，既能令试样沿轴向压缩，也能令其沿轴向伸长。通过试验，还可测定试样的应力、应变、体积应变、孔隙水压力变化和静止压力系数等。如试样的轴向应变可根据其顶部刚性试样帽的轴向位移量和起始高度确定，试样的侧向应变可根据其体积变化量和轴向应变间接确定，那么对于饱和试样而言，试样在试验过程中的排水量即为其体积变化量。排水量可通过打开量水管阀门，让试样中的水排入量水管，并由量水管中水位的变化确定。在不排水条件下，如要测定试样中的孔隙水压力，可关闭排水阀，打开孔隙水压力阀门，对试样施加轴向压力后，由于试样中孔隙水压力增加而迫使零位指示器中水银面下降,此时可用调压阀施反向压力,调整零位指示器的水银面始终保持原来的位置,从孔隙水压力表中即可读出孔隙水压力值。

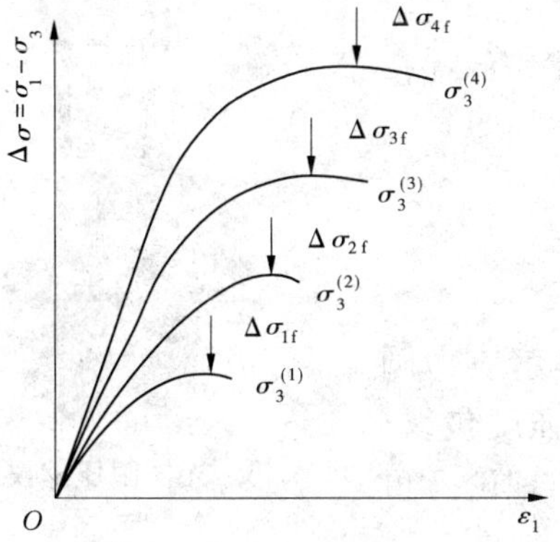

图 4-13　三轴剪切试验 $\Delta\sigma-\varepsilon_1$

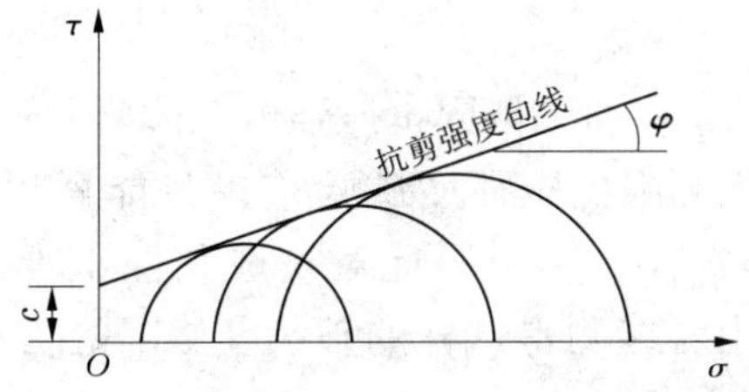

图 4-14　三轴剪切试验的抗剪强度包线

三轴剪切试验可供在复杂应力条件下研究土的抗剪强度特性之用,其突出优点如下:

(1)试验中能严格控制试样的排水条件,准确测定试样在剪切过程中孔隙水压力的变化,从而可定量获得土中有效应力的变化情况。

(2)与直接剪切试验相比,试样中的应力状态相对较为明确和均匀,不硬性指定破裂面位置。

(3)除抗剪强度指标外,还可测定土的灵敏度、侧压力系数、孔隙水压力系数等力学指标。

但三轴剪切试验也存在试样制备和试验操作比较复杂、试样中的应力与应变仍然不均匀等缺点。由于试样上、下端的侧向变形分别受刚性试样帽和底座的限制,而在试样的中间部分却不受约束,因此当试样接近破坏时,试样常被挤压成鼓形。此外,目前所谓的三轴剪切试验,一般都是在轴对称的应力应变条件下进行的。许多研究报告表明,土的抗剪强度受到应力状态的影响。在实际工程中,油罐和圆形建筑物地基的应力分布属于轴对称应力状态,而路堤、土坝和长条形建筑物地基的应力分布属于平面应变状态($\varepsilon_2=0$),一般方形建筑物和矩形建筑物地基的应力分布则属于三向应力状态($\sigma_1\neq\sigma_2\neq\sigma_3$)。有人曾利用特制的仪器进行 3 种不同应力状态下的强度试验,发现同种土在不同应力状态下的强度指标并不相同。例如,对砂土进行的许多对比试验表明,平面应变的砂土的 φ 值比轴对称应力状态下要高出约 3°。因此,三轴剪切试验结果不能全面反映主应力(σ_2)的影响。若想获得更合理的抗剪强度参数,须采用真三轴仪或扭剪仪,其试样可在 3 个互不相同的主应力($\sigma_1\neq\sigma_2\neq\sigma_3$)作用下进行试验。

4.3.3　无侧限抗压强度试验

无侧限抗压强度试验是三轴剪切试验中 $\sigma_3=0$ 时的特殊情况。试验时,将圆柱形试样置于如图 4-15 所示的无侧限压缩仪中,对试样不加周围压力,仅对它施加垂直轴向压力 σ_1[见图 4-16(a)],剪切破坏时试样所承受的轴向压力称为无侧限抗压强度。由于试样在试验过程中,在侧向不受任何限制,故称无侧限抗压强度试验。无黏性土在无侧限条件下的试样难以成型,故该试验主要用于黏性土,尤其适用于饱和软黏土。

无侧限抗压强度试验中,试样破坏时的判别标准类似三轴剪切试验。坚硬黏土的 σ_1-

ε_1 关系曲线常出现 σ_1 的峰值破坏点(脆性破坏),此时的 σ_{1f} 即为 q_u。软黏土的破坏常出现塑流变形,σ_1-ε_1 关系曲线常无峰值破坏点(塑性破坏),此时可取轴向应变 $\varepsilon_1 = 15\%$ 处的轴向应力值作为 q_u。无侧限抗压强度 q_u 相当于三轴剪切试验中试样在 $\sigma_3 = 0$ 条件下破坏时的大主应力 σ_1,故由式(4-9)可得

$$q_u = 2c\tan(45° + \frac{\varphi}{2}) \tag{4-12}$$

式中　q_u——无侧限抗压强度,kPa。

图 4-15　无侧限压缩仪照片

无侧限抗压强度试验结果只能做出一个极限莫尔应力圆($\sigma_{1f} = q_u$,$\sigma_3 = 0$),因此对一般黏性土难以作出抗剪强度包线。试验中若能测得试样的破裂角 α_f[见图 4-16(b)],则理论上可根据式(4-11),由 $\alpha_f = 45° + \frac{\varphi}{2}$ 推算出黏性土的内摩擦角 φ,再由式(4-12)推得土的黏聚力 c。但一般 α_f 不易量测,要么因为土的不均匀性使破裂面形状不规则;要么由于软黏土的塑流变形而不出现明显的破裂面,只是被挤压成鼓形[见图 4-16(c)]。对于饱和软黏土,在不固结不排水条件下进行剪切试验,可认为 $\varphi = 0$,其抗剪强度包线与 σ 轴平行。因此,由无侧限抗压强度试验所得的极限莫尔应力圆的水平切线,即为饱和软黏土的不排水抗剪强度包线。

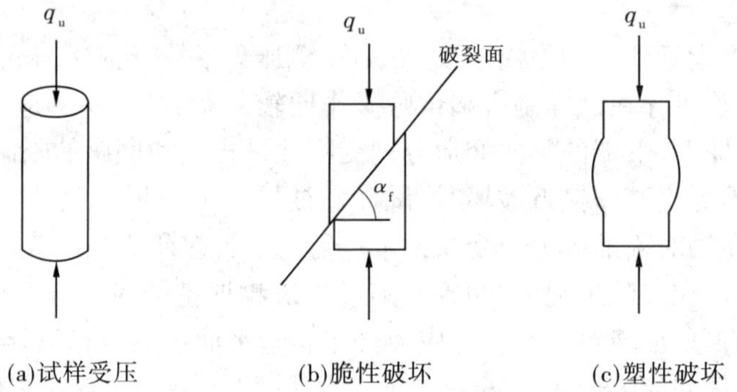

图 4-16　无侧限抗压强度试验原理

如图 4-17 所示,其不排水抗剪强度 c_u 为

$$c_u = \frac{q_u}{2} \tag{4-13}$$

4.3.4　十字板剪切试验

在土的抗剪强度现场原位测试方法中,最常用的是十字板剪切试验。它无须钻孔取得原状土样,使土少受扰动,试验时土的排水条件、受力状态等与实际条件十分接近,因此特别适用于难以取样和高灵敏度的饱和软黏土。

十字板剪切仪的构造如图 4-18 所示,其主要部件为十字板头、轴杆、施加扭力设备和测力装置。近年来,已有用自动记录显示和数据处理的微机代替旧有测力装置的新仪器问世。

十字板剪切试验的工作原理是先将十字板头插入土中待测的土层标高处，然后在地面上对轴杆施加扭转力矩，带动十字板旋转。十字板头的四翼矩形片旋转时与土体间形成圆柱体表面形状的剪切面，如图 4-19 所示。通过测力设备测出最大扭转力矩 M，据此可推算出土的抗剪强度。

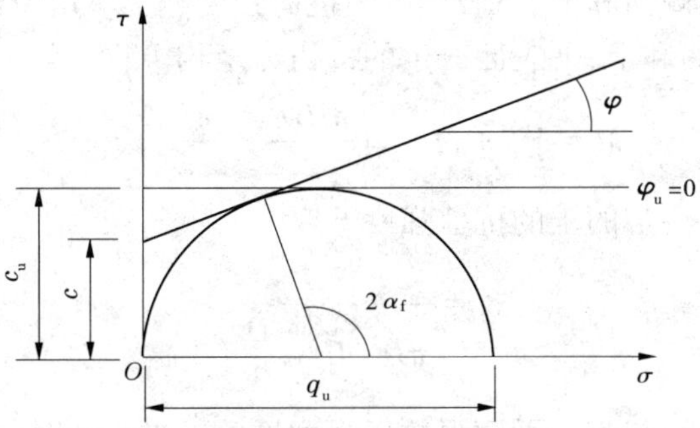

图 4-17　无侧限抗压强度试验的强度包线

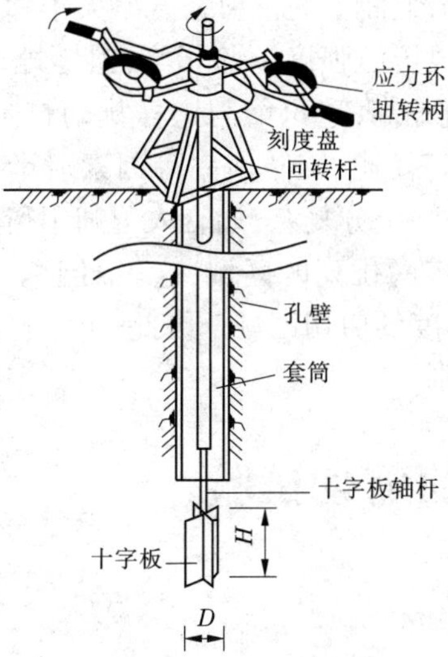

图 4-18　十字板剪切仪

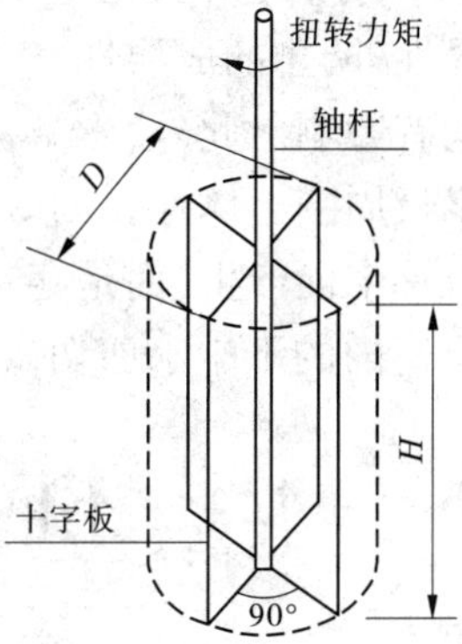

图 4-19　十字板剪切原理

土体剪切破坏时，其抗扭力矩由圆柱体侧面和上、下表面土的抗剪强度产生的抗扭力矩两部分构成。

(1) 圆柱体侧面上的抗扭力矩 M_1：

$$M_1 = \left(\pi DH \cdot \frac{D}{2}\right)\tau_f \tag{4-14}$$

式中　D——十字板的宽度，即圆柱体的直径，m；

H——十字板的高度，m；

τ_f——土的抗剪强度，kPa。

(2) 圆柱体上、下表面上的抗扭力矩 M_2：

$$M_2 = \left(2 \times \frac{\pi D^2}{4} \times \frac{D}{3}\right) \tau_f \tag{4-15}$$

式中　$D/3$——力臂值，由剪力合力作用在距圆心 2/3 的圆半径处所得。

应该指出，实际上为简化起见，式(4-14)和式(4-15)的推导中假设了土的强度为各向相同，即剪切破坏时圆柱体侧面和上、下表面土的抗剪强度相等。由土体剪切破坏时所量测的最大扭矩应与圆柱体侧面和上、下表面产生的抗扭力矩相等，可得

$$M = M_1 + M_2 = \left(\frac{\pi H D^2}{2} + \frac{\pi D^3}{6}\right) \tau_f \tag{4-16}$$

于是，由十字板原位测定的土的抗剪强度 τ_f 为

$$\tau_f = \frac{2M}{\pi D^2 (H + \frac{D}{3})} \tag{4-17}$$

对于饱和软黏土来说，与室内无侧限抗压强度试验一样，十字板剪切试验所得成果即为不排水抗剪强度 c_u，且主要反映土体垂直面上的强度。由于天然土层的抗剪强度是非等向的，水平面上的固结压力往往大于侧向固结压力，因此水平面上的抗剪强度略大于垂直面上的抗剪强度。十字板剪切试验结果在理论上应与无侧限抗压强度试验相当(甚至略小)，但事实上十字板剪切试验结果往往比无侧限抗压强度值偏高，这可能与土样扰动较少有关。除土的各向异性外，土的成层性，十字板的尺寸、形状、高径比、旋转速率等因素对十字板剪切试验结果均有影响。此外，十字板剪切面上的应力条件十分复杂，如有人曾利用衍射成像技术发现十字板周围土体存在因受剪影响使颗粒重新定向排列的区域，这表明十字板剪切不是简单沿着一个面产生，而是存在着一个具有一定厚度的剪切区域。因此，十字板剪切的 c_u 值与原状土室内的不排水剪切试验结果有一定的差别。

4.4　不同排水条件时的剪切试验

4.4.1　不同排水条件时的剪切试验方法

土的抗剪强度与试验时的排水条件密切相关，根据土体现场受剪的排水条件，有三种特定的试验方法可供选择，即三轴剪切试验中的不固结不排水剪、固结不排水剪和固结排水剪，对应直剪试验中的快剪、固结快剪和慢剪。

4.4.1.1　不固结不排水剪(UU)

不固结不排水剪简称不排水剪，在三轴剪切试验中自始至终不让试样排水固结，即施加周围压力 σ_3 和随后施加轴向应力增量 $\Delta\sigma$ 直至土样剪损的整个过程都关闭排水阀，使土样的含水量不变。

用直剪仪进行快剪(Q)时，在土样的上、下面与透水石之间用不透水薄膜隔开，施加预定的垂直压力后，立即施加水平剪力，并在 3~5 min 内将土样剪损。

4.4.1.2　固结不排水剪(CU)

固结不排水剪是在三轴剪切试验中使试样先在 σ_3 作用下完全排水固结，即让试样中的孔隙水压力 $u_1 = 0$。然后关闭排水阀门，最后施加轴向应力增量 $\Delta\sigma_1$，使试样在不排水条件

下剪切破坏。

用直剪仪进行固结快剪(CQ)时,剪前使试样在垂直荷载下充分固结,剪切时速率较快,尽量使土样在剪切过程中不再排水。

4.4.1.3　**固结排水剪(CD)**

固结排水剪简称排水剪,三轴剪切试验时先使试样在 σ_3 作用下排水固结,再让试样在能充分排水的情况下,缓慢施加轴向压力增量直至剪破,即整个试验过程中试样的孔隙水压力始终为零。

用直剪仪进行慢剪试验(S)时,先施加垂直压力 σ_3 后待试样固结稳定,再以缓慢的速率施加水平剪切力直至试样剪破。

按上述三种特定试验方法进行试验所得的成果,均可用总应力强度指标来表示,其表示方法是在 c、φ 符号右下角分别标以表示不同排水条件的符号,如表 4-1 所示。

4.4.2　抗剪强度指标的选用

如前所述,土的抗剪强度指标随试验方法、排水条件的不同而不同,因此在实际工程中应该尽可能根据现场条件决定室内试验方法,以获得合适的抗剪强度指标。

表 4-1　剪切试验成果表示

直接剪切		三轴剪切	
试验方法	成果表示	试验方法	成果表示
快剪	c_q、φ_q	不排水剪	c_u、φ_u
固结快剪	c_{cq}、φ_{cq}	固结不排水剪	c_{cu}、φ_{cu}
慢剪	c_s、φ_s	排水剪	c_d、φ_d

一般认为,由三轴固结不排水剪试验确定的有效应力强度参数 c' 和 φ' 宜用于分析地基的长期稳定性,如土坡的长期稳定分析、估计挡土结构物的长期土压力、位于软土地基上结构物的地基长期稳定分析等。对于饱和软黏土的短期稳定问题,则宜采用不排水剪的强度指标。但在进行不排水剪试验时,宜在土的有效自重压力下预固结,以避免试验得出的指标过低,使之更符合实际情况,一般工程问题多采用总应力分析法,其测试方法和指标的选用大致如表 4-2 所示。

表 4-2　地基土抗剪强度指标的选择

试验方法	适用条件
不排水剪或快剪	地基土的透水性和排水条件不良,建筑物施工速度较快
排水剪或慢剪	地基土的透水性好,排水条件较佳,建筑物加荷速率较慢
固结不排水剪或固结快剪	建筑物竣工较久后荷载又突然增大(如房屋增层),或地基条件介于上述两种情况之间

4.5　地基破坏变形与地基承载力

地基承载力是指地基土单位面积上所能承受荷载的能力,以 kPa 计,一般用地基承载力特征值来表述。地基承载力的特征值是指由载荷试验测定的地基土压力变形曲线线性变形段内规定的变形所对应的压力值,其最大值为比例界限值。一般认为地基承载力可分为允许承载力和极限承载力。允许承载力是指地基土允许承受荷载的能力,极限承载力是地基土发生剪切破坏而失去整体稳定时的基底最小压力。确定地基承载力的方法有载荷试验法、理论计算法、规范查表法、经验估算法等许多种。单一一种方法估算出的地基承载力的值为承载力的基本值,基本值经标准数理统计后可得地基承载力的标准值,经过对承载力标准值进行修正则得到承载力设计值。在工程设计中为了保证地基土不发生剪切破坏而失去稳定,同时为使建筑物不致因基础产生过大的沉降和差异沉降而影响其正常使用,必须限制建筑物基础底面的压力,使其不得超过地基的承载力设计值。因此,确定地基承载力是工程实践中迫切需要解决的问题。

4.5.1　地基的破坏模式

我们可以通过现场载荷试验或室内模型试验来研究地基承载力。现场载荷试验是在要测定的地基上放置一块模拟基础的载荷板。载荷板的尺寸较实际基础小(一般为 0.25～1.0 m^2),在载荷板上逐级施加荷载,同时测定在各级荷载下载荷板的沉降量及周围土的位移情况,直到地基土破坏失稳为止。通过试验可以得到载荷板在各级压力 p 的作用下相应的稳定沉降量,绘得 p-s 曲线如图 4-20 所示。

4.5.2　地基变形破坏形式

4.5.2.1　地基破坏的形式

根据试验研究,地基变形有以下三种破坏形式。

1. 整体剪切破坏

如图 4-21(a)所示为整体剪切破坏的特征。当基础上荷载较小时,基础下形成一个三角形压密区,随同基础压入土中,这时 p-s 曲线呈直线关系(见图 4-20 中曲线 a)。随着荷载增加,压密区向两侧挤压,土中产生塑性区,塑性区先在基础边缘产生,然后逐步向侧面向下扩展。这时基础的沉降增长率较前一阶段增大,故 p-s 曲线呈曲线状。在荷载达到最大值后,土中形成连续滑动面,并延伸到地面,土从基础两侧挤出并隆起,基础沉降急剧增加,整个地基失稳破坏。这时 p-s 曲线上出现明显的转折点,其相应的荷载称为极限荷载 p_u,如图 4-21(d)所示。整体剪切破坏常发生在浅埋基础下的密砂或硬黏土等坚实地基中。

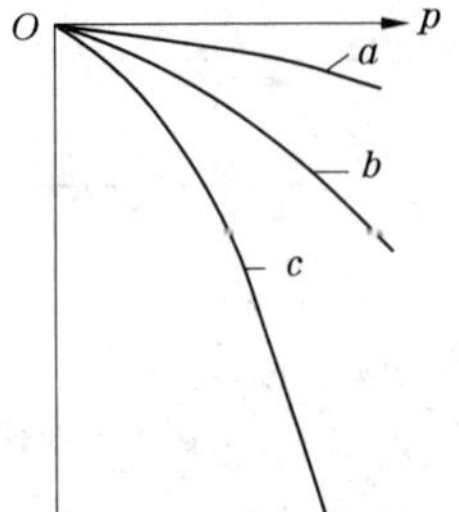

a—整体剪切破坏;b—局部剪切破坏;
c—刺入剪切破坏。

图 4-20　p-s 曲线

2. 局部剪切破坏

如图 4-21(b)所示为局部剪切破坏的特征。随着荷载的增加,塑性变形区同样从基础底面边缘处开始发展,但仅局限于地基一定范围内,土体中形成一定的滑动面,但并不延伸至地表面，如图 4-21(b)中虚线所示。地基失稳时，基础两侧地面微微隆起，没有出现明显的裂缝。其在相应的 p-s 曲线中，直线拐点 a 不像整体剪切破坏那么明显，曲线转折点 b 后的沉降速率虽然较前一阶段大，但不如整体剪切破坏那样急剧增加。基础有一定埋深，且地基为一般黏性土或具有一定压缩性的砂土时，地基可能会出现局部剪切破坏。

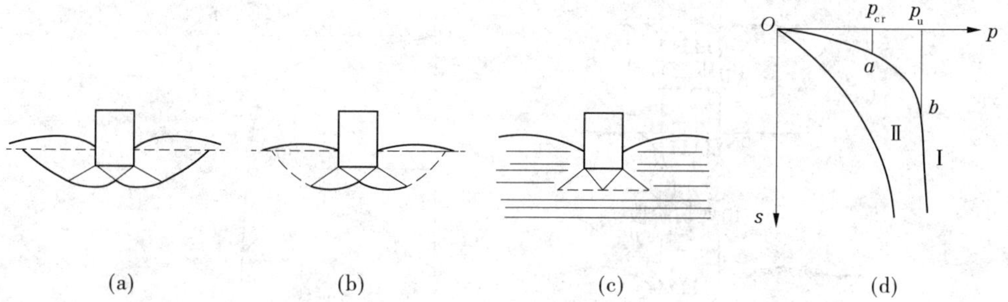

图 4-21　地基破坏形式

3. 冲切破坏

冲切破坏也称刺入剪切破坏。这种破坏形式常发生在饱和软黏土、松散的粉土、细砂等地基中。其破坏特征是在基础下没有明显的连续滑动面，随着荷载的增加，基础随着土层发生压缩变形而下沉，当荷载继续增加，基础周围附近土体发生竖向剪切破坏，使基础刺入土中，如图 4-21(c)所示。刺入剪切破坏的 p-s 曲线如图 4-20 中曲线 c 所示，没有明显的转折点、比例界限及极限荷载，这种破坏形式发生在松砂及软土中。总之，冲切破坏以显著的基础沉降为主要特征。

地基的剪切破坏形式除与地基土的性质有关外，还与基础埋置深度、加荷速度等因素有关。在密砂地基中，一般常发生整体剪切破坏，但当基础埋置深时，在很大荷载作用下密砂就会产生压缩变形，而产生刺入剪切破坏；在软黏土中，当加荷速度较慢时会产生压缩变形而发生刺入剪切破坏，但当加荷速度很快时，由于土体不能产生压缩变形，就可能发生整体剪切破坏。

4.5.2.2　地基变形的三个阶段

根据现场载荷试验，地基从加荷到产生破坏一般经过三个阶段。

1. 压密阶段(直线变形阶段)

相当于 p-s 曲线上的 Oa 段。在这一阶段，p-s 曲线接近于直线，土中各点的剪应力均小于土的抗剪强度，土体处于弹性平衡状态[见图 4-22(a)]。载荷板的沉降主要是由于土的压密变形引起的。把 p-s 曲线上相应于 a 点的荷载称为比例界限 p_{cr}，也称临塑荷载。

2. 剪切阶段

相当于 p-s 曲线上的 ab 段。此阶段 p-s 曲线已不再保持线性关系，沉降的增长率 $\Delta s/\Delta p$ 随荷载的增大而增大。地基土中局部范围内的剪应力达到土的抗剪强度，土体发生剪切破坏，这些区域也称塑性区。随着荷载的继续增加，土中塑性区的范围逐步扩大[见图 4-22(b)]，直到土中形成连续的滑动面，由载荷板两侧挤出而破坏。因此，剪切阶段也是地基中塑性区的发生与发展阶段。相应于 p-s 曲线上 b 点的荷载，称为极限荷载 p_u。

3. 破坏阶段

相当于 $p-s$ 曲线上的 bc 段。在荷载超过极限荷载后，载荷板急剧下沉，即使不增加荷载，沉降也将继续发展[见图 4-22(c)]，因此 $p-s$ 曲线陡直下降。在这一阶段，由于土中塑性区范围的不断扩展，在土中形成连续滑动面，土从载荷板四周挤出隆起，地基土失稳而破坏。

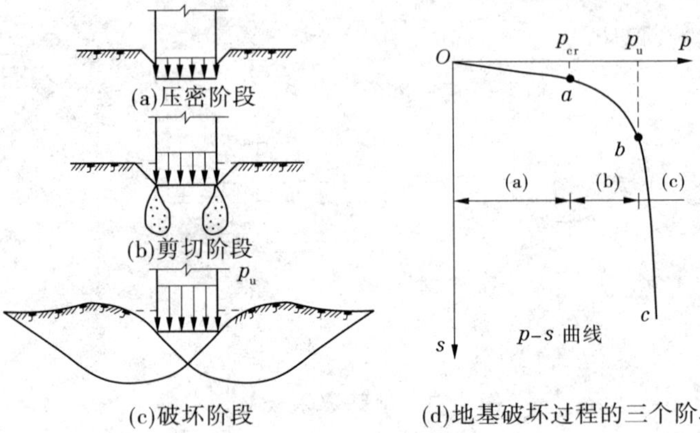

图 4-22 地基的破坏过程

4.5.3 地基临塑荷载和临界荷载

4.5.3.1 地基的临塑荷载

1. 定义

临塑荷载 p_{cr} 是地基变形的第一、二阶段的分界荷载，即地基中刚开始出现塑性变形区时相应的基底压力。此时，塑性区开展的最大深度 $z_{max}=0$（z 从基底计起）。如图 4-23 所示为在荷载 p（大于 p_{cr}）作用下土体中塑性区开展示意图。现以浅埋条形基础为例，介绍在竖向均匀荷载作用下 p_{cr} 的计算方法。

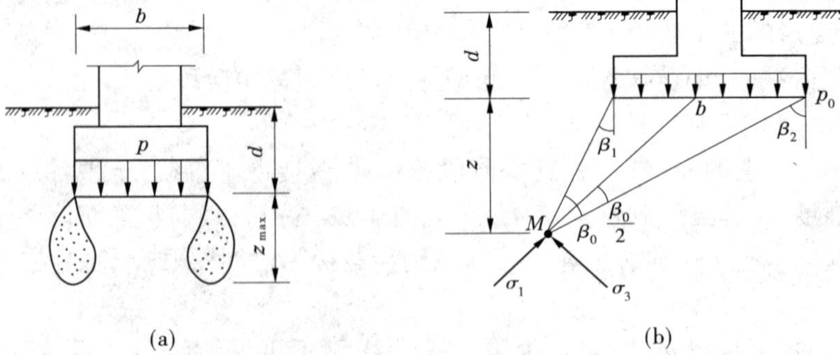

图 4-23 条形均布荷载作用下地基中的主应力和塑性区

2. 临塑荷载的计算公式

条形基础在均布荷载作用下，当基础埋深为 d，宽度为 b，侧压力系数为 1，由建筑物荷载引起的基底压力为 p(kPa)，假设地基的天然重度为 γ，则基础底面的附加压力应该是 $p_0=p-\gamma d$，地基中任意深度 z 处一点 M，它的最大、最小主应力为

$$\left.\begin{aligned}\sigma_1 &= \frac{p-\gamma d}{\pi}(\beta_0 + \sin\beta_0) + \gamma(d+z)\\ \sigma_3 &= \frac{p-\gamma d}{\pi}(\beta_0 - \sin\beta_0) + \gamma(d+z)\end{aligned}\right\} \tag{4-18}$$

式中　p——基底压力,kPa;

β_0——M 点至基础边缘两连线的夹角。

当地基内 M 点达到极限平衡状态时,大、小主应力应满足下列关系式:

$$\frac{\sigma_1 - \sigma_3}{2} = \left(\frac{\sigma_1 + \sigma_3}{2} + c \cdot \cot\varphi\right)\sin\varphi \tag{4-19}$$

将式(4-18)代入式(4-19),整理后可得出轮廓界限方程式为

$$z = \frac{p-\gamma d}{\pi\gamma}\left(\frac{\sin\beta_0}{\sin\varphi} - \beta_0\right) - \frac{c}{\gamma\tan\varphi} - d \tag{4-20}$$

当基础埋深 d、荷载 p 和土的 γ、c、φ 已知时,就可应用式(4-20)得出塑性区的边界线,如图 4-23 所示。

为了计算塑性变形区最大深度 z_{max},令 $\frac{dz}{d\beta_0}=0$ 得出:

$$z_{max} = \frac{p-\gamma d}{\pi\gamma}\left(\cot\varphi - \frac{\pi}{2} + \varphi\right) - \frac{c}{\gamma\tan\varphi} - d \tag{4-21}$$

当 $z_{max}=0$ 时得临塑荷载 p_{cr} 的计算公式:

$$p_{cr} = \frac{\pi(\gamma d + c \cdot \cot\varphi)}{\cot\varphi - \frac{\pi}{2} + \varphi} + \gamma d = N_q\gamma d + N_c c \tag{4-22}$$

式中　d——基础的埋置深度,m;

γ——基底平面以上土的重度,kN/m^3;

c——土的黏聚力,kPa;

φ——土的内摩擦角,(°),计算时化为弧度,即乘以 π/180;

N_q、N_c——承载力系数,$N_q = \dfrac{\cot\varphi + \frac{\pi}{2} + \varphi}{\cot\varphi - \frac{\pi}{2} + \varphi}$,$N_c = \dfrac{\pi\cot\varphi}{\cot\varphi - \frac{\pi}{2} + \varphi}$。

4.5.3.2　地基的临界荷载

大量工程实践表明,用 p_{cr} 作为地基承载力设计值是比较保守和不经济的。即使地基中出现一定范围的塑性区,也不致危及建筑物的安全和正常使用。工程中允许塑性区发展到一定范围,这个范围的大小是与建筑物的重要性、荷载性质以及土的特征等因素有关的。一般中心受压基础可取 $z_{max}=b/4$、偏心受压基础可取 $z_{max}=b/3$,与此相应的地基承载力用 $p_{\frac{1}{3}}$、$p_{\frac{1}{4}}$ 表示,称为临界荷载,这时的荷载为

$$p_{\frac{1}{4}} = \frac{\pi\left(\gamma d + c \cdot \cot\varphi + \frac{1}{4}\gamma b\right)}{\cot\varphi - \frac{\pi}{2} + \varphi} + \gamma d = cN_c + \gamma d N_q + \gamma b N_{\frac{1}{4}} \tag{4-23}$$

$$p_{\frac{1}{3}}=\frac{\pi(\gamma d+c\cdot\cot\varphi+\frac{1}{3}\gamma b)}{\cot\varphi-\frac{\pi}{2}+\varphi}+\gamma d=cN_{c}+\gamma dN_{q}+\gamma bN_{\frac{1}{3}} \tag{4-24}$$

其中

$$N_{\frac{1}{4}}=\frac{\frac{\pi}{4}}{\cot\varphi-\frac{\pi}{2}+\varphi} \tag{4-25}$$

$$N_{\frac{1}{3}}=\frac{\frac{\pi}{3}}{\cot\varphi-\frac{\pi}{2}+\varphi} \tag{4-26}$$

式(4-23)与式(4-24)中,与 d 同项的 γ 是基底以上土层的加权平均重度;与 b 同项的 γ 是基底以下持力层的重度。另外,如地基中存在地下水,则位于水位以下的地基土取浮重度 γ' 值计算。

上述临塑荷载与临界荷载计算公式均由条形基础均布荷载推导得出。

4.5.4 地基承载力的确定方法

极限荷载即地基变形第二阶段与第三阶段的分界点相对应的荷载,是地基达到完全剪切破坏时的最小压力。极限荷载除以安全系数可作为地基的承载力设计值。

极限承载力的理论推导目前只能针对整体剪切破坏模式进行。确定极限承载力的计算公式可归纳为两大类:一类是假定滑动面法,先假定在极限荷载作用时土中滑动面的形状,然后根据滑动土体的静力平衡条件求解;另一类是理论解,根据塑性平衡理论导出在已知边界条件下滑动面的数学方程式来求解。

由于假定不同,计算极限荷载公式的形式也各不相同。但不论哪种公式,都可写成如下基本形式:$p_u=\frac{1}{2}\gamma bN_{\gamma}+N_{q}q+N_{c}c$。下面介绍在平面问题中浅基础应用较多的太沙基公式与汉森公式。

4.5.4.1 太沙基公式

太沙基利用塑性理论推导了条形浅基础在铅直中心荷载作用下,地基极限荷载的理论公式。该公式是属于假定滑动面(如图 4-24 所示分成 3 个区)求极限荷载的方法。其假定为:

(1)基底面粗糙,Ⅰ区在基底面下的三角形弹性楔体上,并处于弹性压密状态,它在地基破坏时随基础一同下沉。楔体与基底面的夹角为 φ。

(2)Ⅱ区(辐射受剪区)的下部近似为对数螺旋曲线。Ⅲ区(朗肯被动区)下部为一斜直线,其与水平面夹角为 $45°-\frac{\varphi}{2}$,塑性区(Ⅱ区与Ⅲ区)的地基同时达到极限平衡。

(3)基础两侧的土重视为边载荷 $q=\gamma_0 d$,不考虑这部分土的抗剪强度。Ⅲ区的自重抵消了上举作用力,并通过Ⅱ、Ⅰ区阻止基础的下沉。

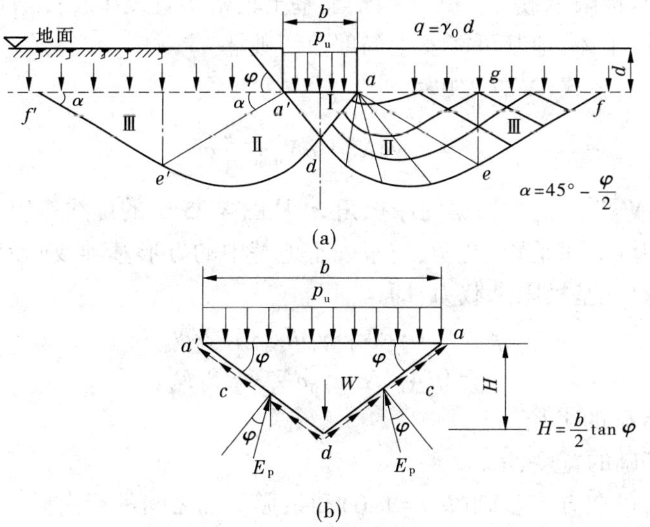

图 4-24　太沙基地基极限承载力

根据对弹性楔体(基底下的三角形土楔体)的静力平衡条件分析,经过一系列的推导,整理得出如下公式:

$$p_u = \frac{1}{2}\gamma b N_\gamma + N_q q + N_c c \tag{4-27}$$

式中　p_u——地基极限承载力,kPa;

c——基底以下土的黏聚力,kPa;

q——基底以上土体荷载,kPa,且 $q=\gamma_0 d$,γ_0 为基底以上土层的加权平均重度,d 为基础埋深;

γ——基底以下土的重度,kN/m³;

N_q、N_c、N_γ——太沙基地基承载力系数,它们是土的内摩擦角 φ 的函数,可由图 4-25 中的曲线(实线)确定。

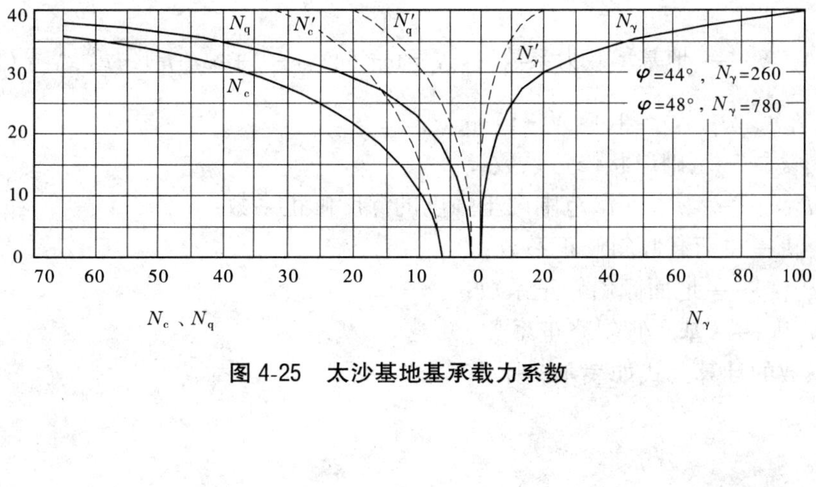

图 4-25　太沙基地基承载力系数

上述太沙基地基极限承载力公式适用于地基土较密实且发生整体剪切破坏的情况。对于压缩性较大的松散土体，地基可能发生局部剪切破坏。

太沙基根据经验，将式(4-27)改为

$$p_u = \frac{1}{2}\gamma b N'_\gamma + q N'_q + \frac{2}{3} c N'_c \tag{4-28}$$

式(4-28)中的N'_γ、N'_q、N'_c可根据内摩擦角φ，从图4-25中的虚线查得。

如果不是条形基础，而是置于密实或坚硬土地基中的方形基础或圆形基础，太沙基建议按修正后的公式计算地基极限承载力，即

圆形基础： $$p_u = 0.6\gamma R N_\gamma + \gamma_0 d N_q + 1.2 c N_c \tag{4-29}$$

方形基础： $$p_u = 0.4\gamma b N_\gamma + \gamma_0 d N_q + 1.2 c N_c \tag{4-30}$$

式中 R——圆形基础的半径，m；

b——方形基础的宽度，m。

对于矩形基础，可在方形基础($b/l=1.0$)和条形基础之间进行内插。

4.5.4.2 汉森公式

汉森公式是一个半经验公式，它适用于倾斜荷载作用下，不同基础形状和埋置深度的极限荷载的计算。汉森公式考虑了基础形状、埋置深度、倾斜荷载、地面倾斜及基础底面倾斜等因素的影响(见图4-26)。

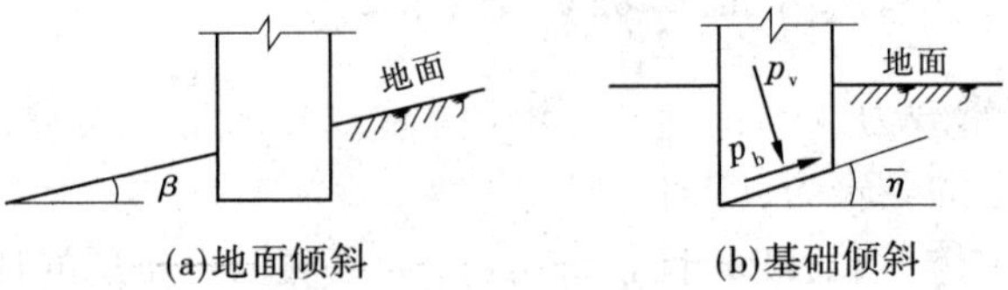

图4-26 地面倾斜与基础倾斜

每种修正均需在承载力系数N'_γ、N'_q、N'_c上乘以相应的修正系数，修正后的汉森极限承载力公式为

$$p_u = \frac{1}{2}\gamma b N_\gamma s_\gamma d_\gamma i_\gamma g_\gamma b_\gamma + \gamma_0 d N_q s_q d_q i_q g_q b_q + c N_c s_c d_c i_c g_c b_c \tag{4-31}$$

式中 N_q、N_c、N_γ——地基承载力系数，且$N_q=\tan^2(45°+\frac{\varphi}{2})+\exp(\pi\tan\varphi)$，$N_c=(N_q-1)\cot\varphi$，$N_\gamma=1.8(N_q-1)\cot\varphi$；

s_γ、s_q、s_c——基础形状修正系数；

d_γ、d_q、d_c——考虑埋深范围内土强度的深度修正系数；

i_γ、i_q、i_c——荷载倾斜修正系数；

g_γ、g_q、g_c——地面倾斜修正系数；

b_γ、b_q、b_c——基底倾斜修正系数。

以上系数的计算公式如表4-3所示。

表 4-3　汉森承载力公式中的修正系数

形状修正系数	深度修正系数	荷载倾斜修正系数	地面倾斜修正系数	基底倾斜修正系数
$s_c=1+\dfrac{N_q b}{N_c l}$	$d_c=1+0.4\dfrac{d}{b}$	$i_c=i_q-\dfrac{1-i_q}{N_q-1}$	$g_c=1-\beta/14.7°$	$b_c=1-\bar{\eta}/14.7°$
$s_q=1+\dfrac{b}{l}\tan\varphi$	$d_q=1+2\tan\varphi\cdot(1-\sin\varphi)^2\dfrac{d}{b}$	$i_q=\left(1-\dfrac{0.5p_h}{p_v+A_f c\cot\varphi}\right)^5$	$g_q=(1-0.5\tan\beta)^5$	$b_q=\exp(-2\bar{\eta}\tan\varphi)$
$s_\gamma=1-0.4\dfrac{b}{l}$	$d_\gamma=1.0$	$i_\gamma=\left(1-\dfrac{0.7p_h}{p_v+A_f c\cot\varphi}\right)$	$g_\gamma=(1-0.5\tan\beta)^5$	$b_\gamma=\exp(-2\bar{\eta}\tan\varphi)$

表中符号：

A_f—基础的有效接触面积 $A_f=b'\cdot l'$；

b'—基础的有效宽度，$b'=b-2e_b$；

l'—基础的有效长度，$l'=l-2e_l$；

d—基础的埋置深度；

e_b，e_l—在基础宽度和长度方向的荷载偏心距；

b—基础的宽度；

l—基础的长度；

c—地基土的黏聚力；

φ—地基土的内摩擦角；

p_h—平行于基底的荷载分量；

p_v—垂直于基底的荷载分量；

β—地面倾角；

$\bar{\eta}$—基底倾角。

以上介绍了两种典型的极限承载力理论计算公式，另外魏锡克公式、斯凯普顿公式、梅耶霍夫公式等，都有其各自适用的范围。在实际应用中，根据行业的特点，这些理论在相应的规范中有所应用。当然，这里只是谈到了获得地基承载力极限值的理论公式方法，实际中还可以采用原位测试以及经验等方法来获得。

本章小结

(1)土的强度是抗剪强度，抗剪强度指标是内摩擦角和黏聚力。二者虽为土体强度的内在固有指标，但受排水条件影响很大，故实际运用中存在固结排水、不固结不排水、固结不排水等多种指标，具体选用何种指标需由实际工程情况决定。没有具体工程条件的强度指标是毫无实际意义的。

(2)土的经典强度理论是莫尔-库仑破坏准则，利用该理论可判断土中一点的应力状态。

(3)为获得抗剪强度指标，可选用室内试验(直接剪切、三轴试验、无侧限抗压试验等)、现场原位测试(十字板剪切试验、现场直剪试验等)方法。

(4)地基的承载力分为地基的极限承载力和地基的容许承载力。在极限承载力时，地基已濒于破坏，它只有在除以要求的安全系数后才能用于设计；而在容许承载力时，地基既不发生滑动破坏,又不发生过大的沉降变形,它可以直接作为设计的依据。

(5)通过理论公式(如太沙基公式、汉森公式等)计算得到地基的极限承载力,将其除以要求的安全系数可得到相应的容许承载力来作为设计值。也可通过现场载荷试验得到地基承载力(极限值和容许值),还可以通过经验方法获得地基承载力。在实际工作中,根据行业不同,按相应行业规范得到地基承载力作为设计依据即可。

练习题

4-1　已知某黏性土的 $c=0$、$\varphi=35°$,对该土取样做试验。

(1)如果施加的大、小主应力分别为 400 kPa、120 kPa,该试样会发生破坏吗?为什么?

(2)如果施加的小主应力不变,你认为能否将大主应力加到 500 kPa?为什么?

4-2　假设黏性土地基内某点的大主应力为 480 kPa、小主应力为 200 kPa,土的内摩擦角 $\varphi=18°$,黏聚力 $c=35$ kPa。试判断该点所处的状态。

4-3　对横截面面积 32.2 cm^2 的粉质黏土样进行直接剪切试验得到的成果见表 4-4,试求:

(1)黏聚力 c;

(2)内摩擦角 φ。

表 4-4　练习题 4-3 表

法向荷载/kN	1.0	0.5	0.25
破坏时的剪力/kN	0.47	0.32	0.234

4-4　某条形基础宽度 $b=3$ m,埋置深度 $d=2$ m,地下水位位于地表下 2 m。基础底面以上为粉质黏土,重度为 18 kN/m^3;基础底面以下为透水黏土层,$\gamma=19.8$ kN/m^3,$c=15$ kPa,$\varphi=24°$。试求:地基的临塑荷载 p_{cr} 及临界荷载 $p_{1/4}$。

4-5　某一条形基础宽为 1 m,埋深 $d=1.0$ m,承受竖向均布荷载 250 kPa,基底以上土的重度为 18.5 kN/m^3,地下水在基底处,饱和重度为 20 kN/m^3,地基土强度指标 $c=10$ kPa,$\varphi=25°$。试用太沙基极限承载力公式(安全系数 $K=2$)来判断地基是否稳定。

第 5 章　土压力与土坡稳定

【本章导读】

本章主要介绍主动土压力、被动土压力、静止土压力及其三种土压力的计算方法;介绍挡土墙类型与特征及其设计与计算;介绍土坡稳定性分析与基坑支护常识。

基本要求:通过本章学习,应掌握土压力的概念及静止土压力、主动土压力和被动土压力发生的条件;朗肯土压力和库仑土压力理论的基本假定和计算方法;无黏性土土坡稳定分析;用瑞典圆弧法和条分法对黏性土坡进行稳定性分析;常见的围护结构的构造与适用条件。

重点:静止土压力、主动土压力、被动土压力的形成条件;朗肯土压力理论和库仑土压力理论;无黏性土土坡的稳定性分析法;黏性土的圆弧稳定分析法;毕肖普等其他常用分析方法;常见围护结构的构造措施。

难点:有超载、成层土、有地下水情况的土压力计算;黏性土坡的稳定性分析;常见基坑围护结构的适用条件。

【课程思政】

党的二十大报告指出,坚持以人民安全为宗旨,明确“五位一体”总体布局和“四个全面”战略布局,确定稳中求进工作总基调,统筹发展和安全。

2022 年 7 月 23 日,甘肃白银泓胜煤业有限责任公司“7·23”重大边坡坍塌事故造成重大人员伤亡和财产损失;2022 年 1 月 3 日贵州省毕节市第一人民医院分院培训综合楼边坡支护工程在施工过程中,突然发生山体滑坡,最终造成重大人员伤亡事故;2020 年 11 月 23 日 14 时 34 分许,位于增城区派潭镇高滩村的广州金叶子酒店有限公司二期项目中,发生一起施工边坡坍塌事故,造成人员死亡和财产损失……边坡失稳事故时有发生,严重影响了人民群众生命和财产安全。2003 年 11 月国务院发布《建设工程安全生产管理条例》,该条例的实施加强了建设工程安全生产监督管理,保障了人民群众生命和财产安全。

5.1　概　述

挡土结构物是土木、水利、建筑、交通等工程中的一种常见的构筑物,其目的是用来支挡土体的侧向移动,保证土结构物或土体的稳定性。例如,道路工程中在路堑段用来支挡两侧人工开挖边坡而修筑的挡土墙和用来支挡路堤稳定的挡土墙,桥梁工程中连接路堤的桥台,港口、码头及基坑工程中的支护结构物(见图 5-1)。此外,高层建筑物地下室、隧道和地铁工程中的衬砌及涵洞和输油管道等地下结构物也是一类典型的挡土结构物。

各类挡土结构物在支挡土体的同时必然会受到土体的侧向压力的作用,此即所谓的土压力问题。土压力的计算是挡土结构物断面设计和稳定验算的主要依据,而形成土压力的主要荷载一般包括土体自身重力引起的侧向压力,水压力,影响区范围内的构筑物荷载、施工荷载、交通荷载等。在某些特定的条件下,还需要计算在地震荷载作用下挡土墙上可能引起的侧向压力,即动土压力。挡土结构物按其刚度和位移方式可以分为刚性挡土墙和柔性挡土墙两大类,前者如由砖、石或混凝土所构筑的断面较大的挡土墙,对于这类挡土墙,由于其刚性较大,在侧向土压力作用下仅能发生整体平移或转动,墙身的挠曲变形可以忽略;而后者如结构断面尺寸较小的钢筋混凝土桩、地下连续墙或各种材料的板桩等,由于其刚度较小,在侧向土压力作用下会发生明显的挠曲变形。本章将重点讨论针对刚性挡土墙的古典土压力理论,对柔性挡土墙则只作简要说明。

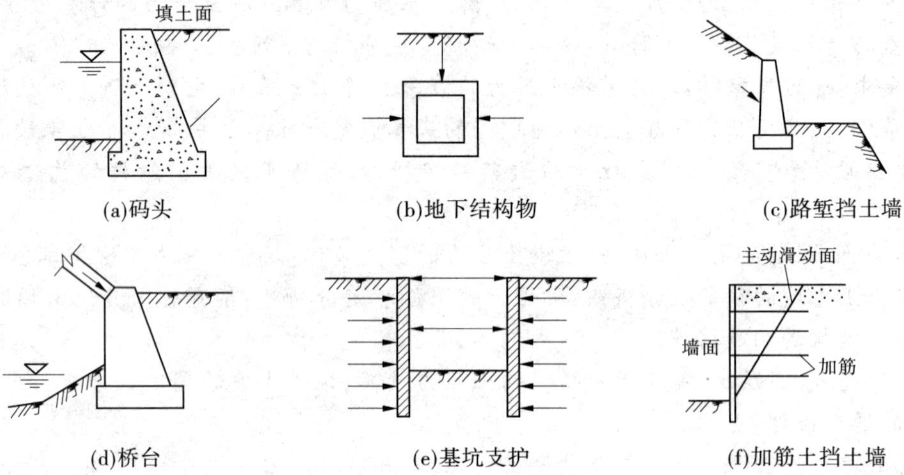

图 5-1　各种形式的挡土结构物

一般而言,土压力的大小及其分布规律与挡土结构物的侧向位移的方向、大小,土的性质,挡土结构物的高度等因素有关。根据挡土结构物侧向位移的方向和大小,土压力可分为三种类型。

5.1.1　静止土压力

如图 5-2(a)所示,若刚性的挡土墙保持原来位置静止不动,则作用在挡土墙上的土压力称为静止土压力。作用在单位长度挡土墙上的静止土压力的合力用 E_0(kN/m)表示,静止土压力强度用 p_0(kPa)表示。

5.1.2　主动土压力

如图 5-2(b)所示,若挡土墙在墙后填土压力作用下背离填土方向移动,这时作用在墙上的土压力(静止土压力)逐渐减小,当墙后土体达到极限平衡状态,并出现连续滑动面而使土体下滑时,土压力减到最小值,称为主动土压力。主动土压力合力和强度分别用 E_a(kN/m)和 p_a(kPa)表示。

5.1.3　被动土压力

如图 5-2(c)所示,若挡土墙在外力作用下向填土方向移动,这时作用在墙上的土压力(静止土压力)逐渐增大,一直到土体达到极限平衡状态,并出现连续滑动面,墙后土体向上挤出隆起,这时土压力增至最大值,称为被动土压力。被动土压力合力和强度分别用 E_p

(kN/m)和 p_p(kPa)表示。

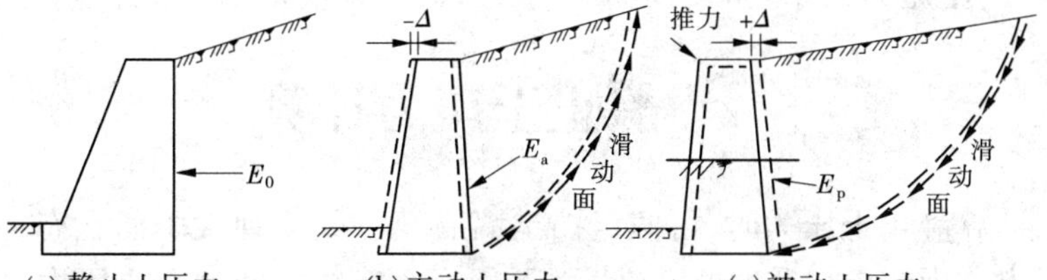

(a) 静止土压力　(b) 主动土压力　(c) 被动土压力

图 5-2　土压力的三种类型

可见,在挡土墙高度和填土条件相同的情况下,上述三种土压力之间有如下关系:$E_a<E_0<E_p$。

在影响土压力大小及其分布的诸因素中,挡土结构物的位移是其中的关键因素之一。图 5-3 给出了土压力与挡土结构物水平位移之间的关系。可以看出,挡土结构物要达到被动土压力所需的位移远大于导致主动土压力所需的位移。根据大量试验观测和研究,可给出砂土和黏土中产生主动土压力和被动土压力所需的墙顶水平位移参考值,如表 5-1 所示。

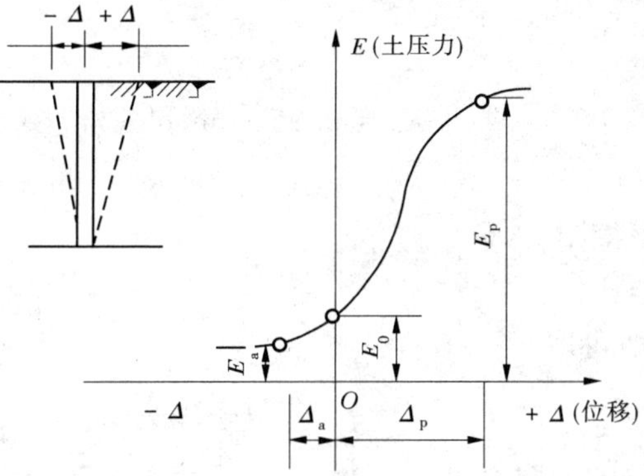

图 5-3　土压力与挡土墙位移关系

表 5-1　产生主动土压力和被动土压力所需的墙顶水平位移

土类	应力状态	运动形式	所需位移
砂土	主动	平行于墙体	0.001H
	主动	绕墙趾转动	0.001H
	被动	平行于墙体	0.05H
	被动	绕墙趾转动	>0.1H
黏土	主动	平行于墙体	0.004H
	主动	绕墙趾转动	0.004H

注:H 表示挡土墙高度。

事实上,挡土墙背后土压力是挡土结构物、土及地基三者相互作用的结果,在实际工程中大部分情况均介于上述三种极限平衡状态之间,土压力值的实际大小也介于上述三种土压力之间。目前,根据土的实际的应力-应变关系,利用数值计算的手段,可以较为精确地确定挡土墙位移与土压力大小之间的定量关系,这对一些重要的工程建筑物是十分必要的。

5.2 静止土压力计算

如前所述,计算静止土压力时,可假定挡土墙后填土处于弹性平衡状态。这时,由于挡土墙静止不动,土体无侧向位移,故土体表面下任意深度 z 处的静止土压力,可按半无限体水平向自重应力的计算公式计算:

$$p_0 = K_0\sigma_{sz} = K_0\gamma z \tag{5-1}$$

式中 K_0——侧压力系数或静止土压力系数;

γ——土的重度。

可见,静止土压力沿挡土墙高度呈三角形分布[见图 5-4(a)]。关于静止土压力系数 K_0,理论上有 $K_0=\dfrac{\mu}{1-\mu}$,μ 为土的泊松比。在实际应用中,K_0 可由三轴仪等室内试验测定,也可用原位试验测得。K_0 的参考值:砂土为 0.34~0.45;黏性土为 0.5~0.7。在缺乏试验资料时,还可用经验公式来估算,即

$$\left.\begin{aligned}&\text{对于砂土:} && K_0 = 1 - \sin\varphi' \\ &\text{对于黏性土:} && K_0 = 0.95 - \sin\varphi' \\ &\text{对于超固结黏性土:} && K_0 = (\mathrm{OCR})^m \times (1 - \sin\varphi')\end{aligned}\right\} \tag{5-2}$$

式中 φ'——土的有效内摩擦角;

OCR——土的超固结比;

m——经验系数,一般可取 0.4~0.5。

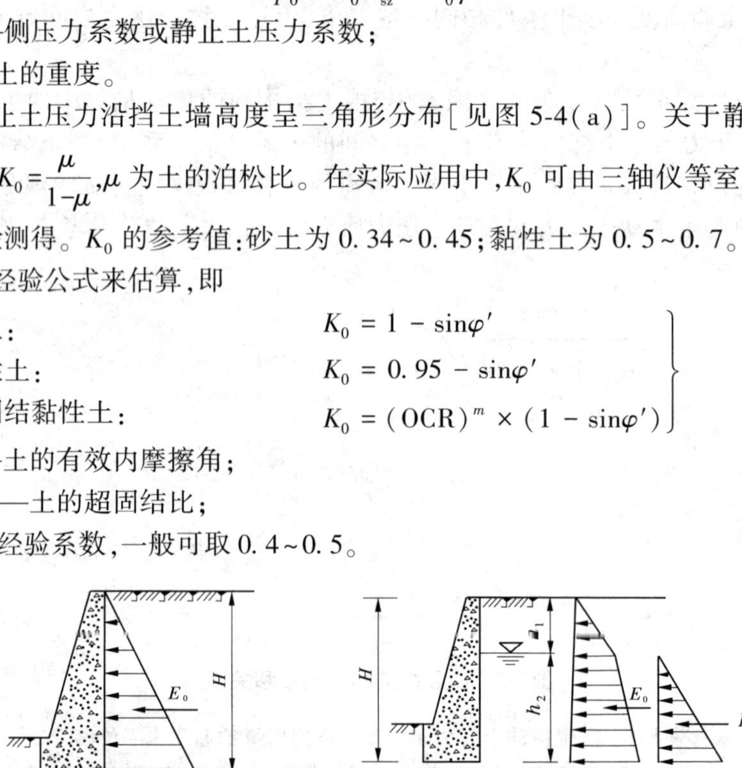

图 5-4 静止土压力的分布

研究表明,黏性土的 K_0 值随塑性指数 I_p 的增大而增大,1967 年 Alpan 给出的估算公式为 $K_0=0.19+0.233\lg I_p$。此外,K_0 值与超固结比 OCR 也有着密切的关系,对于 OCR 较大的土,K_0 值甚至可以大于 1.0。

由式(5-1)可知,作用在单位长度挡土墙上的静止土压力合力为

$$E_0 = \frac{1}{2}K_0\gamma H^2 \tag{5-3}$$

式中 H——挡土墙高度。

对于成层土或有超载的情况,第 n 层土底面处静止土压力分布大小可按式(5-4)计

算，即

$$p_0 = K_{0n}\left(\sum_{i=1}^{n}\gamma_i h_i + q\right) \tag{5-4}$$

式中　γ_i——计算点以上第 i 层土的重度（$i=1,2,3,\cdots,n$）；

h_i——计算点以上第 i 层土的厚度；

K_{0n}——第 n 层土的静止土压力系数；

q——填土面上的均布荷载。

当挡土墙后填土有地下水存在时，对于透水性较好的砂土应采用有效重度 γ' 计算，同时考虑作用于挡土墙上的静水压力 p_w，如图 5-4(b)所示。

【例 5-1】　如图 5-5 所示，挡土墙后作用有无限均布荷载 $q=20$ kPa，填土的物理力学指标 $\gamma=18$ kN/m^3、$\gamma_{sat}=19$ kN/m^3、$c=0$、$\varphi'=30°$。试计算作用在挡土墙上的静止土压力分布。

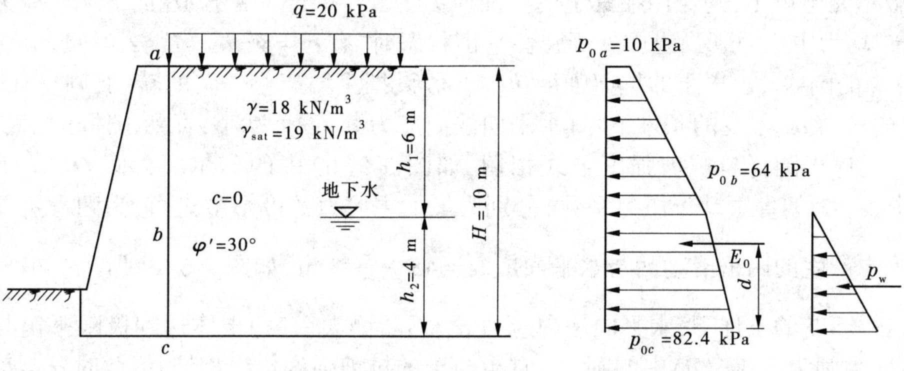

(a)计算简图　　(b)静止土压力分布

图 5-5　例 5-1 图

解：静止土压力系数为

$$K_0 = 1-\sin\varphi' = 1-\sin 30° = 0.5$$

土中各点静止土压力值分别为

a 点：　$p_{0a} = K_0 q = 0.5 \times 20 = 10(\text{kPa})$

b 点：　$p_{0b} = K_0(q+\gamma h_1) = 0.5 \times (20 + 18 \times 6) = 64(\text{kPa})$

c 点：$p_{0c} = K_0(q+\gamma h_1+\gamma' h_2) = 0.5 \times [20 + 18 \times 6 + (19-10) \times 4] = 82(\text{kPa})$

于是可得静止土压力合力为

$$E_0 = \frac{1}{2}(p_{0a}+p_{0b})h_1 + \frac{1}{2}(p_{0b}+p_{0c})h_2 = \frac{1}{2}(10+64) \times 6 + \frac{1}{2}(64+82) \times 4$$
$$= 514(\text{kN/m})$$

静止土压力 E_0 的作用点距墙底的距离 d 为

$$d = \frac{1}{E_0}\left[p_{0a}h_1\left(\frac{h_1}{2}+h_2\right) + \frac{1}{2}(p_{0b}-p_{0a})h_1\left(h_2+\frac{h_1}{3}\right) + p_{0b}\frac{h_2^2}{2} + \frac{1}{2}(p_{0c}-p_{0b})\frac{h_2^2}{3}\right]$$
$$= \frac{1}{514}\left[10 \times 6 \times 7 + \frac{1}{2} \times 54 \times 6 \times \left(4+\frac{6}{3}\right) + 64 \times \frac{4^2}{2} + \frac{1}{2}(82-64) \times \frac{4^2}{3}\right] = 3.32(\text{m})$$

此外，作用在墙上的静水压力合力 P_w 为

$$P_w = \frac{1}{2}\gamma_w h_2^2 = \frac{1}{2} \times 10 \times 4^2 = 80(\text{kN/m})$$

5.3 朗肯土压力理论

5.3.1 基本原理和假定

朗肯土压力理论是土压力计算中的两个著名的古典土压力理论之一。由于其概念明确、方法简单，至今仍被广泛使用。

1857 年，英国学者朗肯(W. J. M. Rankine)研究了半无限弹性土体处于极限平衡状态时的应力情况。如图 5-6(a)所示，假想在半无限土体中一竖直截面 AB 处有一挡土墙，在深度 z 处取一微单元土体Ⅰ，则作用在其上的法向应力为 σ_z 和 σ_x。由于 AB 面上无剪应力存在，故 σ_z 和 σ_x 均为主应力。当土体处于弹性平衡状态时，有 $\sigma_z=\gamma z$、$\sigma_x=K_0\gamma z$，其莫尔应力圆如图 5-6(b)中的圆 O_1，远离土的抗剪强度包线。假设挡土墙产生一定的转动，则单元土体Ⅱ在竖向法向应力 σ_z 不变的条件下，其水平向法向应力 σ_x 逐渐减小，直到土体达到极限平衡状态，此时的应力圆将与抗剪强度包线相切，如图 5-6(b)中的莫尔应力圆 O_2，σ_z 和 $\sigma_x=K_a\gamma z$(其中，K_a 为朗肯主动土压力系数)分别为最大主应力及最小主应力，为朗肯主动状态。此时，土体中产生的两组滑动面与水平面成 $\alpha_f=45°+\dfrac{\varphi}{2}$ 夹角，如图 5-6(c)所示。另外，单元土体Ⅲ在 σ_z 不变的条件下，水平向法向应力 σ_x 不断增大，直到土体达到极限平衡状态，此时的莫尔应力圆为图 5-6(b)中的圆 O_3，它也与土的抗剪强度包线相切，但此时 $\sigma_x=K_p\gamma z$(其中 K_p 为朗肯被动土压力系数)为最大主应力 σ_{xmax}，为朗肯被动状态，而土体中产生的两组滑动面与水平面成 $\alpha_f=45°-\dfrac{\varphi}{2}$ 夹角，如图 5-6(c)所示。

朗肯认为，当挡土墙墙背直立、光滑，墙后填土表面水平并无限延伸时，作用在挡土墙墙背上的土压力相当于半无限土体中当土体达到上述极限平衡状态时的应力情况。这样就可以利用上述两种极限平衡状态时的最大主应力和最小主应力的相互关系来计算作用在挡土墙上的朗肯主动土压力或朗肯被动土压力。下面分别予以介绍。

5.3.2 朗肯主动土压力计算

如图 5-7(a)所示，挡土墙墙背直立、光滑，填土面为水平。墙背 AB 在填土压力作用下背离填土移动至 $A'B'$，使墙后土体达到主动极限平衡状态。对于墙后土体深度 z 处的单元体，其竖向应力 $\sigma_z=\gamma z$ 是最大主应力 σ_1，而水平向应力 σ_x 是最小主应力 σ_3，即要计算的主动土压力 p_a。

由土体极限平衡理论公式可知，大、小主应力应满足下述关系：

黏性土
$$\sigma_3 = \sigma_1 \tan^2\left(45° - \frac{\varphi}{2}\right) - 2c \cdot \tan\left(45° - \frac{\varphi}{2}\right) \tag{5-5}$$

砂土
$$\sigma_3 = \sigma_1 \tan^2\left(45° - \frac{\varphi}{2}\right) \tag{5-6}$$

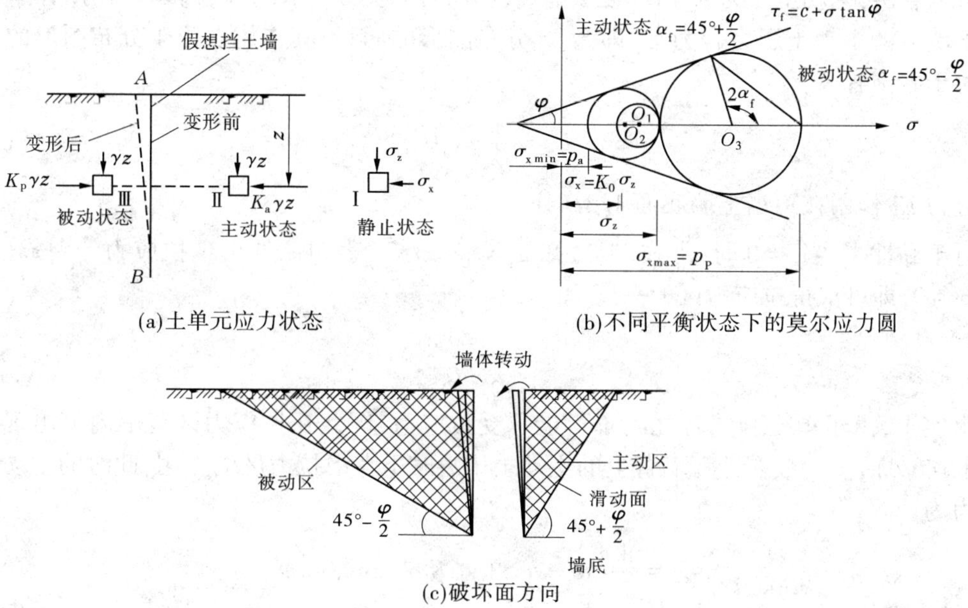

(a)土单元应力状态　　(b)不同平衡状态下的莫尔应力圆

(c)破坏面方向

图 5-6　朗肯主动及被动状态

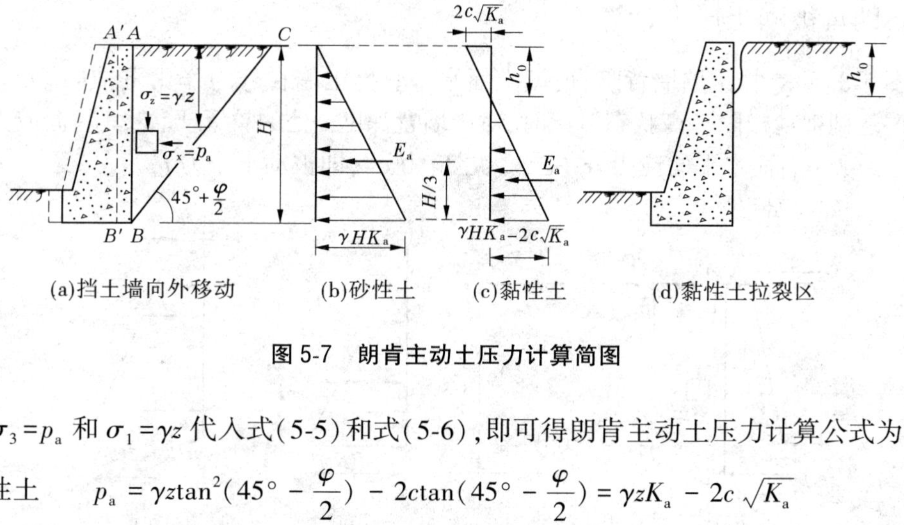

(a)挡土墙向外移动　(b)砂性土　(c)黏性土　(d)黏性土拉裂区

图 5-7　朗肯主动土压力计算简图

将 $\sigma_3=p_a$ 和 $\sigma_1=\gamma z$ 代入式(5-5)和式(5-6),即可得朗肯主动土压力计算公式为:

黏性土
$$p_a=\gamma z\tan^2\left(45°-\frac{\varphi}{2}\right)-2c\tan\left(45°-\frac{\varphi}{2}\right)=\gamma zK_a-2c\sqrt{K_a} \tag{5-7}$$

砂土
$$p_a=\gamma z\tan^2\left(45°-\frac{\varphi}{2}\right)=\gamma zK_a \tag{5-8}$$

式中　γ——土的重度,kN/m³;

c——土的黏聚力,kPa;

φ——内摩擦角,(°);

z——计算点处的深度, m;

K_a——朗肯主动土压力系数,$K_a=\tan^2\left(45°-\frac{\varphi}{2}\right)$。

可以看出，主动土压力 p_a 沿深度 z 呈直线分布，如图 5-7(b)、(c)所示。作用在单位长度挡土墙上的主动土压力合力 E_a 即为 p_a 分布图形的面积，其作用点位于分布图形的形心处。对于砂土有

$$E_a = \frac{1}{2}\gamma K_a H^2 \tag{5-9}$$

合力 E_a 作用在距挡土墙底面 1/3H 处。

对于黏性土，当 $z=0$ 时，由式(5-7)知 $p_a=-2c\sqrt{K_a}$，表明该处出现拉应力。令式(5-7)中的 $p_a=0$，即可求得拉应力区的高度为

$$h_0 = \frac{2c}{\gamma\sqrt{K_a}} \tag{5-10}$$

事实上，由于填土与墙背之间不可能承受拉应力，因此在拉应力区范围内将出现裂缝[见图 5-7(d)]。一般在计算墙背上的主动土压力时不考虑拉力区的作用，此时的主动土压力合力为

$$E_a = \frac{1}{2}(H - h_0)(\gamma H K_a - 2c\sqrt{K_a}) \tag{5-11}$$

合力 E_a 作用于距挡土墙底面 $\frac{1}{3}(H-h_0)$ 处。

5.3.3 朗肯被动土压力计算

如图 5-8 所示，挡土墙墙背竖直，填土面水平。挡土墙在外力作用下推向填土，使挡土墙后土体达到被动极限平衡状态。此时，对于墙背深度 z 处的单元土体，其竖向应力 $\sigma_z=\gamma z$ 是最小主应力 σ_3；而水平向应力 σ_x 是最大主应力 σ_1，即被动土压力 p_p。

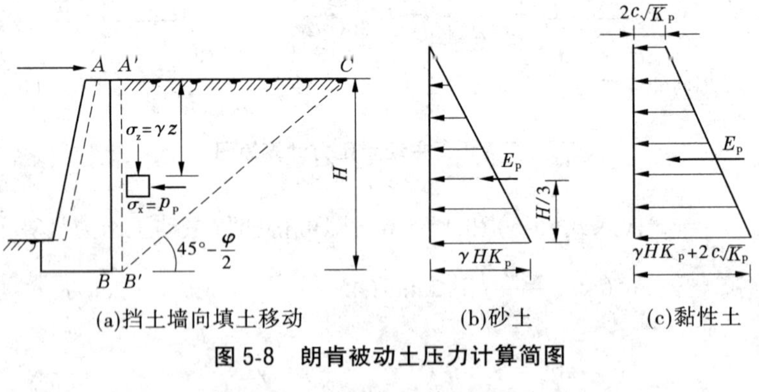

(a)挡土墙向填土移动　　(b)砂土　　(c)黏性土

图 5-8　朗肯被动土压力计算简图

将 $\sigma_1=p_p$，$\sigma_3=\gamma z$ 代入土体极限平衡理论公式，即得朗肯被动土压力计算公式为：

黏性土　$$p_p = \gamma z\tan^2(45° + \frac{\varphi}{2}) + 2c\tan(45° + \frac{\varphi}{2}) = \gamma z K_p + 2c\sqrt{K_p} \tag{5-12}$$

砂土　$$p_p = \gamma z\tan^2(45° + \frac{\varphi}{2}) = \gamma z K_p \tag{5-13}$$

式中　K_p——朗肯被动土压力系数，且 $K_p=\tan^2(45°+\frac{\varphi}{2})$。

可以看出,被动土压力 p_p 沿深度 z 呈直线分布,如图 5-8(b)、(c)所示。作用在墙背上单位长度的被动土压力合力 E_p 可由 p_p 的分布图形面积求得。

此外,由三角函数关系可得:$K_p = 1/K_a$。

5.3.4　几种典型情况下的朗肯土压力

5.3.4.1　填土表面有超载作用

如图 5-9 所示,当挡土墙后填土表面有连续均布荷载 q 的超载作用时,相当于在深度 z 处的竖向应力增加 q 的作用。此时,只要将式(5-7)和式(5-8)中的 γz 用 $\gamma z+q$ 代替,即可得到填土表面有超载作用时的主动土压力计算公式,即

黏性土　$$p_a = (\gamma z + q)K_a - 2c\sqrt{K_a} \tag{5-14}$$

砂土　$$p_a = (\gamma z + q)K_a \tag{5-15}$$

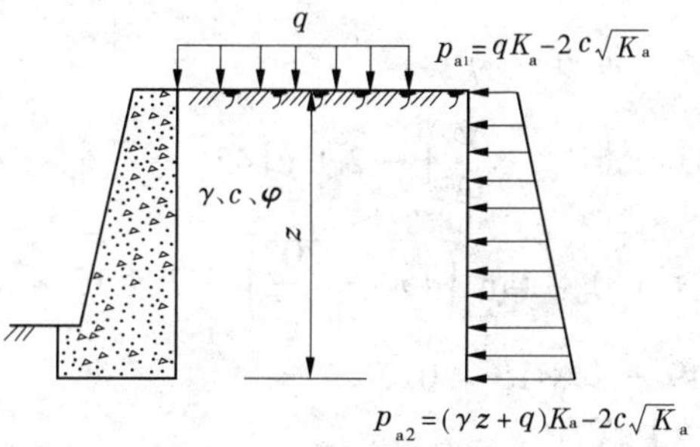

图 5-9　填土表面有超载作用时的主动土压力

5.3.4.2　成层填土中的朗肯土压力

当挡土墙后填土为成层土时,仍可按式(5-7)和式(5-8)计算主动土压力。但应注意在土层分界面上,由于两层土的抗剪强度指标 φ 不同,土压力系数也不同,使土压力的分布有突变。如图 5-10 所示,各点的土压力分别为

a 点:　$$p_{a1} = -2c_1\sqrt{K_{a1}}$$

b 点上(在第 1 层土中):　$$p'_{a2} = \gamma_1 h_1 K_{a1} - 2c_1\sqrt{K_{a1}}$$

b 点下(在第 2 层土中):　$$p''_{a2} = \gamma_1 h_1 K_{a2} - 2c_2\sqrt{K_{a2}}$$

c 点:　$$p_{a3} = (\gamma_1 h_1 + \gamma_2 h_2)K_{a2} - 2c_2\sqrt{K_{a2}}$$

其中,$K_{a1} = \tan^2\left(45° - \dfrac{\varphi_1}{2}\right)$,$K_{a2} = \tan^2\left(45° - \dfrac{\varphi_2}{2}\right)$。

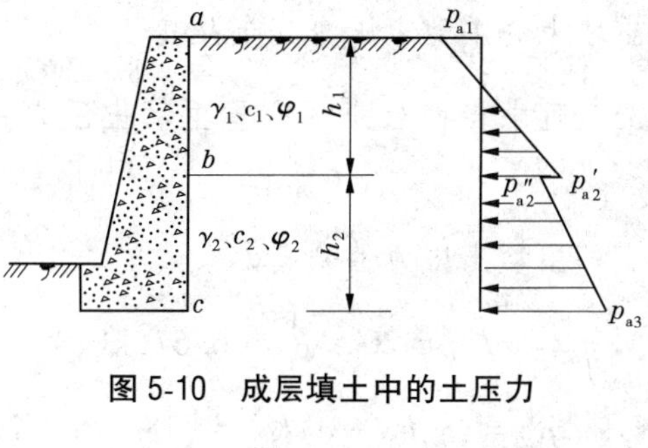

图 5-10　成层填土中的土压力

【例 5-2】 如图 5-11 所示,挡土墙高度为 7 m,墙背垂直光滑,填土顶面水平并作用有连续均布荷载 $q=15$ kPa。填土为黏性土,其主要物理力学指标 $\gamma=17\ \text{kN/m}^3$、$c=15$ kPa、$\varphi=20°$。试求主动土压力大小及其分布。

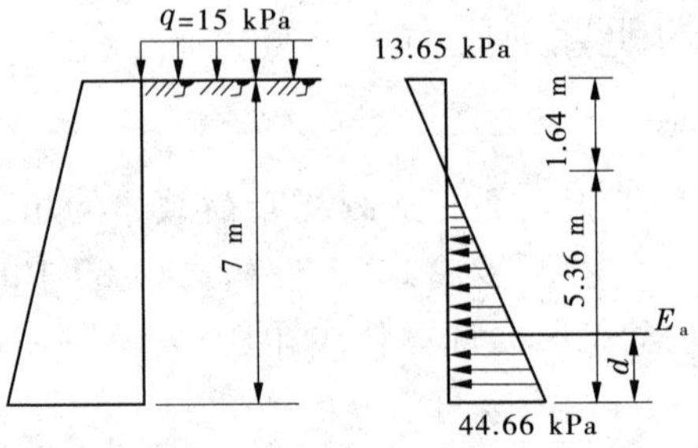

图 5-11 例 5-2 图

解:填土表面处的主动土压力值为

$$p_a=(\gamma z+q)\tan^2\left(45°-\frac{\varphi}{2}\right)-2c\tan\left(45°-\frac{\varphi}{2}\right)$$
$$=(17\times 0+15)\times\tan^2\left(45°-\frac{20°}{2}\right)-2\times 15\times\tan\left(45°-\frac{20°}{2}\right)$$
$$=15\times 0.49-2\times 15\times 0.7$$
$$=-13.65(\text{kPa})$$

由 $p_a=0$ 可求出临界深度 h_0,即

$$p_a=(\gamma h_0+q)\tan^2\left(45°-\frac{\varphi}{2}\right)-2c\tan\left(45°-\frac{\varphi}{2}\right)$$

令 $p_a=0$,有 $(17h_0+15)\times 0.49-2\times 15\times 0.7=0$,故得 $h_0=1.64$ m。

墙底处主动土压力值为

$$p_a=(17\times 7+15)\times 0.49-2\times 15\times 0.7=65.66-21=44.66(\text{kPa})$$

主动土压力分布如图 5-11 所示。

主动土压力合力 E_a 为土压力分布图形的面积,即

$$E_a=1/2\times(7-1.64)\times 44.66=119.69(\text{kN/m})$$

合力作用点距墙底距离 $d=1/3\times(7-1.64)=1.79(\text{m})$。

【例 5-3】 如图 5-12 所示,挡土墙墙后填土为两层砂土,其物理力学指标分别为 $\gamma_1=18\ \text{kN/m}^3$、$c_1=0$、$\varphi_1=30°$、$\gamma_2=20\ \text{kN/m}^3$、$c_2=0$、$\varphi_2=35°$,填土面上作用均布荷载 $q=20$ kPa。试用朗肯土压力公式计算挡土墙上的主动土压力分布及其合力。

解:由 $\varphi_1=30°$ 和 $\varphi_2=35°$,可求得两层土的朗肯主动土压力系数分别为:$K_{a1}=\dfrac{1}{3}$,$K_{a2}=0.271$。

于是可得挡土墙上各点的主动土压力值分别为

a 点: $$p_{a1}=qK_{a1}=20\times\frac{1}{3}=6.67(\text{kPa})$$

b 点上(在第 1 层土中): $$p'_{a2}=(\gamma_1 h_1+q)K_{a1}=(18\times 6+20)\times 0.333=42.6(\text{kPa})$$

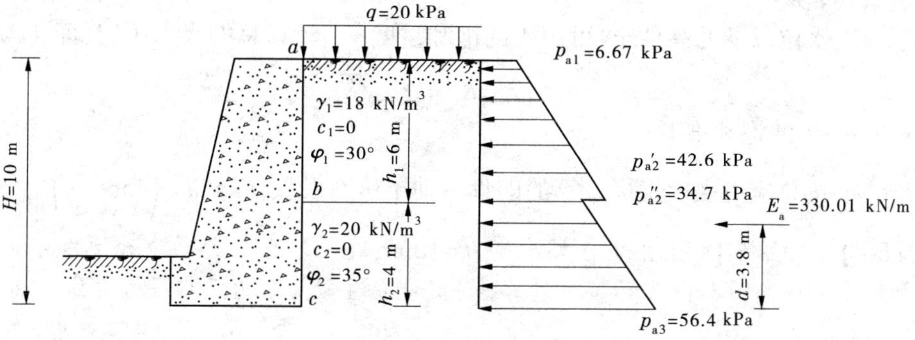

图 5-12　例 5-3 图

b 点下(在第 2 层土中):$p''_{a2}=(\gamma_1 h_1+q)K_{a2}=(18\times 6+20)\times 0.271=34.7(\text{kPa})$

c 点: $p_{a3}=(\gamma_1 h_1+\gamma_2 h_2+q)K_{a2}=(18\times 6+20\times 4+20)\times 0.271=56.4(\text{kPa})$

主动土压力分布如图 5-12 所示。由分布图可求得主动土压力合力 E_a 及其作用点位置。

$$E_a=6.67\times 6+\frac{1}{2}\times(42.6-6.67)\times 6+34.7\times 4+\frac{1}{2}\times(56.4-34.7)\times 4$$

$$=40.02+107.79+138.8+43.4=330.01(\text{kN/m})$$

合力 E_a 作用点距墙底距离为

$$d=\frac{1}{330.01}\times\left(40.02\times 7+107.79\times 6+138.8\times 2+43.4\times\frac{4}{3}\right)=3.8(\text{m})$$

5.3.4.3　挡土墙后填土中有地下水存在

挡土墙后填土常会有地下水存在,此时挡土墙除承受侧向土压力作用外,还受到水压力的作用。对地下水位以下部分的土压力,应考虑水的浮力作用,一般有水土分算和水土合算两种基本思路。对于砂土或粉土,可按水土分算的原则进行,即先分别计算土压力和水压力,然后将两者叠加;而对于黏性土,则可根据现场情况和工程经验,按水土分算或水土合算进行。下面简单介绍水土分算或水土合算的基本方法。

1. 水土分算法

采用有效重度 γ' 计算土压力,并同时计算静水压力,然后将两者叠加。对于黏性土和砂土,土压力分别为

$$p_a=\gamma' z K'_a-2c'\sqrt{K'_a} \tag{5-16}$$

$$p_a=\gamma' z K'_a \tag{5-17}$$

式中　γ'——土的有效重度;

K'_a——按有效应力强度指标计算的朗肯主动土压力系数,$K'_a=\tan^2\left(45°-\dfrac{\varphi'}{2}\right)$;

z——计算点处的深度,m;

c'——有效黏聚力,kPa;

φ'——有效内摩擦角,(°)。

在工程应用中,为简化起见,式(5-16)和式(5-17)中的有效应力强度指标 c' 和 φ' 常用总应力强度指标 c 和 φ 代替。

2. 水土合算法

对于地下水位以下的黏性土，可用土的饱和重度 γ_{sat} 计算总的水土压力，即

$$p_a = \gamma_{sat} z K_a - 2c\sqrt{K_a} \tag{5-18}$$

式中 γ_{sat}——土的饱和重度；

K_a——按总应力强度指标计算的朗肯主动土压力系数，$K_a = \tan^2\left(45° - \frac{\varphi}{2}\right)$。

【例 5-4】 如图 5-13 所示，挡土墙高度 $H = 10$ m，填土为砂土，墙后有地下水存在，填土的物理力学性质指标如图 5-13 所示。试计算挡土墙上的主动土压力及水压力的分布及其合力。

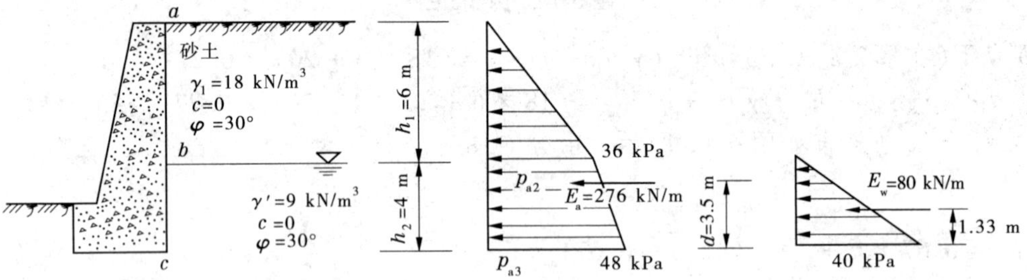

图 5-13 例 5-4 图

解：填土为砂土，按水土分算原则进行。朗肯主动土压力系数为

$$K_a = \tan^2\left(45° - \frac{\varphi}{2}\right) = \tan^2\left(45° - \frac{30°}{2}\right) = \frac{1}{3}$$

于是可得挡土墙上各点的主动土压力分别为

a 点：
$$p_{a1} = \gamma_1 z K_a = 0$$

b 点：
$$p_{a2} = \gamma_1 h_1 K_a = 18 \times 6 \times \frac{1}{3} = 36(\text{kPa})$$

由于水下土的 φ 值与水上土的 φ 值相同，故在 b 点处的主动土压力无突变现象。

c 点：
$$p_{a3} = (\gamma_1 h_1 + \gamma' h_2) K_a = (18 \times 6 + 9 \times 4) \times \frac{1}{3} = 48(\text{kPa})$$

主动土压力分布如图 5-13 所示，同时可求得其合力 E_a 为

$$E_a = \frac{1}{2} \times 36 \times 6 + 36 \times 4 + \frac{1}{2} \times (48 - 36) \times 4 = 108 + 144 + 24 = 276(\text{kN/m})$$

合力 E_a 作用点距墙底距离 d 为

$$d = \frac{1}{276} \times \left(108 \times 6 + 144 \times 2 + 24 \times \frac{4}{3}\right) = 3.5(\text{m})$$

此外，c 点水压力为

$$p_w = \gamma_w h_2 = 10 \times 4 = 40(\text{kPa})$$

作用在墙上的水压力合力 E_w 为

$$E_w = \frac{1}{2} \times 40 \times 4 = 80(\text{kN/m})$$

水压力合力 E_w 作用在距墙底 $h_2/3 = 4/3 = 1.33(\text{m})$ 处。

5.4　库仑土压力理论

5.4.1　基本原理和假定

库仑在 1776 年提出的土压力理论也是著名的古典土压力理论之一。由于其计算原理比较简明、适应性较广，特别是在计算主动土压力时有足够的精度，因此至今在工程上仍得到广泛的应用。

库仑土压力理论最早假定挡土墙墙后的填土是均匀的砂土，后来又推广到黏性土的情形。其基本假定是：当挡土墙背离土体移动或推向土体时，墙后土体达到极限平衡状态，其滑动面是通过墙脚 B 的平面 BC（见图 5-14），假定滑动土楔 ABC 是刚体，则根据土楔 ABC 的静力平衡条件，按平面问题可解得作用在挡土墙上的土压力。

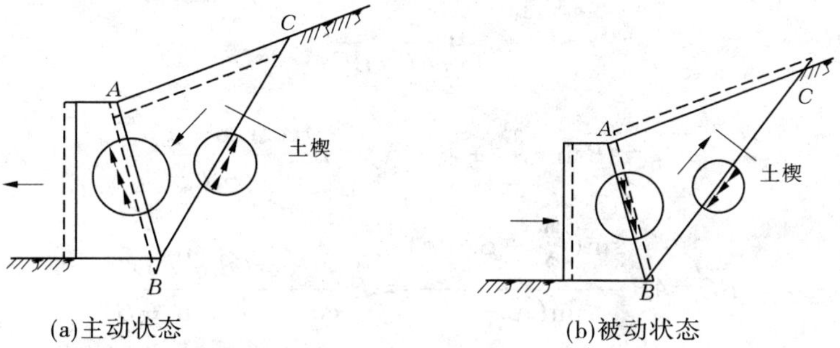

图 5-14　库仑土压力理论

5.4.2　库仑主动土压力计算

如图 5-15 所示，挡土墙墙背 AB 倾斜，与竖直线的夹角为 ε；填土表面 AC 是一倾斜平面，与水平面间的夹角为 β。当挡土墙在填土压力作用下离开填土向外移动时，墙后土体会逐渐达到主动极限平衡状态，此时土体中将产生两个通过墙脚 B 的滑动面 AB 及 BC。假定滑动面 BC 与水平面夹角为 α，取单位长度挡土墙进行分析。考虑滑动土楔 ABC 的静力平衡条件，则作用在其上的力有以下几个：

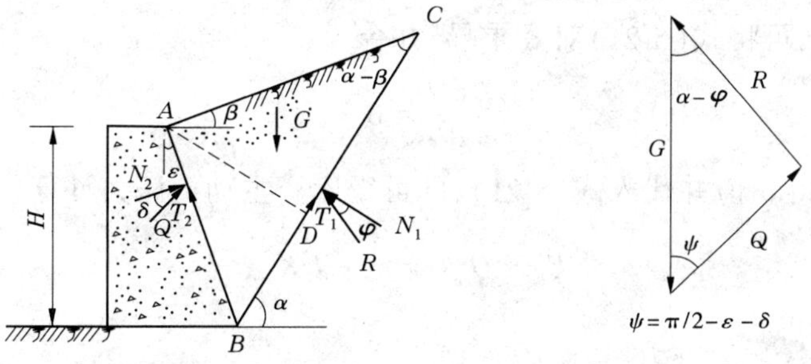

图 5-15　库仑主动土压力计算简图

(1) 土楔 ABC 的重力 G。若 α 值已知，则 G 的大小、方向及作用点位置均已知。

(2)土体作用在滑动面 BC 上的反力 R。R 是 BC 面上摩擦力 T_1 与法向反力 N_1 的合力,它与 BC 面法线间的夹角等于土的内摩擦角 φ。由于滑动土楔 ABC 相对于滑动面 BC 右边的土体是向下移动的,故摩擦力 T_1 的方向向上。R 的作用方向已知,大小未知。

(3)挡土墙对土楔的作用力 Q。它与墙背法线间的夹角等于墙背与填土间的摩擦角 δ。由于滑动土楔 ABC 相对于墙背是向下滑动的,故墙背在 AB 面上产生的摩擦力 T_2 的方向向上。Q 的作用方向已知,大小未知。

如图 5-15 所示,根据滑动土楔 ABC 的静力平衡条件,可绘出 G、R 和 Q 的力平衡三角形。由正弦定律得

$$\frac{G}{\sin[\pi-(\psi+\alpha-\varphi)]}=\frac{Q}{\sin(\alpha-\varphi)} \tag{5-19}$$

其中

$$\psi=\frac{\pi}{2}-\varepsilon-\delta$$

由图 5-15 可知

$$G=\frac{1}{2}\overline{AD}\cdot\overline{BC}\gamma$$

$$\overline{AD}=\overline{AB}\sin\left(\frac{\pi}{2}+\varepsilon-\alpha\right)=H\frac{\cos(\varepsilon-\alpha)}{\cos\varepsilon}$$

$$\overline{BC}=\overline{AB}\frac{\sin\left(\frac{\pi}{2}+\beta-\varepsilon\right)}{\sin(\alpha-\beta)}=H\frac{\cos(\beta-\varepsilon)}{\cos\varepsilon\cdot\sin(\alpha-\beta)}$$

$$G=\frac{1}{2}\gamma H^2\frac{\cos(\varepsilon-\alpha)\cdot\cos(\beta-\varepsilon)}{\cos^2\varepsilon\cdot\sin(\alpha-\beta)} \tag{5-20}$$

将式(5-20)代入式(5-19)得

$$Q=\frac{1}{2}\gamma H^2\left[\frac{\cos(\varepsilon-\alpha)\cdot\cos(\beta-\varepsilon)\cdot\sin(\alpha-\varphi)}{\cos^2\varepsilon\cdot\sin(\alpha-\beta)\cdot\cos(\alpha-\varphi-\varepsilon-\delta)}\right] \tag{5-21}$$

式中:γ、H、ε、β、δ、φ 均为常数,Q 随滑动面 BC 的倾角 α 而变化。当 $\alpha=\frac{\pi}{2}+\varepsilon$ 时,$G=0$,故 $Q=0$;当 $\alpha=\varphi$ 时,由式(5-21)知 $Q=0$。因此,当 α 在 $\frac{\pi}{2}+\varepsilon$ 和 φ 之间变化时,Q 存在一个极大值。这个极大值 $Q_{\max}$ 即为所求的主动土压力合力 E_{a}。

为求得 $Q_{\max}$ 值,可将式(5-21)对 α 求导,并令

$$\frac{dQ}{d\alpha}=0 \tag{5-22}$$

由式(5-22)解得 α 值并代入式(5-21),即可得库仑主动土压力计算公式为

$$E_a=Q_{\max}=\frac{1}{2}\gamma H^2K_a \tag{5-23}$$

其中

$$K_{a}=\frac{\cos^2(\varphi-\varepsilon)}{\cos^2\varepsilon\cdot\cos(\delta+\varepsilon)\left[1+\sqrt{\frac{\sin(\delta+\varphi)\cdot\sin(\varphi-\beta)}{\cos(\delta+\varepsilon)\cdot\cos(\varepsilon-\beta)}}\right]^2} \tag{5-24}$$

式中　γ、φ——挡土墙后填土的重度及内摩擦角；

H——挡土墙的高度；

ε——墙背与竖直线间夹角，当墙背俯斜时为正（见图 5-15），反之为负；

δ——墙背与填土间的摩擦角，与墙背面粗糙程度、填土性质、墙背面倾斜形状等有关，可由试验确定或参考经验数据确定；

β——填土面与水平面间的倾角；

K_a——库仑主动土压力系数，它是 ε、β、δ、φ 的函数，当 $\beta=0$ 时，K_a 值可由表 5-2 查得。

表 5-2　库仑主动土压力系数 $K_a(\beta=0)$

墙背倾斜情况	$\varepsilon/(°)$	$\delta/(°)$	K_a					
			$\varphi/(°)$					
			20	25	30	35	40	45
仰斜	−15	$\frac{1}{2}\varphi$	0.357	0.274	0.208	0.156	0.114	0.081
		$\frac{2}{3}\varphi$	0.346	0.266	0.202	0.153	0.112	0.079
	−10	$\frac{1}{2}\varphi$	0.385	0.303	0.237	0.184	0.139	0.104
		$\frac{2}{3}\varphi$	0.375	0.295	0.232	0.180	0.139	0.104
	−5	$\frac{1}{2}\varphi$	0.415	0.334	0.268	0.214	0.168	0.131
		$\frac{2}{3}\varphi$	0.406	0.327	0.263	0.211	0.168	0.131
竖直	0	$\frac{1}{2}\varphi$	0.447	0.367	0.301	0.246	0.199	0.160
		$\frac{2}{3}\varphi$	0.438	0.361	0.297	0.244	0.200	0.162
俯斜	+5	$\frac{1}{2}\varphi$	0.482	0.404	0.338	0.282	0.234	0.193
		$\frac{2}{3}\varphi$	0.450	0.398	0.335	0.282	0.236	0.197
	+10	$\frac{1}{2}\varphi$	0.520	0.444	0.378	0.322	0.273	0.230
		$\frac{2}{3}\varphi$	0.514	0.439	0.377	0.323	0.277	0.237
	+15	$\frac{1}{2}\varphi$	0.564	0.489	0.424	0.368	0.318	0.274
		$\frac{2}{3}\varphi$	0.559	0.486	0.425	0.371	0.325	0.284
	+20	$\frac{1}{2}\varphi$	0.615	0.541	0.476	0.463	0.370	0.325
		$\frac{2}{3}\varphi$	0.611	0.540	0.479	0.474	0.381	0.340

如果填土面水平（$\beta=0$）、墙背竖直（$\varepsilon=0$）及墙背光滑（$\delta=0$），由式（5-24）可得

$$K_a=\frac{\cos^2\varphi}{(1+\sin\varphi)^2}=\frac{1-\sin^2\varphi}{(1+\sin\varphi)^2}=\frac{1-\sin\varphi}{1+\sin\varphi}=\tan^2(45°-\frac{\varphi}{2}) \tag{5-25}$$

式（5-25）即为库仑主动土压力系数的表达式。可见，在某种特定条件下，两种土压力理

论得到的结果是一致的。

由式(5-23)可以看出,主动土压力合力 E_a 是墙高 H 的二次函数。将式(5-23)中的 E_a 对 z 求导,可得

$$p_a = \frac{dE_a}{dz} = \frac{d}{dz}\left(\frac{1}{2}\gamma z^2 K_a\right) = \gamma z K_a \tag{5-26}$$

可见,主动土压力 p_a 沿墙高按直线规律分布。由图5-16还可以看出,作用在墙背上的主动土压力合力 E_a 的作用方向与墙背法线成 δ 角,与水平面成 θ 角,其作用点在墙高的1/3处。可以将合力 E_a 分解为水平分力 E_{ax} 和竖向分力 E_{ay} 两部分,则 E_{ax} 和 E_{ay} 都是线性分布,即

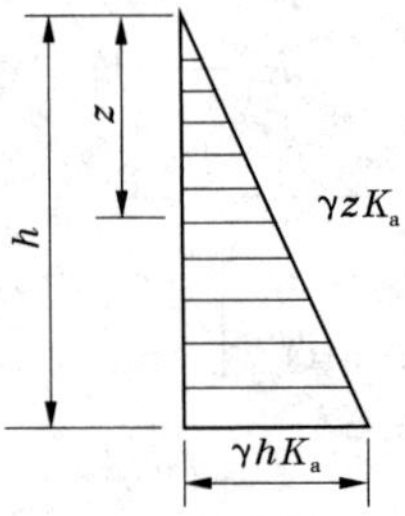

图5-16 库仑主动土压力分布

$$E_{ax} = E_a\cos\theta = \frac{1}{2}\gamma H^2 K_a\cos\theta \tag{5-27}$$

$$E_{ay} = E_a\sin\theta = \frac{1}{2}\gamma H^2 K_a\sin\theta \tag{5-28}$$

式中 θ——E_a 与水平面的夹角,且 $\theta=\varepsilon+\delta$。

【例5-5】 如图5-17所示,已知某挡土墙墙高 $H=5$ m,墙背倾角 $\varepsilon=10°$,填土为细砂,填土面水平($\beta=0$),填土重度 $\gamma=19$ kN/m³,内摩擦角 $\varphi=30°$,墙背与填土间的摩擦角 $\delta=15°$。试按库仑土压力理论计算作用在墙上的主动土压力合力,并与朗肯土压力理论的计算结果进行比较。

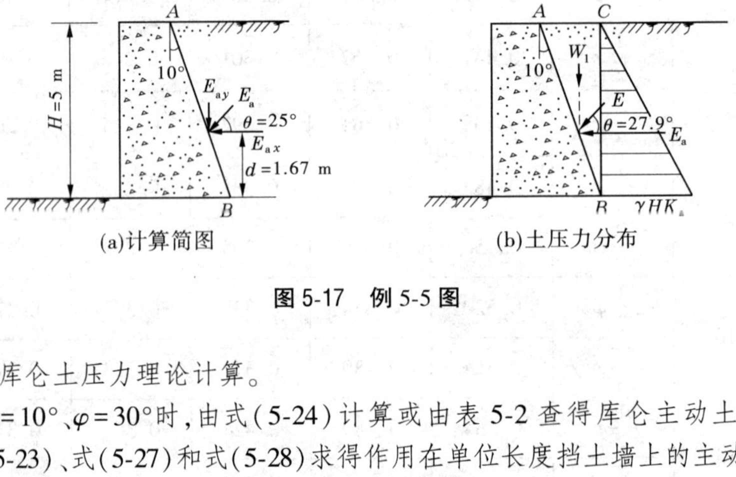

图5-17 例5-5图

解:(1)按库仑土压力理论计算。

当 $\beta=0$、$\varepsilon=10°$、$\varphi=30°$ 时,由式(5-24)计算或由表5-2查得库仑主动土压力系数 $K_a=0.378$。由式(5-23)、式(5-27)和式(5-28)求得作用在单位长度挡土墙上的主动土压力合力为

$$E_a = \frac{1}{2}\gamma H^2 K_a = \frac{1}{2}\times 19\times 5^2\times 0.378 = 89.78(\text{kN/m})$$

$$E_{ax} = E_a\cos\theta = 89.78\times\cos(15° + 10°) = 81.37(\text{kN/m})$$

$$E_{ay} = E_a\sin\theta = 89.78\times\sin(15° + 10°) = 37.94(\text{kN/m})$$

主动土压力合力 E_a 的作用点位置距墙底距离为

$$d = H/3 = 5/3 = 1.67(\text{m})$$

(2)按朗肯土压力理论计算。

如前所述,朗肯主动土压力计算公式[式(5-9)]适应于墙背竖直($\varepsilon=0$)、墙背光滑($\delta=0$)和填土面水平($\beta=0$)的情况,与本例题($\varepsilon=10°$、$\delta=15°$)的情况有所不同。但也可以作如

下的近似计算：从墙脚 B 点作竖直面 BC，用朗肯主动土压力公式计算作用在 BC 面上的主动土压力 E_a，假定作用在墙背 AB 上的主动土压力为 E_a 与土体 ABC 重力 W_1 的合力[见图 5-17(b)]。由 $\varphi=30°$ 求得朗肯主动土压力系数 $K_a=\frac{1}{3}$。按式(5-9)求作用在 BC 上的主动土压力 E_a 为

$$E_a=\frac{1}{2}\gamma H^2K_a=\frac{1}{2}\times 19\times 5^2\times\frac{1}{3}=79.17(\text{kN/m})$$

土体 ABC 的重力 W_1 为

$$W_1=\frac{1}{2}\gamma H^2\tan\varepsilon=\frac{1}{2}\times 19\times 5^2\times\tan 10°=41.88(\text{kN/m})$$

合力 E_a 与水平面夹角 θ 为

$$\theta=\arctan\frac{W_1}{E_a}=\arctan\frac{41.88}{79.17}=27.9°$$

可以看出，用朗肯土压力理论近似计算的土压力合力与库仑土压力理论计算结果是比较接近的。

5.4.3　库仑被动土压力计算

如图 5-18 所示，当挡土墙在外力作用下推向填土，直至墙后土体达到被动极限平衡状态时，墙后土体将出现通过墙脚的两个滑动面 AB 和 BC。由于滑动土体 ABC 向上挤出隆起，故滑动面 AB 和 BC 上的摩阻力 T_2 及 T_1 作用方向向下，与主动平衡状态时的情形正好相反，根据滑动土体 ABC 的静力平衡条件，可给出其力平衡三角形。由正弦定律可得

$$Q=G\frac{\sin(\alpha+\varphi)}{\sin\left(\frac{\pi}{2}+\varepsilon-\delta-\alpha-\varphi\right)} \tag{5-29}$$

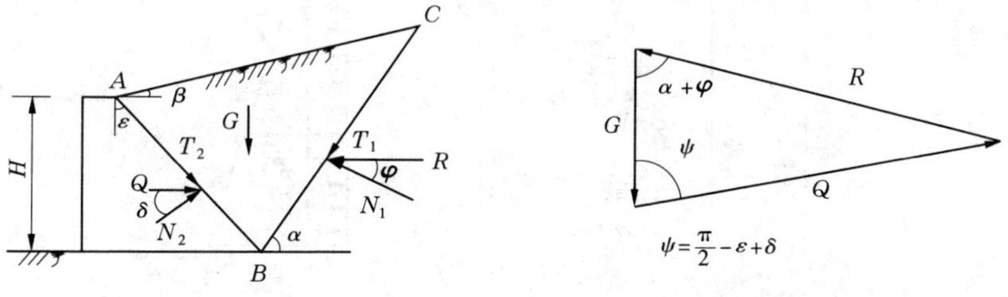

(a)计算模型　　(b)力平衡三角形

图 5-18　库仑被动土压力计算简图

由式(5-29)可知，在其他参数不变的条件下，抵抗力 Q 值随滑动面 BC 的倾角 α 而变化。事实上，当挡土墙推向填土时，最危险滑动面上的抵抗力应该是其中的最小值 Q_{min}，即作用在墙背上的被动土压力。为了求得 Q_{min}，同样可对式(5-29)求导数，并令

$$\frac{dQ}{d\alpha}=0 \tag{5-30}$$

由式(5-30)解得 α 值,并代入式(5-29),可得库仑被动土压力 E_p 的计算公式为

$$E_p = Q_{min} = \frac{1}{2}\gamma H^2 K_p \tag{5-31}$$

$$K_p = \frac{\cos^2(\varphi + \varepsilon)}{\cos^2\varepsilon \cdot \cos(\varepsilon - \delta)\left[1 - \sqrt{\dfrac{\sin(\delta + \varphi) \cdot \sin(\varphi + \beta)}{\cos(\varepsilon - \delta) \cdot \cos(\varepsilon - \beta)}}\right]^2} \tag{5-32}$$

式中　K_p——库仑被动土压力系数。

库仑被动土压力合力 E_p 的作用方向与墙背法线成 δ 角。由式(5-31)可以看出,被动土压力合力 E_p 也是墙高 H 的二次函数。将式(5-31)中的 E_p 对 z 求导数可得

$$p_p = \frac{dE_p}{dz} = \frac{d}{dz}\left(\frac{1}{2}\gamma z^2 K_p\right) = \gamma z K_p \tag{5-33}$$

式(5-33)表明,被动土压力 p_p 沿墙高为线性分布。

5.4.4 几种特殊情况下的库仑土压力计算

5.4.4.1 地面荷载作用下的库仑主动土压力计算

挡土墙后的土体表面常作用有不同形式的荷载,从而使作用在墙背上的主动土压力有所增大。考虑最简单的情况,即土体表面作用有均布荷载 q(见图 5-19)。此时,可首先将均布荷载 q 换算为土体的当量厚度 $h_0 = q/\gamma$(γ 为土体的重度),以此确定假想中的墙顶 A' 点,然后根据无地面荷载作用时的情况求出土压力强度及总土压力,具体步骤如下:

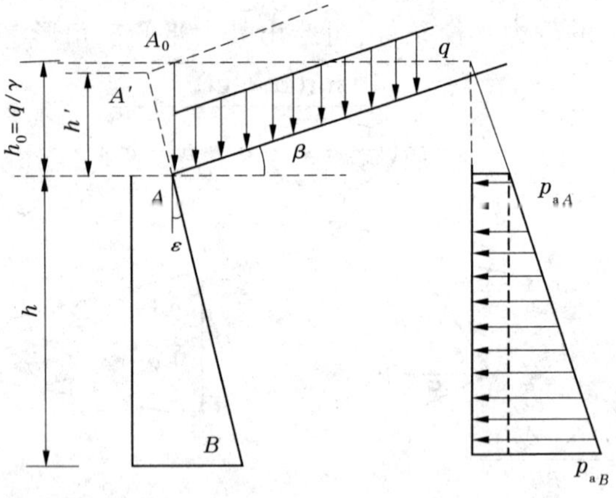

图 5-19　地面荷载作用下的库仑主动土压力

在三角形 $AA'A_0$ 中,由几何关系可得

$$AA' = h_0 \frac{\cos\beta}{\cos(\varepsilon - \beta)} \tag{5-34}$$

AA'在竖向的投影为

$$h' = AA'\cos\varepsilon = \frac{q}{\gamma}\frac{\cos\varepsilon \cdot \cos\beta}{\cos(\varepsilon - \beta)} \tag{5-35}$$

故在墙顶 A 点处有

$$p_{aA}=\gamma h' K_a \tag{5-36}$$

在墙底 B 点处有

$$p_{aB}=\gamma(h+h')K_a \tag{5-37}$$

于是可得墙背 AB 上的总土压力为

$$E_a=\gamma h(\frac{1}{2}h+h')K_a \tag{5-38}$$

5.4.4.2　成层土体中库仑主动土压力计算

如图 5-20 所示，假设各层土的分界面与土体表面平行。求下层土的土压力强度时，可将上面各层土的土重看成均布荷载的作用。各点的土压力强度如下：

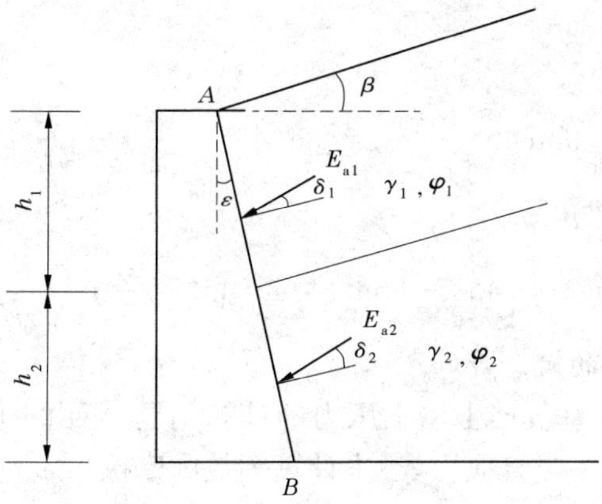

图 5-20　成层土体中库仑主动土压力

在第 1 层土顶面处：$p_a=0$。

在第 1 层土底面处：$p_a=\gamma_1 h_1 K_{a1}$。

将 $\gamma_1 h_1$ 的土重换算为第 2 层土的当量土厚度，即

$$h'=\frac{\gamma_1 h_1}{\gamma_2}\frac{\cos\varepsilon\cdot\cos\beta}{\cos(\varepsilon-\beta)} \tag{5-39}$$

在第 2 层土顶面处：　$$p_a=\gamma_2 h_1' K_{a2} \tag{5-40}$$

在第 2 层土底面处：　$$p_a=\gamma_2(h_1'+h_2)K_{a2} \tag{5-41}$$

式中　K_{a1}、K_{a2}——第 1 层、第 2 层土的库仑主动土压力系数；

γ_1、γ_2——第 1 层、第 2 层土的重度，kN/m^3。

每层土的总土压力 E_{a1}、E_{a2} 的大小等于土压力分布图形的面积，作用方向与 AB 法线方向成 δ_1、δ_2 角（δ_1、δ_2 分别为第 1 层、第 2 层土与墙背之间的摩擦角），作用点位于各层土压力分布图的中心处。

5.4.4.3　黏性土中库仑主动土压力计算

如前所述，库仑土压力最早是基于填土为砂土的假定，但在实际工程中无论是一般的挡土结构，还是基坑工程中的支护结构，墙背后面的土体大多为黏性土、粉质黏性土等具有一定黏聚力的填土，所以将库仑土压力理论推广到黏性土中是十分必要的。为此，有学者提出

等效内摩擦角的概念，在此基础上建立相应的计算公式。所谓等效内摩擦角，就是将黏性土的黏聚力作用折算成内摩擦角。等效内摩擦角可用 φ_D 表示。下面是工程中常采用的两种等效内摩擦角 φ_D 的确定方法。

1. 根据土压力相等的概念计算

假定挡土墙墙背竖直、光滑，墙后填土面水平。由朗肯主动土压力计算公式可知，墙后填土有黏聚力存在时的主动土压力合力为

$$E_{a1} = \frac{1}{2}\gamma H^2 \tan^2(45^\circ - \frac{\varphi}{2}) - 2cH\tan(45^\circ - \frac{\varphi}{2}) + \frac{2c^2}{\gamma} \tag{5-42}$$

如果按等效内摩擦角的概念（无黏聚力）计算，则有

$$E_{a2} = \frac{1}{2}\gamma H^2 \tan^2(45^\circ - \frac{\varphi_D}{2})$$

令 $E_{a1} = E_{a2}$，即可得

$$\tan(45^\circ - \frac{\varphi_D}{2}) = \tan(45^\circ - \frac{\varphi}{2}) - \frac{2c}{\gamma H}$$

于是，可得等效内摩擦角 φ_D 为

$$\varphi_D = 2 \times \left\{45^\circ - \arctan\left[\tan(45^\circ - \frac{\varphi}{2}) - \frac{2c}{\gamma H}\right]\right\} \tag{5-43}$$

2. 根据抗剪强度相等的概念计算

对于图 5-21 所绘出的基坑挡土墙土压力的计算问题，可由土的抗剪强度包线，通过作用在基坑底面标高上的土中竖直应力 σ_v 来计算等效内摩擦角 φ_D，即有

$$\varphi_D = \arctan(\tan\varphi + \frac{c}{\sigma_v}) \tag{5-44}$$

式中 σ_v——竖直应力；

c——黏聚力；

φ——内摩擦角。

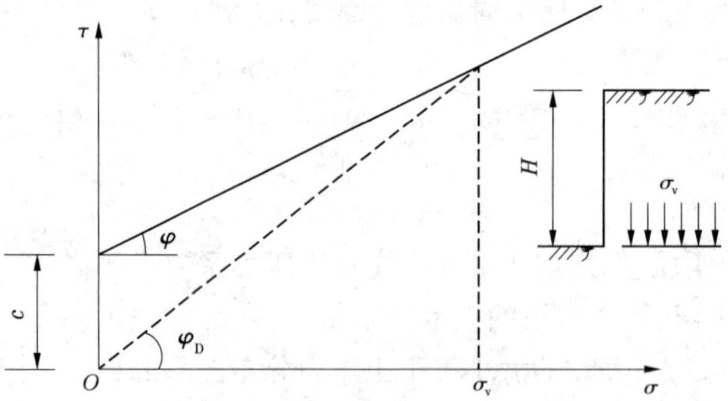

图 5-21 等效内摩擦角的计算

需要指出，等效内摩擦角的概念只是一种简化的工程处理方法，其物理意义并不明确，计算土压力时有时会产生较大的误差，所以也有采用图解法进行计算的。

5.5　关于土压力计算的讨论

5.5.1　朗肯土压力理论与库仑土压力理论的比较

朗肯土压力理论和库仑土压力理论均属于极限状态土压力理论，即它们所计算出的土压力均是墙后土体处于极限平衡状态下的主动土压力或被动土压力。但这两种理论在具体分析时，分别根据不同的假定来计算挡土墙背后的土压力，两者只有在最简单的情况下（$\varepsilon=0$、$\beta=0$、$\delta=0$）才有相同的理论推导结果。

朗肯土压力理论应用半空间中的应力状态和极限平衡状态理论，从土中一点的极限平衡条件出发，首先求出作用在挡土墙竖直面上的土压力强度及其分布形式，然后计算作用在墙背上的总土压力。其概念比较明确，公式简单，黏性土和无黏性土都可以直接计算，故在工程中得到广泛应用。但由于该理论假设墙背直立、光滑、墙后填土水平并延伸至无穷远，因此其应用范围受到很大限制。由于这一理论不考虑墙背与填土之间摩擦作用的影响，故其主动土压力计算结果偏大，而被动土压力计算结果偏小。

库仑土压力理论根据墙后滑动土楔的整体静力平衡条件推导土压力计算公式，先求作用在墙背上的总土压力，需要时再计算土压力强度及其分布形式。该理论考虑了墙背与土体之间的摩擦力，并可用于墙背倾斜、填土面倾斜的复杂情况。但由于它假设填土是无黏性土，因此不能用库仑土压力理论的原公式直接计算黏性土的土压力，尽管后来又发展了许多改进的方法，但一般均较复杂。此外，库仑土压力理论假设墙后填土破坏时，破裂面是一平面，而实际上却是一曲面，因此其计算结果与实际情况有较大差别（见图 5-22）。工程实践表明，在计算主动土压力时，只有当墙背的倾斜程度不大、墙背与填土间的摩擦角较小时，破裂面才接近于一个平面。一般情况下，这种偏差在计算主动土压力时为 2%～10%，可以认为其精度满足实际工程的需要。但在计算被动土压力时，由于破裂面接近对数螺旋线，因此计算结果误差较大，有时可达 2～3 倍，甚至更大。

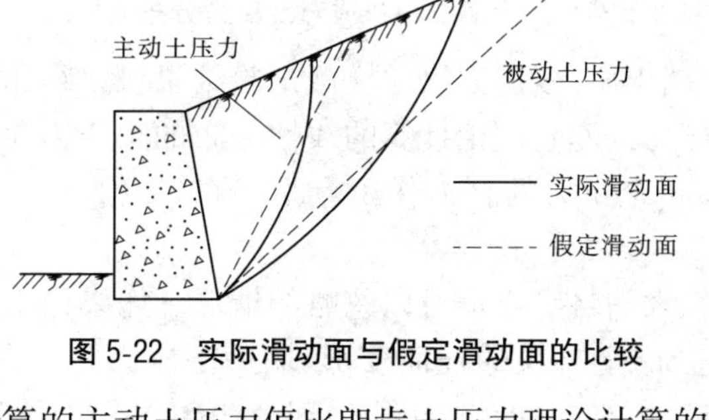

图 5-22　实际滑动面与假定滑动面的比较

库仑土压力理论计算的主动土压力值比朗肯土压力理论计算的结果略小。但在朗肯土压力理论中，侧压力的合力平行于挡土墙后的土坡，而库仑土压力理论由于考虑了挡土墙摩擦的影响，侧压力合力的倾角更大一些。总体而言，利用朗肯土压力理论计算结果评价挡土墙稳定性时偏于安全的一面。需要指出，在实际工程中应根据不同的边界条件和土的性质条件选择合适的计算理论。

5.5.2 土压力的实际分布规律

5.5.2.1 土压力沿挡土墙高度的分布

朗肯土压力理论和库仑土压力理论都假定墙背土压力随深度呈线性分布，但从一些室内模拟试验和现场观测资料来看，实际情况较为复杂。事实上，土压力的大小及沿墙高的分布规律与挡土墙的形式和刚度、挡土墙表面的粗糙程度、墙背面边坡的开挖坡度、填土的性质、挡土墙的位移方式等因素密切相关。

即使对形状较为简单的刚性挡土墙而言，土压力沿墙高的分布也与挡土墙的位移方式有较大的关系。一般地，当挡土墙以墙踵为中心，偏离填土的方向相对转动时，才满足前述朗肯土压力理论的极限平衡假定，此时墙背面的土压力沿墙高的分布为三角形分布[见图 5-23(a)]，其值为 $K_a\gamma z$；当挡土墙以墙顶为中心，偏离填土方向相对转动，而土体上端不动，则此处附近土压力与静止土压力 $K_0\gamma z$ 接近，下端向外变形很大，土压力应该比主动土压力 $K_a\gamma z$ 还小很多，墙背面土压力沿墙高的分布为非线性分布[见图 5-23(b)]；当挡土墙偏离填土方向水平位移时，上端附近土压力处于静止土压力 $K_0\gamma z$ 和主动土压力 $K_a\gamma z$ 之间，而下端附近土压力比主动土压力 $K_a\gamma z$ 还要小，挡土墙背面的土压力分布为非线性分布[见图 5-23(c)]；当挡土墙以墙中为中心，向填土方向相对转动时，上端墙体挤压土体，土压力分布与被动土压力 $K_p\gamma z$ 接近，而下端附近墙壁外移，土压力比主动土压力 $K_a\gamma z$ 还要小，墙背面土压力沿墙高的分布为曲线分布[见图 5-23(d)]。

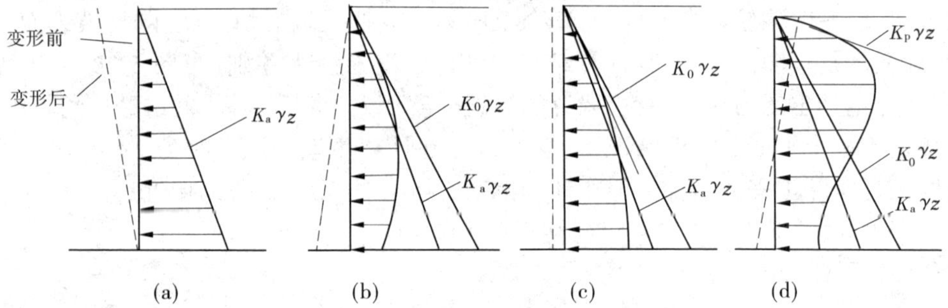

图 5-23 挡土墙位移方式对土压力分布的影响

此外，对于一般刚性挡土墙，根据大尺寸模型试验结果可以得出两个基本结论：一是曲线分布的实测土压力总值与按库仑理论计算的线性分布的土压力总值近似相等；二是当墙后填土为平面时，曲线分布土压力的合力作用点距墙底高度为(0.40~0.43)H 处(H 为墙高)。

以上为挡土墙刚度较大而自身变形可以忽略的情形。如果挡土墙刚度较小(如各类板桩墙)，则其受力过程中会产生自身的挠曲变形，墙后土压力分布图形呈不规则的曲线分布，也不适宜按刚性挡土墙所推导的经典土压力理论计算公式进行计算，具体计算方法可参见有关文献。

5.5.2.2 土压力沿挡土墙长度的分布

朗肯土压力理论和库仑土压力理论均将挡土墙作为平面问题来考虑，即取无限长挡土墙中的单位长度来研究。实际上，所有挡土墙的长度都是有限的，作用在挡土墙上的土压力随其长度而变化，即作用在中间断面上的土压力与作用在两端断面上的土压力有明显的不同，是一个空间问题。这种性质与挡土墙墙背面填土的破坏机制有关，当挡土墙在填土或外力作用下产生一定位移时，墙背面填土中形成两个不同的应力区。其中，随同墙体位移的这一部分土体处于塑性应力状态，远离墙体未产生位移的土体则保持弹性应力状态。处于两个应力区域之间的土体虽未产生明显的变形，但由于受到随同墙体变形土体的影响，在靠近产生较大变形的土体部分产生应力松弛现象，并逐步过渡到弹性应力状态，从而形成一个过渡区域。

对于松散的土介质，应力的传递主要依靠颗粒接触面间的相互作用来进行。在过渡区内，当介质的一个方向产生微小变形或应力松弛时，与之正交的另一个方向就极易形成较强的卸荷拱作用，并且随土体变形的增长而更为明显。当变形达到一定值后，土体中的拱作用得到充分发挥，最终形成所谓的极限平衡拱。这样，在平衡拱范围内的土体随同墙体产生明显的变形，而在平衡拱以外的土体并未由于墙体的位移而产生明显的变形。

当平衡拱土柱随同墙体向前产生较大的位移时，由于受到底部地基的摩擦阻力作用，土柱的底面形成一曲线形的滑动面，即在墙背面形成一个截柱体形的滑裂土体，从而使作用在挡土墙上的土压力沿长度方向呈现对称的分布规律。对于长度较短的挡土墙，卸荷拱作用非常明显，必须考虑它的空间效应问题。

5.5.3　土压力随时间的变化

前面已经指出，土体需要满足一定的位移量才可以达到极限平衡状态。在静力计算中，一般很难估算位移量的大小，故在挡土结构设计时一般不考虑位移量的大小，也不考虑时间对土压力的影响，但实际上土压力常常随时间而变化。当挡土结构物背后填土受到的剪应力大于或等于土本身的屈服强度时，填土就开始蠕变。这时，如挡土结构物以同样的变形速率向外移动，则挡土结构物上的土压力为最小，此时填土的抗剪强度得到充分发挥。同样，如果挡土结构物以同样的速度向内移动，则挡土结构物的土压力为最大。

填土方法和填料颗粒性质对挡土墙上的土压力有重要影响。若填料采用未压实的粗粒土，则经过较长时间后，土压力与主动土压力理论值一致。若挡土墙背后填土经过压实，则最终土压力可能达到或超过静止土压力。从理论上讲，将土料压实是一种常见的用来增大内摩擦角以减小主动土压力系数的方法。但逐层填筑和压实会引起侧向挤压，使挡土墙随填土高度的增加而逐渐偏转，挡土墙建成后不再可能发生主动状态所需的位移，故即使挡土墙发生位移而使土压力减小到主动土压力理论值，其后土压力仍将随时间增大并趋于静止土压力值。

松弛现象对土压力也有一定的影响。在挡土结构物背后填土后，如果挡土结构物的位移保持不变，则土的蠕变变形受到限制，其抗剪强度得不到充分发挥。这时，土体内的应力将产生松弛现象，即作用在挡土结构物上的主动土压力将随时间而增大，并逐渐达到静止土压力状态。

当挡土结构物位移停止时，土的蠕变变形速率越小，土的应力松弛作用也越小；反之，土的蠕变变形速率越大，土的应力松弛作用也越大。土的应力松弛程度与土的性质有关，如硬黏土的应力松弛程度一般小于软黏土的应力松弛程度。有研究表明，硬黏土在 3 d 内，应力松弛约为起始值的 55%，软黏土则应力松弛到 0。

总之,朗肯土压力理论和库仑土压力理论都属于经典土压力理论,是忽略次要因素抓住主要矛盾建立起来的相对简洁实用的土压力理论。我们知道,矛盾的主要方面和次要方面的地位在一定条件下是可以相互转化的,随着我们研究问题的侧重点和讨论问题的精细化程度的不同,我们需要考虑土压力更精细的分布规律和随时间的改变规律,此时便不能只拘泥于经典土压力理论。

5.6 挡土墙结构

5.6.1 挡土墙的类型及特点

挡土墙就其结构形式可分为以下几个主要类型:重力式挡土墙、悬臂式挡土墙、扶壁式挡土墙及锚杆挡土墙、锚定板挡土墙、土工织物挡土墙等。

5.6.1.1 重力式挡土墙

重力式挡土墙如图 5-24(a)所示,墙面暴露于外,墙背可以做成倾斜和垂直的。墙基的前缘称为墙趾,后缘称为墙踵。重力式挡土墙通常由块石或混凝土砌筑而成,因此墙体抗拉强度较小,作用于墙背的土压力所引起的倾覆力矩全靠墙身自重产生的抗倾覆力矩来平衡。重力式挡土墙具有结构简单、施工方便、就地取材等优点,是工程中应用较广泛的一种形式。

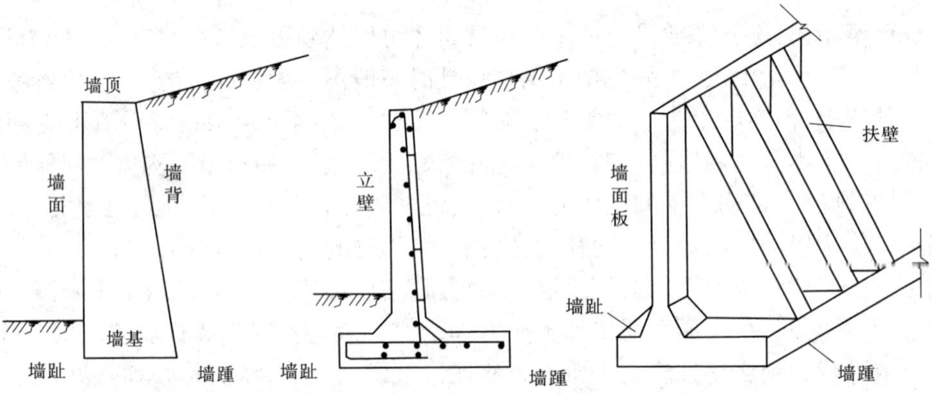

(a)重力式挡土墙　　(b)悬臂式挡土墙　　(c)扶壁式挡土墙

图 5-24　挡土墙主要类型

5.6.1.2 悬臂式挡土墙

悬臂式挡土墙一般由钢筋混凝土建造,它由三个悬臂板组成,即立壁、墙趾悬臂和墙踵悬臂,如图 5-24(b)所示。墙的稳定性主要靠墙踵底板上的土重,而墙体内的拉应力则由钢筋承担。因此,这类挡土墙的优点是能充分利用钢筋混凝土的受力特性,墙体截面面积较小。在市政工程以及厂矿储库中广泛应用这种挡土墙。

5.6.1.3 扶壁式挡土墙

当墙后填土比较高时,为了增强悬臂式挡土墙中立壁的抗弯能力,常沿墙的纵向每隔一定距离设一道扶壁,故称为扶壁式挡土墙,如图 5-24(c)所示。

5.6.2　挡土墙的设计

挡土墙的设计主要包括以下工作：

(1)根据地形、荷载条件及平面布置,结合当地经验和现场地质条件,初步选定挡土墙的体形和尺寸。

(2)进行挡土墙的验算。

(3)做好排水设施。若设计的挡土墙有挡水要求,必须做好排水设施。排水不良,大量雨水将使墙后侧压力增大,土的抗剪强度降低,造成挡土墙的破坏。

(4)控制填土质量。挡土墙的回填土料应尽量选择透水性较大的土,如砂土、砾石、碎石等;不应采用淤泥、耕植土、膨胀性黏土等作为填料。填土时应分层夯实。

5.6.3　挡土墙的计算

挡土墙的计算通常包括下列内容:稳定性验算,包括抗倾覆和抗滑移稳定验算;地基的承载力验算;墙身强度验算。

5.6.3.1　抗倾覆和抗滑移稳定验算

挡土墙的稳定性应满足以下要求：

(1)抗倾覆安全系数：

$$K_q = \frac{Wb + E_z a}{E_x h} \geqslant 1.6 \tag{5-45}$$

(2)抗滑移安全系数：

$$K_b = \frac{(W + E_z)\mu}{E_x} \geqslant 1.3 \tag{5-46}$$

式中　W——挡土墙每延米自重,kN/m;

E_z、E_x——主动土压力 E_a 的垂直分量和水平分量;kN/m;

a、h、b——E_z、E_x、W 对墙趾的力臂,m;

μ——基底摩擦系数,由试验确定,当缺乏试验资料时,可按表 5-3 采用。

表 5-3　土对挡土墙基底的摩擦系数 μ

土的类别		摩擦系数 μ
黏性土	可塑	0.20~0.30
	硬塑	0.30~0.35
	坚硬	0.35~0.45
粉土		0.30~0.40
中砂、粗砂、砾砂		0.40~0.50
碎石类土		0.40~0.60
软质岩		0.40~ 0.60
表面粗糙的硬质岩		0.65~0.75

5.6.3.2 **地基的承载力验算**

地基的承载力验算一般与偏心荷载作用下基础的计算方法相同。

5.6.3.3 **墙身强度验算**

墙身强度验算应根据墙身材料分别按砌体结构、素混凝土结构或钢筋混凝土结构的有关计算方法进行。

5.7 土坡稳定

土坡是指具有倾斜坡面的土体,土坡简单的外形和各部位名称如图 5-25 所示。

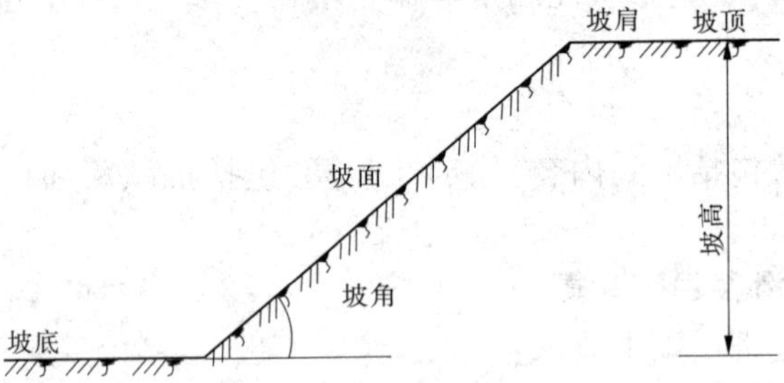

图 5-25 土坡的简单外形和各部位名称

由地质作用在自然条件下形成的土坡,称为天然土坡,如山坡、江河的边坡或岸坡等;由人工填筑或开挖而形成的土坡,称为人工土坡,如基坑、路堑、基槽、土坝、路堤等的边坡。土坡滑动又称为滑坡或土坡失稳,是指土坡在一定范围内整体地沿某一滑动面向下和向外移动而丧失其稳定性。土体自重及水的渗透力等各种因素会在坡体内引起剪应力,如果剪应力大于其作用方向上的抗剪强度,则土体产生剪切破坏。所以,土坡稳定分析是土的抗剪强度理论在实际工程中运用的一个范例。土坡发生滑动的根本原因在于土坡体内部某个面上的剪应力达到了该面上的抗剪强度,土体的稳定平衡遭到破坏。土坡失稳具体表现如下:

(1)坡体中剪应力的增大。在坡顶堆载或修筑建筑物使坡顶荷载增加,降水使土体的自重增大,渗透引起的动水压力及土裂缝中的静水压力等,地下水位面大幅度下降导致土体内有效应力增大或因打桩、地震、爆破等振动引起的动力荷载都会导致坡体内部剪应力增大。

(2)坡体中抗剪强度的降低。自然界气候变化引起土体干裂和冻融,黏土夹层因雨水的浸入而软化,膨胀土反复胀缩及黏性土的蠕变效应或因振动使土的结构破坏或孔隙水压力升高等都会导致土的抗剪强度降低。

土坡稳定分析具有以下目的:验算所拟订的土坡是否稳定、合理或根据给定的土坡高度、土的性质等已知条件设计出合理的土坡断面(主要是安全的坡角);对一旦滑坡会对人民生命财产造成危害或造成重大经济损失的天然土坡进行稳定性分析,研究其潜在的滑动面位置,给出安全性评价及相应的加固措施;对人工土坡还应采取必要的工程措施,加强工程管理,以消除某些可能导致滑坡的不利因素,确保土坡的安全。

本节主要介绍简单土坡稳定分析的基本原理。简单土坡是指土坡的坡度不变,顶面和底面水平,且土质均匀,无地下水等其他因素影响的土坡。土坡失稳时滑动面的形状要具体分析。呈散粒体的均质无黏性土土坡,其滑动面常接近一平面;均质黏性土土坡的滑动面通常是一光滑的曲面,该曲面底部曲率大、形状平滑,靠近坡顶曲率半径较小,近乎垂直于坡顶。经验表明,在稳定分析中,所假设的滑动面的形状对安全系数高低影响不大。为方便起见,一般假设均质黏性土土坡破坏时的滑动面为一圆柱面,它在横断面上的投影就是一个圆弧,即滑动面是圆弧。对于非均质的多层土或含软弱夹层的土坡,往往沿着软弱夹层的层面发生滑动,此时整个土坡的滑动面常常是由直线和曲线组合而成的不规则滑动面。

5.7.1　无黏性土土坡稳定分析

如图 5-26 所示为一坡角为 β 的均质无渗透力作用的无黏性土土坡。对于这种情况,无论是在干坡还是完全浸水条件下,由于无黏性土土粒间无黏聚力,只有摩擦力,因此只要位于坡面上的土单元能保持稳定,则整个土坡就是稳定的。

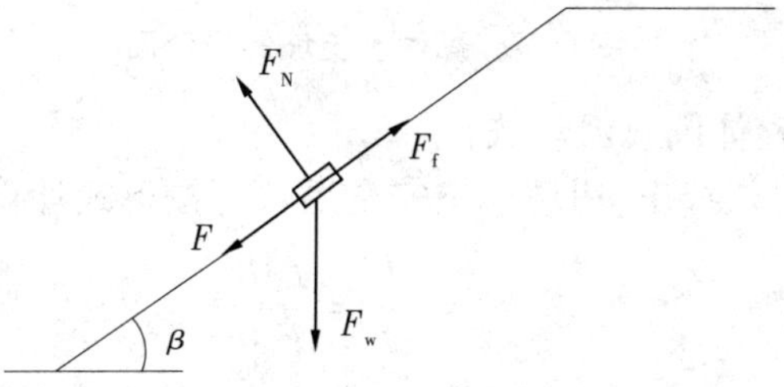

图 5-26　无渗透力作用的无黏性土土坡稳定分析

现从坡面上任取一侧面垂直、底面与坡面平行的土单元体,假设不考虑单元体侧表面上各种应力和摩擦力对单元体的影响。设单元体所受重力为 F_w,无黏性土土坡的内摩擦角为 φ,则使单元体下滑的滑动力就是 F_w 沿坡面的分力 F 即 $F=F_w\sin\beta$。

阻止单元体下滑的力为该单元体与它下面土体之间的摩擦力,也称抗滑力,它的大小与法向分力 F_N 有关,抗滑力的极限值即最大静摩擦力值,即 $F_f = F_N\tan\varphi = F_w\cos\beta\tan\varphi$ 。

抗滑力与滑动力之比称为土坡稳定安全系数,用 K_s 表示,即

$$K_s = \frac{F_f}{F} = \frac{F_w\cos\beta\tan\varphi}{F_w\sin\beta} = \frac{\tan\varphi}{\tan\beta} \tag{5-47}$$

由式(5-47)可知,当 $\beta=\varphi$ 时,$K_s=1.0$,抗滑力等于滑动力,土坡处于极限平衡状态;当 $\beta<\varphi$ 时,$K_s>1.0$,土坡处于安全稳定状态。因此,土坡稳定的极限坡角等于无黏性土的内摩擦角 φ,此坡角也称为自然休止角。式(5-47)表明,均质无黏性土土坡的稳定性与坡高无关,仅与坡角 β 有关,只要 $\beta<\varphi$,则必有 $K_s>1.0$,满足此条件的土坡在理论上就是稳定的。φ 值越大,土坡安全坡角就越大。为了保证土坡具有足够的安全储备,可取 K_s 为 1.1~1.5。

上述分析只适用于无黏性土土坡的最简单情况,即只有重力作用,且土的内摩擦角是常数。在工程实际中,只有均质干土坡才完全符合这些条件。对有渗透水流的土坡、部分浸水土坡以及高应力水平下 φ 角变小的土坡,则不完全符合这些条件。这些情况下的无黏性土土坡稳定分析可参考有关书籍。

5.7.2　黏性土土坡稳定分析

由于黏聚力的存在,黏性土土坡不会像无黏性土土坡那样沿坡面表面滑动(滑动面是

平面)，黏性土坡危险滑动面深入土体内部。基于极限平衡理论可以推导出，均质黏性土土坡发生滑坡时，其滑动面形状为对数螺旋线曲面，形状近似于圆柱面，在断面上的投影则近似为一圆弧曲面，如图 5-27 所示。对现场土坡滑坡、失稳实例的调查表明，实际滑动面也与圆弧面相似。因此，工程设计中常把滑动面假定为圆弧面来进行稳定分析，如瑞典圆弧法、条分法等均基于滑动面是圆弧这一假定。本节重点介绍上述各种方法。

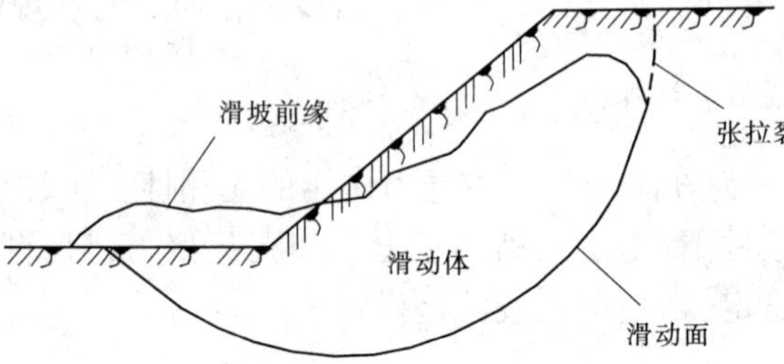

图 5-27　黏性土土坡的滑动面

5.7.2.1　瑞典圆弧法(整体圆弧滑动法)

1915 年，瑞典的彼得森提出，边坡稳定安全系数可按下式计算：

$$F_s = \frac{M_R}{M_s} = \frac{\tau_f lR}{F_w d} \tag{5-48}$$

以上求出的 F_s 是与任意假定的某个滑动面相对应的安全系数，而土坡稳定分析要求的是与最危险的滑动面相对应的最小安全系数。为此，通常需要假定一系列滑动面进行多次试算，才能找到所需要的最危险滑动面对应的安全系数。随着计算机技术的广泛应用和数值方法的普及，通过大量计算快速确定最危险滑动面的问题已经得到很好的解决。

实际上，当 $\sigma\ \tan\varphi \neq 0$ 或土质变化时，还要确定各点的抗剪强度指标 c 和 φ，从而计算滑动面上各点的抗剪强度 τ_f。至于法向应力 σ 的确定，可以采用有限单元法和极限平衡分析法，而目前常用极限平衡分析法中的条分法计算 σ。整体圆弧滑动法的另一个缺陷就是对于外形比较复杂，特别是土坡由多层土构成时，要确定滑动体的自重及形心位置就比较困难，可见整体圆弧滑动法的应用存在局限性，比较适合解决简单土坡的稳定计算问题。

5.7.2.2　条分法

对多层土及边坡外形比较复杂的情况，要确定边坡的形心和质量是比较困难的，这时采用条分法就比较容易。条分法的原理是：先将边坡垂直分条，计算各条对滑弧中心的抗滑力矩和滑动力矩，然后分别求其和，再按式(5-48)计算边坡稳定安全系数，如图 5-28 所示。

对条件力假定的不同，就构成了不同的计算方法。

1. 太沙基公式

1936 年，太沙基假定土条两侧的外作用力大小相等、方向相反，并且作用在同一条直线上。边坡稳定安全系数为

$$F_s = \frac{M_R}{M_s} = \frac{\sum (c_i l_i + W_i \cos\alpha_i \tan\varphi_i)}{\sum W_i \sin\alpha_i} \tag{5-49}$$

2. 毕肖甫公式

1955 年，毕肖甫认为，不考虑条件作用力是不妥当的。如图 5-29 所示，当边坡处于稳定

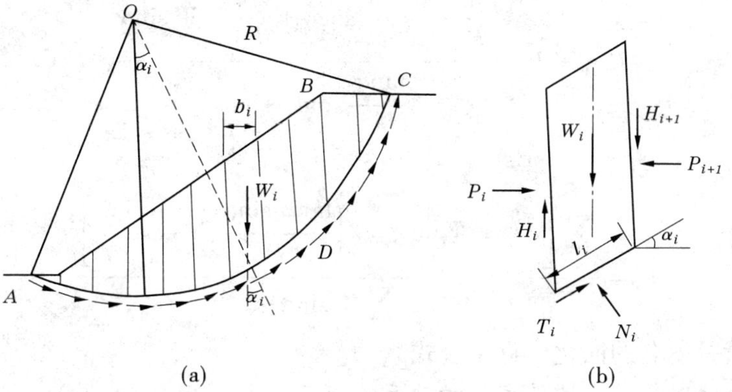

图 5-28　条分法计算原理

状态时，土条内滑弧面上的抗剪强度只发挥了一部分，并与切向力 T_i 相等，即

$$T_i = \frac{c_i l_i + N_i \tan\varphi_i}{F_s} \tag{5-50}$$

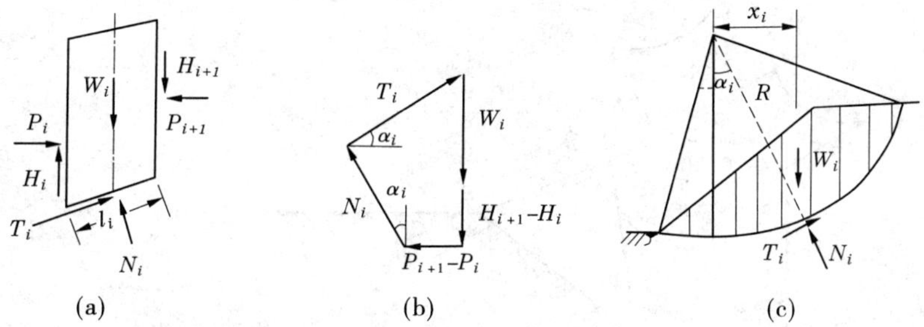

图 5-29　毕肖甫计算简图

将所有的力都投影到弧面的法线方向得

$$N_i = [W_i + (H_{i+1} - H_i)]\cos\alpha_i - (P_{i+1} - P_i)\sin\alpha_i \tag{5-51}$$

当土坡处于极限平衡时，各土条的力对滑弧中心的力矩之和为零（注意这时条间内力互相抵消），可得

$$\sum W_i x_i - \sum T_i R = 0 \tag{5-52}$$

将式(5-51)、式(5-52)代入式(5-50)得稳定安全系数

$$F_s = \frac{\sum \{c_i l_i + [(W_i + H_{i+1} - H_i)\cos\alpha_i - (P_{i+1} - P_i)\sin\alpha_i]\tan\varphi_i\}}{\sum W_i \sin\alpha_i} \tag{5-53}$$

毕肖甫建议不计土条间的摩擦力之差，即令 $H_{i+1}-H_i=0$，代入式(5-53)，得

$$F_s = \frac{\sum \{c_i l_i + [W_i \cos\alpha_i - (P_{i+1} - P_i)\sin\alpha_i]\tan\varphi_i\}}{\sum W_i \sin\alpha_i} \tag{5-54}$$

利用静力平衡条件，$F_x=0$，$F_y=0$，并结合式(5-50)和 $H_{i+1}-H_i=0$，得

$$P_{i+1}-P_i=\frac{\frac{1}{F_s}W_i\cos\alpha_i\tan\varphi_i+\frac{c_il_i}{F_s}-W_i\sin\alpha_i}{\frac{\tan\varphi_i}{F_s}\sin\alpha_i+\cos\alpha_i} \tag{5-55}$$

将式(5-55)代入式(5-54)得

$$F_s=\frac{\sum\left[c_il_i+W_i\tan\varphi_i)/\left(\frac{\tan\varphi_i\sin\alpha_i}{F_s}+\cos\alpha_i\right)\right]}{\sum W_i\sin\alpha_i} \tag{5-56}$$

式(5-56)就是著名的简化毕肖甫公式。

3. 使用条分法时简单土坡最危险滑动面的确定方法

简单土坡指的是土坡坡面单一,无变坡、土质均匀、无分层的土坡。如图5-30所示,这种土坡最危险的滑动面可用以下方法快速求出。

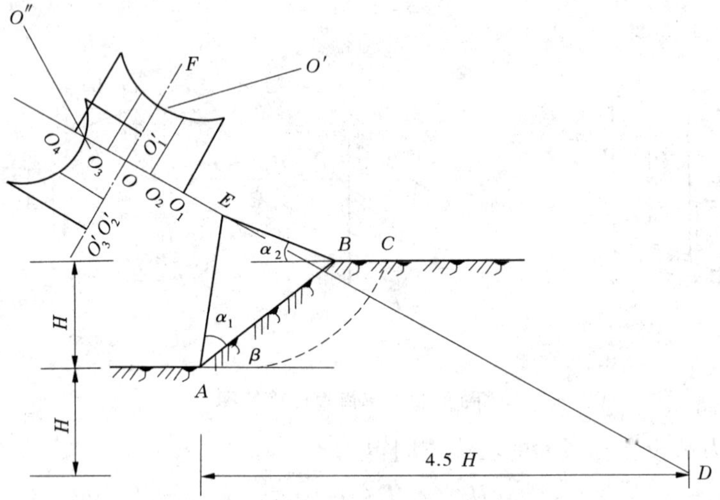

图5-30 黏性土最危险滑动面的确定

(1)根据土坡坡度或坡角β,由表5-4查出相应α_1、α_2的数值。

表5-4 α_1、α_2角的数值

土坡坡度	坡角β	α_1角	α_2角
1:0.58	60°	29°	40°
1:1.0	45°	28°	37°
1:1.5	33°41′	26°	35°
1:2.0	26°34′	25°	35°
1:3.0	18°26′	25°	35°
1:4.0	14°03′	25°	36°

(2)根据 α_1 角,由坡角 A 点作线段 AE,使 $\angle EAB=\alpha_1$。根据 α_2 角,由坡顶 B 点作线段 BE,使该线段与水平线夹角为 α_2。

(3)线段 AE 与线段 BE 的交点为 E,这一点是 $\varphi=0$ 的黏性土土坡最危险的滑动面的圆心。

(4)由坡脚 A 点竖直向下取坡高 H 值,向右沿水平方向线上取 $4.5H$,并定义该点为 D 点。连接线段 DE 并向外延伸,在延长线上 E 点附近为 $\varphi>0$ 的黏性土坡最危险的滑动面的圆心位置。

(5)在 DE 的延长线上选 3~5 个点作为圆心 $O_1,O_2,O_3\cdots$ 先计算各自的土坡稳定安全系数 $K_1,K_2,K_3\cdots$ 然后按一定的比例尺,将 K_i 画在过圆心 O_i 与 DE 正交的线上,并连成曲线(由于 $K_1,K_2,K_3\cdots$ 数值一般不等)。取曲线下凹处的最低点 O',过 O' 作直线 $O'F$ 与 DE 正交。$O'F$ 与 DE 相交于 O 点。

(6)同理,在 $O'F$ 直线上,在靠近 O 点附近再选 3~5 个点,作为圆心 $O_1',O_2',O_3'\cdots$ 先计算各自的土坡稳定安全系数 $K_1',K_2',K_3'\cdots$ 然后按相同的比例尺,将 K_i' 的数值画在通过各圆心 O_i' 并与 $O'F$ 正交的直线上,并连成曲线(因为 $K_1',K_2',K_3'\cdots$ 数值一般不等)。取曲线下凹处最低点 O'' 点,该点即为所求最危险滑动面的圆心位置。

前面提到,均质无黏性土土坡的稳定性与坡高无关,而仅与坡角 β 有关;但均质黏性土土坡的稳定性与坡高有关。当土体的物理力学参数一定时,土坡坡高与临界坡角存在一定关系。2002 年,我国岩土专家王长科参考朗肯土压力理论、库尔曼理论和李妥德公式,建立了基坑边坡的坡高与临界坡角的关系。

$$\alpha_{cr}=\varphi+2\tan^{-1}\frac{\pi c}{q+\gamma H} \tag{5-57}$$

式中　α_{cr}、H——临界坡角、坡高;

γ、c、φ——坡土的重力密度、黏聚力和内摩擦角;

q——坡顶均布荷载。

本章小结

(1)在解决挡土墙地基的变形、强度稳定性和墙体的抗滑移、抗倾覆稳定性问题时,土压力是作用的主要荷载。

(2)挡土墙有重力式、悬臂式、扶壁式等不同形式。它们所受的土压力可视墙的位移及其与土体的关系而有主动土压力、被动土压力或静止土压力。主动土压力和被动土压力都是填土处于极限平衡状态时墙上作用的土压力。静止土压力是土体仍然处于弹性平衡状态的土压力。静止土压力大于主动土压力,但小于被动土压力。

(3)朗肯土压力理论是将散体极限平衡理论与墙背垂直、光滑,填土表面水平等基本条件相结合,按主动极限平衡条件确定主动土压力,按被动极限平衡条件确定被动土压力。库仑土压力理论则是基于楔体极限平衡理论,以墙背倾斜、非光滑,填土表面非水平、无黏性,滑楔体的滑动面是平面等为基本条件,分别按墙体在向前移动和向后移动且墙背土楔体处于极限平衡时墙背上产生的土压力分别确定主动土压力和被动土压力。

(4)均质无黏性土土坡的稳定性与坡高无关,仅与坡角 β 有关,只要 $\beta<\varphi$,则必有 $K_s>$

1.0,满足此条件的土坡在理论上就是稳定的。φ 值越大,则土坡安全坡角就越大。

(5)瑞典圆弧法从总体提出了黏性土坡安全系数的表达式,虽在应用上受到限制,但为后续的条分法解答提供了基本思路。

(6)忽略土条间的作用力是太沙基圆弧法的特点;考虑条间力,即在分条的两侧面作用有垂直条间力是简化毕肖甫法的特点。

(7)通过作图法耐心寻找最危险滑动面是进行黏性土土坡稳定性分析的前提条件。

(8)现有的基坑支护措施,其支护思路基本分为下列三种:第一种是利用或加固基坑四周土体,使它稳定,以便安全开挖基坑,如放坡开挖、土钉墙以及水泥土重力挡墙等;第二种因基坑开挖深度大,或基坑周围环境安全等要求高,采用结构支护办法,保证安全开挖,如悬臂式排桩、锚杆排桩以及连续墙结构等;第三种则是上述两种思路结合,如在基坑上段采用放坡或加固土体,下段采用结构支护,这样做既可保障安全开挖,又可降低工程费用。

练习题

5-1　如图 5-31 所示,挡土墙墙背填土分层情况及其物理力学指标分别为:黏土 $\gamma=18$ kN/m^3、$c=10$ kPa、$\varphi=30°$;中砂 $\gamma_{sat}=20$ kN/m^3、$c=0$、$\varphi=35°$。试按朗肯土压力理论计算挡土墙上的主动土压力及其合力 E_a 并绘出分布图。

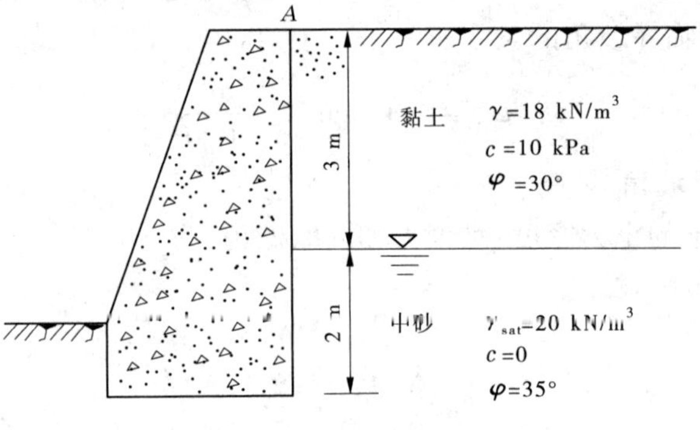

图 5-31　练习题 5-1 图

5-2　某挡土墙的墙背垂直、光滑,墙高 7.0 m,墙后有两层填土,物理力学性质指标如图 5-32 所示,地下水位在填土表面下 3.5 m 处,与第二层填土面齐平。填土表面作用有大小 $q=100$ kPa 的连续均布荷载。试求作用在挡土墙上的主动土压力 E_a 和水压力 p_w 的大小。

5-3　如图 5-33 所示,挡土墙高度 $H=5$ m,墙背倾角 $\varepsilon=10°$。已知填土重度 $\gamma=20$ kN/m^3、$c=0$、$\varphi=30°$,墙背与填土间的摩擦角 $\delta=15°$。试用库仑土压力理论计算挡土墙上的主动土压力大小、作用点位置及与水平方向的夹角。

5-4　有一简单黏性土坡,高 25 m,坡比为 1:2,填土的 $\gamma=20$ kN/m^3、$\varphi=26.6°$、$c=10$ kPa。假设滑动圆弧半径为 49 m,并假设滑动面通过坡脚位置。试用太沙基条分法求该土坡对应这一滑动圆弧的安全系数。

5-5　试述支护结构的类型及其各自的主要特点与适用范围。

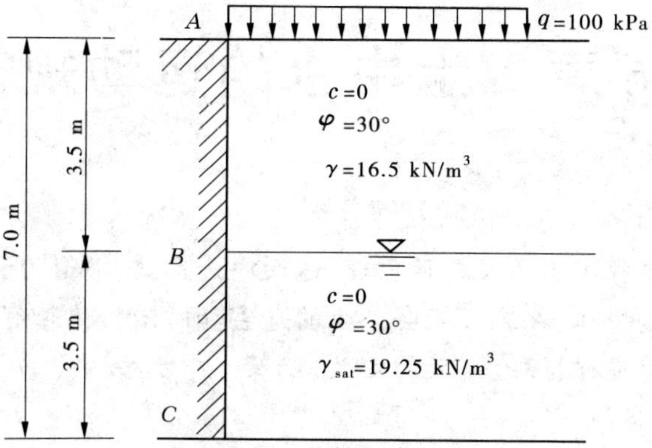

图 5-32　练习题 5-2 图

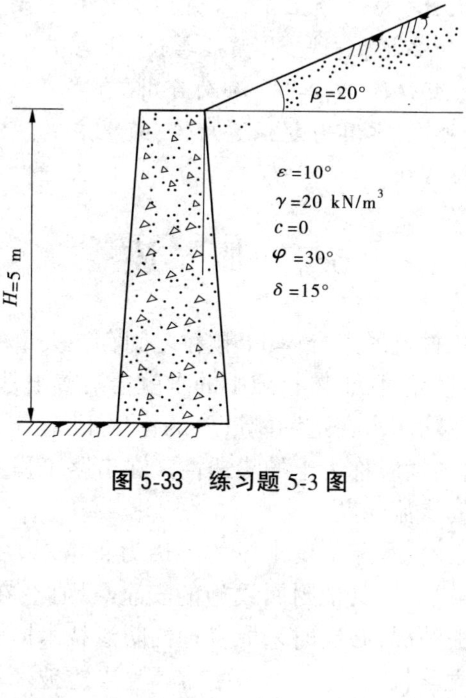

图 5-33　练习题 5-3 图

第6章 土中水的运动规律

【本章导读】

基本要求：本章主要叙述土的渗透性原理、达西渗透定律、渗透力和渗透变形理论，以及粗、细颗粒土中水的渗透规律，渗流可能会产生的危害和防治措施等有关内容。

重点：掌握达西渗透定律、渗透系数的定义，以及土中水渗透力的计算方法，理解流土及管涌发生的条件与预防措施。

难点：达西渗透定律和土中水渗透力的计算。

【课程思政】

“一二三四五，金木水火土，天地分上下，日月照今古！”这是人生第一课所学的诗句。水作为五行之一，具有独特的品格：首先，水循循善诱，上善若水，它不争不抢，柔和顺势而下，化解难题，使复杂的事物变得简单；其次，海纳百川，有容乃大，它敞开胸怀，包容着千川百流，无所偏爱，不分高下；再次，水具有超强适应性，随机应变，顺势而为适应不同的环境和情况，活水不腐，思维灵动与活跃。

6.1 概　述

土是多孔的粒状或片状材料的集合体，土颗粒之间存在大量的孔隙，而孔隙的分布是很不规则的，当土体中存在能量差时，土体孔隙中的水就会沿着土骨架之间的孔隙通道从能量高的地方向能量低的地方流动。水在这种能量差的作用下，在土孔隙通道中流动的现象叫渗流，土的这种与渗流相关的性质称为土的渗透性。在道路工程中的路基边坡、路基本体和基础开挖中经常会遇到土的渗流问题。

当土中渗流的流速较大时，水流拖曳土体的渗透力将增大。渗透力的增大会导致土体发生渗透变形，并可能危及道路和其他附属设施的安全。因此，在道路工程设计与施工中，应正确分析可能出现的渗流情况，必要时采取合理的防渗技术措施。

土的渗透性是其主要力学性质之一，包括渗流量、渗透破坏和渗流防治3个方面的问题。在土力学中研究渗流问题的方法主要有3种：基于理论公式确定渗流特性；通过绘制流网确定渗流特性的图解法；通过模拟原理确定渗流特性的数值和物理模拟试验法。本章就第一种方法进行叙述，其余两种方法可参考相关资料。

6.2 土的渗透性和渗透理论

实际土体中的渗流仅是流经土粒间的孔隙，土体孔隙的形状、大小及分布极为复杂，导致渗流水质点的运动轨迹很不规则，如图6-1(a)所示。考虑到实际工程中并不需要了解具体孔隙中的渗流情况，可以对渗流进行两个方面的简化：①不考虑渗流路径的迂回曲折，只分析它的主要流向；②不考虑土体中颗粒的影响，认为孔隙和土粒所占的空间总和均为渗流所充满。进行这种简化后的渗流其实只是一种假想的土体渗流，称之为渗流模型，如图 6-1(b)所示。

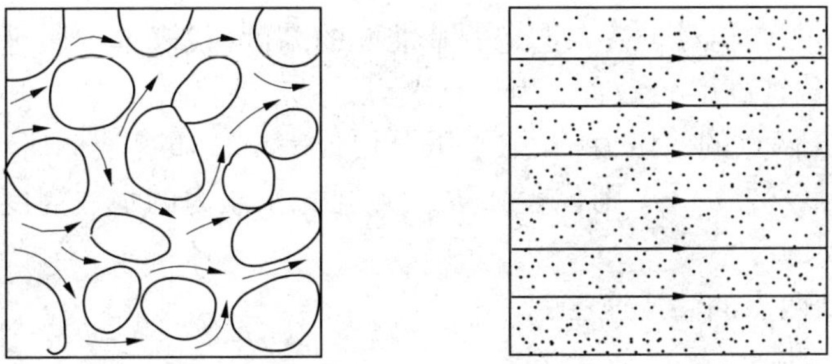

(a)实际渗流土体　　(b)理想渗流模型

图 6-1　渗流模型分析

为了使渗流模型在渗流特性上与真实的渗流相一致，它还应该符合以下要求：

(1)在同一过水断面，渗流模型的流量等于真实渗流的流量。

(2)在任意截面上，渗流模型的压力与真实渗流的压力相等。

(3)在相同体积内，渗流模型所受到的阻力与真实渗流所受到的阻力相等。

6.2.1　渗透速度

水在饱和土体中渗流时，在垂直于渗流方向取一个土体截面，该截面称为过水截面。过水截面包括土颗粒和孔隙所占据的面积，平行渗流时为平面、弯曲渗流时为曲面。那么在时间 t 内渗流通过该过水截面(其面积为 A)的渗流量为 Q，渗透速度为

$$v = \frac{Q}{At} \tag{6-1}$$

渗透速度表征渗流过水截面的平均流速，并不代表水在土中渗流的真实流速。水在饱和土体中渗流时，其实际平均流速为

$$\bar{v} = \frac{Q}{nAt} \tag{6-2}$$

式中　n——土体的孔隙率。

6.2.2　水头和水力坡降

按照伯努利方程，液流中一点的总水头 h 可以用位置水头 z，压力水头 u/γ_w 和流速水头 $v^2/2g$ 之和表示，即

$$h = z + \frac{u}{\gamma_w} + \frac{v^2}{2g} \tag{6-3}$$

此方程式中各项的物理意义均代表单位质量液体所具有的各种机械能，而其量纲都是长度。

按照式(6-3)，A、B 两点的总水头可分别表示为

$$h_A = z_A + \frac{u_A}{\gamma_w} + \frac{{v_A}^2}{2g} \tag{6-4}$$

$$h_B = z_B + \frac{u_B}{\gamma_w} + \frac{v_B^{\ 2}}{2g} \tag{6-5}$$

$$h_A = h_B + \Delta h \tag{6-6}$$

式中 z_A、z_B——A、B 两点相对于任意选定的基准面的高度，代表单位质量液体所具有的位能(位置高度)，故称 z 为位置水头；

u_A、u_B——A、B 两点的水压力(孔隙水压力)，代表单位质量液体所具有的压力势能，而 u_A/γ_w、u_B/γ_w 则代表 A、B 两点孔隙水压力的水柱高度，故称 u/γ_w 为压力水头；

v_A、v_B——A、B 两点的渗透速度；

g——重力加速度；

$v^2/2g$——单位质量液体所具有的动能，故称 $v^2/2g$ 为流速水头；

h_A、h_B——A、B 两点的单位质量液体所具有的机械能，故称之为总水头；

Δh——A、B 两点之间的总水头差，代表单位质量液体从 A 点向 B 点流动时，为克服阻力而损失的能量；

$z + \dfrac{u}{\gamma_w}$——测管水头，代表单位质量液体所具有的总势能。

位置水头 z 的大小与基准面的选取有关，因此水头的大小随基准面的不同而不同。在实际计算中最关心的不是水头 h 的大小，而是水头差的大小(见图 6-2，水流从 A 点流到 B 点的过程水头损失 Δh)，因此基准面可以任意选取。

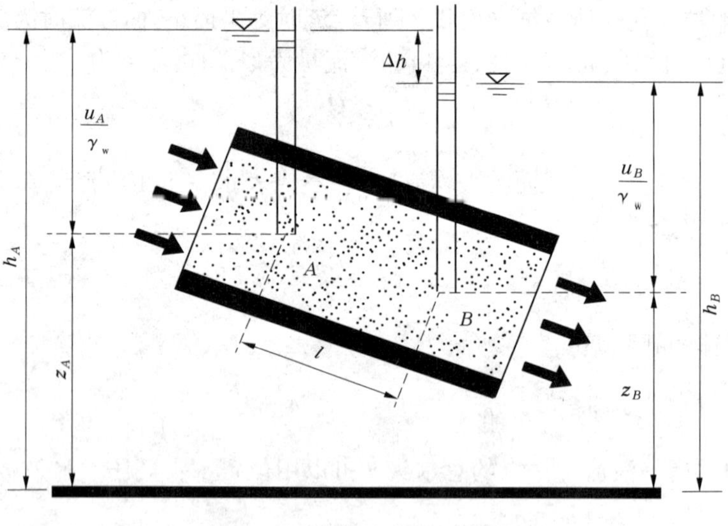

图 6-2　水在土中渗流示意图

由于水在土中渗流时受到土的阻力较大，一般情况下渗透速度较小，形成的流速水头 $v^2/2g$ 更小，因此可忽略不计。这时，总水头 h 可用测管水头来代替，即

$$h = z + \frac{u}{\gamma_w} \tag{6-7}$$

A、B 两点间的水头损失，可用无量纲的形式来表示，即

$$i = \frac{\Delta h}{l} \tag{6-8}$$

式中 i——水力坡降；

l——A、B 两点间的渗流途径长度；

Δh——渗流水头损失。

水在土中的渗流是从高水头向低水头流动，而不是从高压力水头向低压力水头流动，如图 6-2 所示。若 $\frac{u_A}{\gamma_w} < \frac{u_B}{\gamma_w}$，即 A 点的压力水头小于 B 点的压力水头，渗流方向仍然是从 A 点流向 B 点，因为 A 点的水头大于 B 点的水头，因此水流渗透的方向取决于水头而不是压力水头。一般把促使水渗流的水头差 Δh 称为驱动力，而水力坡降 i 是使渗流水从水头较高处向水头较低处运动的驱动力。

6.2.3 达西渗透定律

土体中孔隙的形状和大小是极不规则的，因此水在土体孔隙中的渗透是一种十分复杂的现象。由于土体中的孔隙一般非常微小，水在土体中流动时的黏滞阻力很大，流速缓慢，因此其流动状态大多属于层流。

19 世纪 50 年代，达西利用图 6-3 所示的试验装置，对砂土的渗流特性进行了研究，发现水在土中的渗透速度与试样两断面间的水头差成正比，而与渗流长度成反比，于是他把渗透速度表示为

$$v = k\frac{\Delta h}{l} = ki$$

或

$$Q = vA = kiA \tag{6-9}$$

式中 v——断面平均渗透速度，mm/s；

k——渗透系数，mm/s，其物理意义是当水力坡降 $i=1$ 时的渗透速度。

达西渗透定律说明如下：

(1) 在层流状态的渗流中，渗透速度 v 与水力坡降 i 的一次方成正比，并与土的性质有关。

(2) 但对于密实的黏土，由于吸着水具有较大的黏滞阻力，因此只有当水力坡降达到某一数值，克服了吸着水的黏滞阻力以后，才能发生渗透。

试验资料表明，密实的黏土不但存在起始水力坡降，而且在水力坡降超过起始坡降后，渗透速度与水力坡降的规律符合达西渗透定律而呈线性关系：

$$v = k(i - i_0) \tag{6-10}$$

式中 i_0——密实黏土的起始水力坡降。

达西渗透定律是描述层流状态下渗透流速与水头损失关系的规律，即渗透速度 v 与水力坡降 i 呈线性关系只适用于层流范围。在土木工程中，绝大多数渗流，无论是发生在砂土中或一般的黏性土中，均属于层流范围，故达西渗透定律均可适用。试验也表明，在粗颗粒土（如砾石、卵石）中，只有在小的水力坡降下，渗透速度与水力坡降才能呈线性关系，而在较大的水力坡降下，水在土中的流动即进入紊流状态，渗透速度与水力坡降呈非线性关系，此时达西渗透定律不能适用。

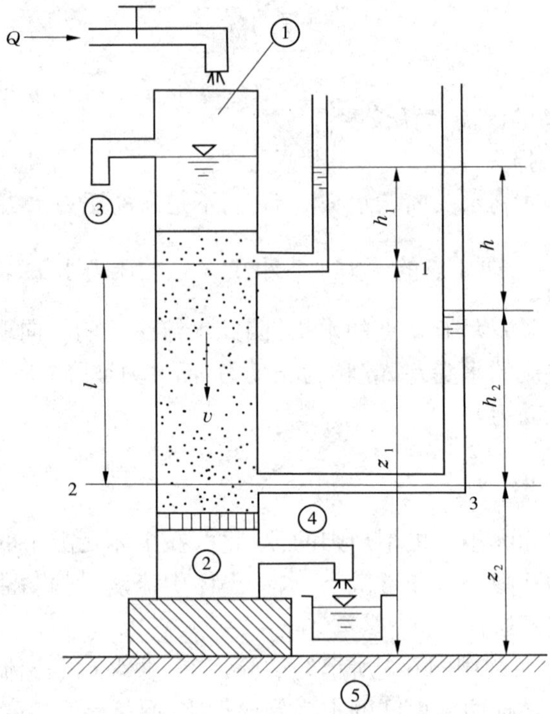

①—横截面面积为 A 的直立圆筒;②—滤板;③—溢水管;④—短水管;⑤—量杯。

图 6-3 达西渗透试验装置

【例 6-1】 如图 6-3 所示的达西渗透试验装置,假设试管中的砂土为两种土样,土样 A 位于土样 B 的上部,它们的高度都是 20 cm,总水头损失为 40 cm,土样 A 的渗透系数为 0.03 cm/s,土样 B 的水力坡降为 0.5,求土样 B 的渗透系数和土样 A 的水力坡降。

解:水流过土样 A 和土样 B 的水头损失之和等于总水头损失,即

$$\Delta h_A + \Delta h_B = \Delta h = 40 \text{ cm}$$

根据水力坡降的概念有:

$$i_B = \Delta h_B / l_B = 0.5$$

$$\Delta h_B = 20 \times 0.5 = 10(\text{cm})$$

所以,$\Delta h_A = 30$ cm。

$$i_A = \Delta h_A / l_A = 1.5$$

根据达西渗透定律得 $v = k_A i_A = k_B i_B$,于是可得:k_Bt = 0.09 cm/s。

6.2.4 渗透系数的确定

6.2.4.1 概述

渗透系数 k 是综合反映土体渗透能力的一个指标,其数值的正确确定对渗透计算有着非常重要的意义。渗透系数 k 是一个表征土体渗透性强弱的指标,它在数值上等于单位水力坡降时的渗透速度。k 值大的土,其渗透性强;k 值小的土,其渗透性弱。不同种类的土,其渗透系数差别也很大。要建立计算渗透系数 k 的精确理论公式比较困难,通常可通过试验方法或经验估算法来确定 k 值。图 6-4 列出了一些常见土的渗透系数及测试方法。

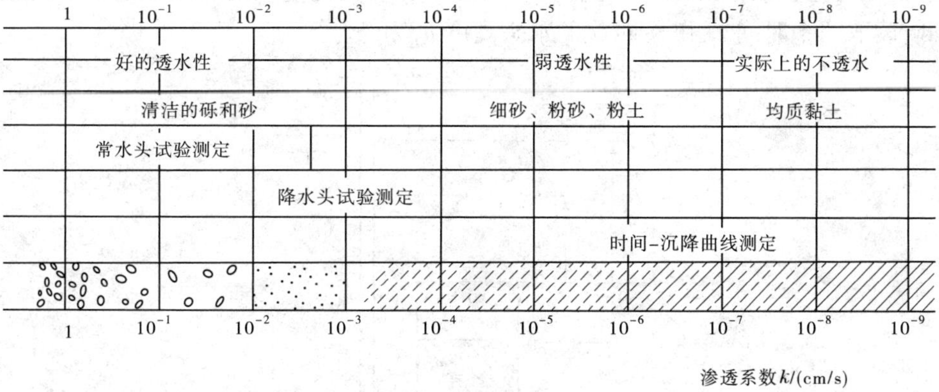

图 6-4　各种土的渗透系数及测定方法

6.2.4.2　渗透系数的测试方法

土的渗透系数常用的测试方法有实验室测定法和现场测定法两种。

1. 实验室测定法

实验室测定渗透系数 k 值的方法称为室内渗透试验，根据所用试验装置的差异又分为常水头渗透试验和变水头渗透试验。

1) 常水头渗透试验

常水头渗透试验装置如图 6-5 所示。试验时将高度为 l、横截面面积为 A 的试样装入垂直放置的圆筒中，从土样的上端注入与现场温度完全相同的水，并用溢水口使水头保持不变。土样在不变的水头差 Δh 作用下产生渗流，在渗流达到稳定后，量得时间 t 内流经试样的水量为 Q，而已知土样渗流流量 $q=Q/t$，可求得：

$$k = \frac{Ql}{A\Delta ht} \tag{6-11}$$

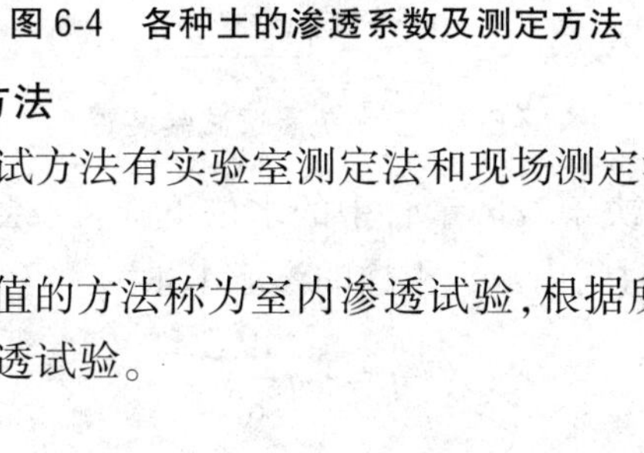

图 6-5　常水头渗透试验装置

常水头渗透试验适用于透水性较大（$k>10^{-3}\sim10$ cm/s）的土，应用粒组范围大致为细砂到中等卵石。

2) 变水头渗透试验

变水头渗透试验装置如图 6-6 所示。土样的高度为 l、截面面积为 A，在 t 时刻初始水头差 h_0 作用下，水从变水头管中自下而上渗流过土样。试验时，装土样的容器内的水位保持不变，而变水头管内的水位逐渐下降，渗流水头差随试验时间的增加而减小，因此称变水头试验。水在压力差作用下经试样渗流，玻璃量管中的水位慢慢下降，即水柱高度 h 随时间 t 逐渐降低，读取两个时间 t_1 和 t_2 对应的水头高度 h_1 和 h_2。

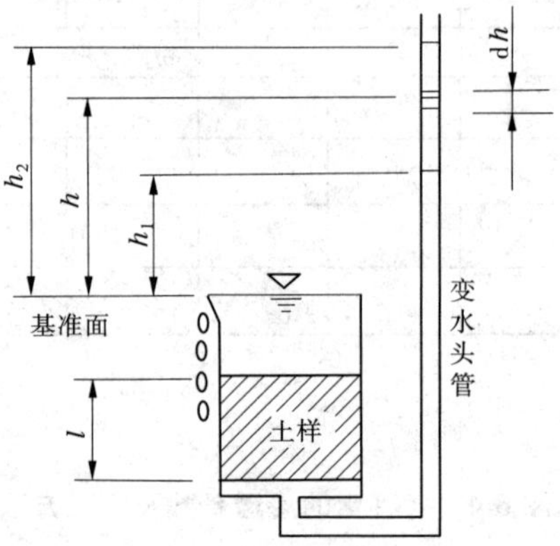

图 6-6　变水头渗透试验装置

流经土样的渗流水量取决于玻璃量管中的水位下降，设经过 dt 时间，量管的水位下降 dh，渗流速率为 dh/dt，单位时间内流经土样的渗流水量为

$$q = -a\frac{\mathrm{d}h}{\mathrm{d}t} \tag{6-12}$$

式中　a——变水头玻璃量管的截面面积。

式(6-12)中负号表示渗流的方向与水头高度 h 增大的方向相反。

根据达西渗透定律，流经土样的渗流水量又可表示为

$$q = Ak\frac{h}{l} \tag{6-13}$$

于是可得

$$\mathrm{d}t = -\frac{al}{Akh}\mathrm{d}h \tag{6-14}$$

将式(6-14)两边积分得：

$$t = -\frac{al}{Ak}\ln\left(\frac{h}{h_0}\right) \tag{6-15}$$

式中　h_0——起始水头差。

把时间 t_1 和 t_2 对应的水头高度 h_1 和 h_2 分别代入式(6-15)，并取两个方程之差，可得渗透系数为

$$k = -\frac{al}{A(t_2 - t_1)}\ln\left(\frac{h_2}{h_1}\right) \tag{6-16}$$

变水头试验适用于透水性较小的黏性土等。

为使实验室测定法的成果能适用于较大的范围，试验时应取几个不同的水力梯度，使水头差在一定的范围内变化。室内试验所得的 k 值对于试验土样是可靠的，但由于试验采用的试样只是现场土层中的一小块，其结构还可能受到不同程度的破坏，为了正确反映整个渗流区的实际情况，应选取足够数量的未扰动土样进行多次试验。

2. 现场测定法

现场测定法的试验条件比实验室测定法更符合实际土层的渗透情况，测得的渗透系数 k 值为整个渗流区较大范围内土体的渗透系数的平均值，是比较可靠的测定方法，但试验规模较大，所需人力、物力也较多。现场测定渗透系数的方法较多，常用的有野外注水试验和野外抽水试验等。这种方法一般是在现场钻井孔或挖试坑，在往地基中注水或抽水时，测量地基中的水头高度和渗流量，根据相应的理论公式求出渗透系数 k 值。

野外抽水试验开始前，先在现场钻一中心抽水井，根据井底土层情况可分为两种类型，井底钻至不透水层时称为完整井，井底未钻至不透水层时称为非完整井，分别如图 6-7（a）和图 6-7（b）所示。在抽水井四周设若干个观测孔，以观测周围地下水位的变化。试验抽水后，地基中将形成降水漏斗。当地下水进入抽水井的流量与抽水量相等且维持稳定时，测读此时单位时间的抽水量 Q，同时在两个距离抽水井分别为 r_1 和 r_2 的观测孔处测量出水位 h_1 和 h_2。对非完整井需量测抽水井中的水深 h_0，并确定降水影响半径 R。渗透系数 k 值可通过计算得出，其计算过程这里不再详述，可参考相关规范。

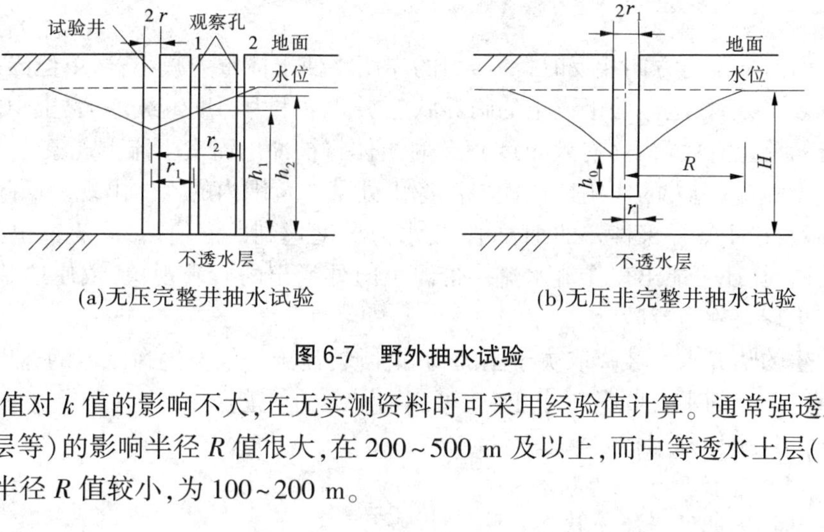

(a)无压完整井抽水试验　　(b)无压非完整井抽水试验

图 6-7　野外抽水试验

R 的取值对 k 值的影响不大，在无实测资料时可采用经验值计算。通常强透水土层（如卵石、砾石层等）的影响半径 R 值很大，在 200～500 m 及以上，而中等透水土层（如中、细砂等）的影响半径 R 值较小，为 100～200 m。

6.3　动水力及渗流破坏

6.3.1　动水力的计算

地下水的渗流对土单位体积内的骨架所产生的力称为动水力，或称为渗透力。它是一种体积力，单位为 kN/m^3。动水力可按下式计算：

$$J = \gamma_w i \tag{6-17}$$

式中　J——动水力，kN/m^3；

γ_w——水的重度；

i——水力梯度。

当渗透水流自下而上运动时，动水力方向与重力方向相反，土粒间的压力将减小。当动水力大于或等于土的有效重度 γ' 时，土粒间的压力被抵消，于是土粒处于悬浮状态，土粒随水流动,这种现象称为流土。

动水力等于土的有效重度时的水力梯度称为临界水力梯度 i_{cr},$i_{cr}=\gamma'/\gamma_w$。土的有效重度 γ' 一般为 8~12 kN/m^3,因此 i_{cr} 可近似取 1。

在地下水位以下开挖基坑时(如从基坑中直接抽水),将导致地下水从下向上流动而产生向上的动水力。当水力梯度大于临界值时,就会出现流土现象。这种现象在细砂、粉砂、粉土中较常发生,给施工带来很大的困难,严重的还将影响邻近建筑物地基的稳定。

6.3.2 渗透破坏

土工建筑物及地基由于渗流作用而出现土层剥落、地面隆起、渗流通道等破坏或变形现象,称作渗透破坏或渗透变形。土的渗透变形主要有两种形式,即流土与管涌。

6.3.2.1 流土

流土是指在向上渗流作用下,局部土体表面隆起,或者颗粒群同时起动而流失的现象。流土主要发生在地基或建筑物下游渗流溢出处。基坑或渠道开挖时所出现的流砂现象是流土的一种常见形式。一般来说,任何类型的土,只要坡降达到一定的大小,都会发生流土破坏。

渗流方向与土重力方向相反时,渗透力的作用将使土体重力减小,当单位渗透力等于土体的单位有效重力时,土体处于流土的临界状态。如果水力梯度继续增大,土中的单位渗透力将大于土的单位有效重力(有效重度),此时土体将被冲出而发生流土现象。

在黏性土中,渗透力的作用往往使渗流逸出处某一范围内的土体出现表面隆起变形;而在粉砂、细砂及粉土等黏聚性差的细粒土中,水力梯度达到一定值后,渗流逸出处出现表面隆起变形的同时,还可能出现渗流水流挟带泥土向外涌出的砂沸现象,致使地基破坏,工程上将这种流土现象称为流砂。

流土发生的临界水力坡降取决于土的物理性质,流土一般发生在渗流的逸出处。因此,只要将渗流逸出处的水力坡降 i_e 求出,就可判别流土的可能性。

当 $i_c<i_{cr}$ 时,土体处于稳定状态;

当 $i_c=i_{cr}$ 时,土体处于临界状态;

当 $i_c>i_{cr}$ 时,土体处于流土状态。

6.3.2.2 管涌

管涌是渗透变形的另一种形式,它是指在渗流作用下土体中的细颗粒在粗颗粒形成的孔隙道中发生移动并被带走的现象。

在渗流过程中,土体中的化合物不断溶解,细小颗粒在大颗粒间的孔隙中移动,形成一条管状通道,土粒在渗流逸出处冲出形成管涌。管涌的形成主要取决于土本身的性质,对于某些土,即使在很大的水力坡降下也不会出现管涌,而对于另一些土(如缺乏中间粒径的砂砾料)却在不大的水力坡降下就可以发生管涌。

产生管涌的条件比较复杂,从单个土粒来看,如果只计土粒的质量,则当土粒周界上水压力合力的垂直分量大于土粒的质量时,土粒即可被向上冲出。实际上,管涌可能在水平方向发生,土粒之间还有摩擦力等的作用,它们很难通过计算确定。因此,发生管涌的临界水力梯度 i_c 一般通过试验确定。

测定管涌临界水力梯度 i_c 的试验装置如图 6-8 所示。抬高储水容器,水头差 h 增大,渗透速度随之增大。在水头差增大到一定程度后,可观察到试样中细小土粒的移动现象,此时的水力梯度即为发生管涌的临界水力梯度。在试验中可测定出不同水力梯度下对应的渗透速度 v,绘制出 i–v 关系曲线,如图 6-9 所示。从 i–v 关系曲线上可以发现,渗透速度随水力梯度的变化率在发生管涌前后有明显不同,在发生管涌前后分成两条直线,这两条直线的交点对应的水力梯度即为发生管涌的临界水力梯度 i_c。

管涌的发生与土的性质密切相关,管涌一般多发生在砂土中,其特征是颗粒大小差别较大,往往缺少某种粒径,孔隙直径大且相互连通。无黏性土产生管涌必须具备以下两个条件:

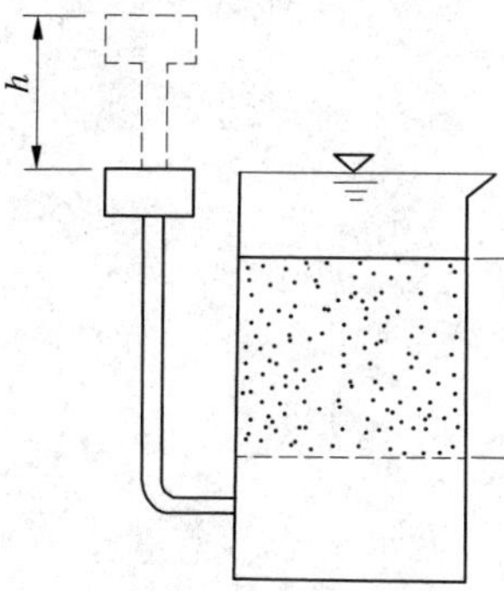

图 6-8　管涌试验装置

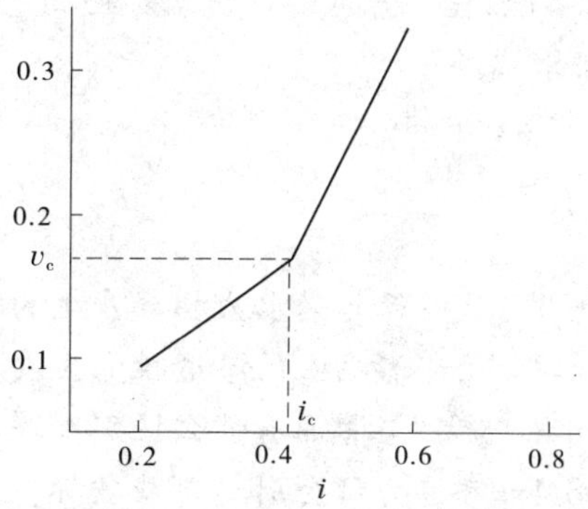

图 6-9　管涌试验 i–v 关系曲线

(1)几何条件。土中粗颗粒所构成的孔隙直径必须大于细颗粒的直径,这是必要条件。一般不均匀系数 C_u>10 的土才有可能发生管涌,这是管涌产生的必要条件。

(2)水力条件。渗透力能够带动细颗粒在孔隙间滚动或移动是发生管涌的水力条件,可用管涌的水力梯度来表示,但管涌临界水力梯度的计算至今尚未成熟。流土现象发生在土体表面渗流渗出处,不发生在土体内部。而管涌现象可以发生在渗流逸出处,也可以发生于土体的内部。对于重大工程,应尽量由试验确定。

6.3.3　渗透破坏的防治措施

土工建筑物的防渗工程措施一般以上堵下疏为原则,上游截渗、延长渗径,下游通畅渗透水流,减小渗透压力,防止渗透变形。工程上常见的渗透破坏防治措施有以下几种。

6.3.3.1　垂直截渗

垂直截渗的主要目的是降低上、下游的水力坡度,若垂直截渗能完全截断透水层,防渗效果更好。垂直截渗墙、帷幕灌浆、板桩等均属于垂直截渗。

6.3.3.2　设置水平铺盖

上游设置水平铺盖,与坝体防渗体连接,延长了水流渗透路径。

6.3.3.3　设置反滤层

设置反滤层既可通畅水流,又起到保护土体、防止细粒流失而产生渗透变形的作用。反滤层可由粒径不等的无黏性土组成,也可由土工布代替。

6.3.3.4　排水减压

为减小下游渗透压力,在水工建筑物下游基坑开挖时,设置减压井或深挖排水槽。

本章小结

(1)渗透系数 k 是一个表征土体渗透性强弱的指标,它在数值上等于单位水力坡降时的渗流速度。

(2)土的渗透系数常用的测试方法有实验室测定法和现场测定法两种。

(3)土的渗透性是其主要力学性质之一,主要包括渗流量、渗透破坏和渗流防治3个方面的问题。

(4)工程上常见的渗透破坏防治措施有以下几种:垂直截渗、设置水平铺盖、设置反滤层、排水减压。

练习题

6-1　试解释起始水力梯度产生的原因。

6-2　简述影响土的渗透性的主要因素。

6-3　流砂与管涌有什么区别和联系?

6-4　渗透力都会引起哪些破坏?

6-5　如图6-10所示,在恒定的总水头差之下,水自下而上透过两个土样,从土样1顶面逸出。

(1)以土样2底面 $c—c$ 为基准面,求该面的总水头和静水头。

(2)已知水流经土样2的水头损失为总水头差的30%,求 $b—b$ 面的总水头和静水头。

(3)已知土样2的渗透系数为0.05 cm/s,求单位时间内土样横截面单位面积的流量。

(4)求土样1的渗透系数。

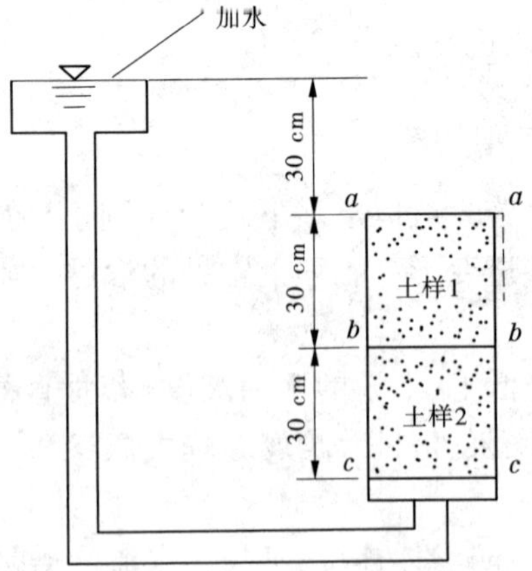

图6-10　练习题6-5图

第 7 章　天然基础工程设计

【本章导读】

基本要求:通过本章学习,熟悉浅基础的类型及适用条件,影响基础埋深的因素,减轻不均匀沉降的措施;掌握确定地基承载力特征值和基础底面尺寸的方法;掌握刚性基础的设计方法;掌握墙下条形基础、柱下独立基础的设计方法;了解筏板基础、箱形基础的相关知识。

重点:刚性基础设计方法。

难点:墙下条形基础、柱下独立基础的设计。

【课程思政】

党的二十大报告指出,推动战略性新兴产业融合集群发展,构建新一代信息技术、人工智能、生物技术、新能源、新材料、高端装备、绿色环保等一批新的增长引擎。

2023 年 12 月 27 日中共中央、国务院印发的《关于全面推进美丽中国建设的意见》提出,加快推进交通运输等领域的绿色低碳转型。水泥、钢筋等材料在基础工程的使用量占据半壁江山。我国水泥行业积极践行“绿水青山就是金山银山”的发展理念,加快数字化、绿色化转型,发布《水泥行业绿色工厂评价要求》(JC/T 2634—2021)、《绿色设计产品评价技术规范水泥》(JC/T 2642—2021)等行业标准;引入新技术新工艺,着力创建“环境友好型、资源节约型”绿色环保企业,坚定不移地走绿色发展和可持续发展之路,自主研发各类特种水泥护航港珠澳大桥等国家重器建设。

7.1　概　述

7.1.1　天然地基与基础

基础直接砌置在未经加固的天然地层上时,这种地基称之为天然地基。若天然地基很弱,不能满足上部结构荷载的要求,则地基需先经过人工加固后再修建基础,这样的地基称为地基处理(也称人工地基)。

天然地基上的基础,由于埋置深度不同,采用的施工方法、基础结构形式和设计计算方法也不相同,因此分为浅基础和深基础两类。浅基础埋入地层深度较浅,施工一般采用敞开挖基坑修筑基础的方法,故有时称此法施工的基础为明挖基础。浅基础在设计计算时可以忽略基础侧面土体对基础的影响,基础结构形式和施工方法也较简单。深基础埋入地层较深,结构形式和施工方法较浅基础复杂,在设计计算时需考虑基础侧面土体的影响。在深水中修筑基础,有时也可以采用深水围堰清除覆盖层,按浅基础形式将基础直接放在基岩上,但施工方法较复杂。

建筑物是设置在土体上的,通常将地表以上的建筑物称为上部结构,地表以下的结构称为基础。上部结构的荷载是通过基础传递给土层的,支承基础的土层称为地基。基础具有承上启下的作用,它一方面处于上部结构的荷载及地基反力的共同作用下,承受由此而产生的内力(弯矩、剪力、轴力和扭矩等);另一方面基础底面的反力反过来作为地基土上的荷载,使地基产生应力和变形。因此,基础设计时除需保证基础结构本身具有足够的强度和刚度外,还需选择合理的尺寸和布置方案,使地基反力和沉降在允许范围内,故基础设计又常被称为地基及基础设计。

7.1.2 基础工程设计

基础工程设计是建筑物结构设计的重要组成部分。基础的形式和布置要合理地配合上部结构的设计,满足建筑物整体的要求,同时要做到便于施工、降低造价。

由于各种建筑物有不同的结构类型、不同的使用要求,以及建筑地点的土质条件不同,对均匀沉降的敏感性不同等,在进行基础工程设计时,针对具体问题要具体解决,或者采用不同的地基(天然的、人工加固的),或者采用不同结构形式和不同尺寸的基础。例如,按照建筑物对不均匀沉降的敏感性不同,可能是柔性的(如单层装配式工业厂房、油罐等)、有限刚性的(混合结构和框架结构等)和刚性的(筒仓结构、高层建筑和桥梁墩台等)基础,故它们的基础形式应当是不一样的。天然地基上结构比较简单的浅基础最为经济,如能满足要求,宜优先选用。

在基础设计时,一般要考虑下列几个因素:

(1)建筑基础所用的材料及基础的结构形式。

(2)基础的埋置深度。

(3)地基的承载力。

(4)基础的形式和布置,以及与相邻基础、地下构筑物及地下管道的关系。

(5)上部结构的类型、使用要求及其对不均匀沉降的敏感性。

(6)施工期限、施工方法及所需的施工设备等。

为了找到最合理、最为有利的方案,必须综合考虑这些相互联系的因素,才能做到精心设计。下面主要讨论浅基础的分类、设计原理和设计方法。

基础具有足够的截面使材料的容许应力大于由地基反力产生的弯曲拉应力和剪应力时,即图 7-1(a)中 $a—a$ 断面不会出现裂痕,这时基础内不需配置受力钢筋,这种基础称为刚性基础。

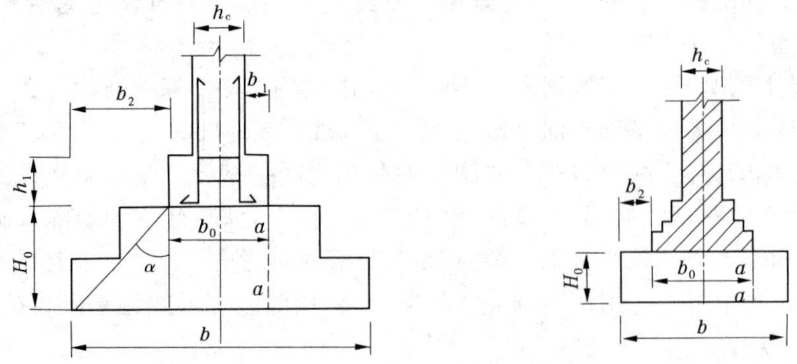

图 7-1 柱下刚性基础

刚性基础的特点是稳定性好,施工简便,能承受较大的荷载,所以只要地基强度能满足要求,它是首先被考虑的基础形式。它的主要缺点是自重大,并且当持力层为软弱土时,由于扩大基础面积有一定限制,需要对地基进行处理或加固后才能采用,否则会因所受的荷载压力超过地基强度而影响结构物的正常使用。因此,对于荷载大或上部结构对沉降差较敏感的结构物,当持力层的土质较差又较厚时,刚性基础作为浅基础是不适宜的。

7.1.3　柔性基础

基础在基底反力作用下,在图7-1(a)中 $a—a$ 断面产生的弯曲拉应力和剪应力若超过了基础的强度极限值,为了防止基础在 $a—a$ 断面开裂甚至断裂,必须在基础中配置足够数量的钢筋,这种基础称为柔性基础。

柔性基础又称扩展基础,主要是用钢筋混凝土浇筑,常见的形式有柱下扩展基础、条形基础、十字形基础、筏板基础及箱形基础,它整体性能较好,抗弯刚度较大。如筏板基础和箱形基础,在外力作用下只产生均匀沉降或整体倾斜,这样对上部结构产生的附加应力比较小,基本上消除了由于地基沉降不均匀引起结构物损坏的影响。因此,在土质较差的地基上修建高层建筑时,采取这种基础形式是适宜的。但上述基础形式,特别是箱形基础,钢筋和水泥的用量较大,施工技术的要求也较高,所以采取这种基础形式时应与其他基础方案(如采用桩基础等)比较后再确定。

7.1.3.1　钢筋混凝土独立基础

钢筋混凝土独立基础主要是柱下基础,它有很多构造形式(见图7-2)。通常有现浇台阶形基础、现浇锥形基础和预制柱的杯口形基础。杯口形基础又可分为单肢杯口基础和双肢杯口基础、低杯口基础和高杯口基础。轴心受压柱下基础的底面形状一般为正方形,而偏心受压柱下基础的底面形状一般为矩形。

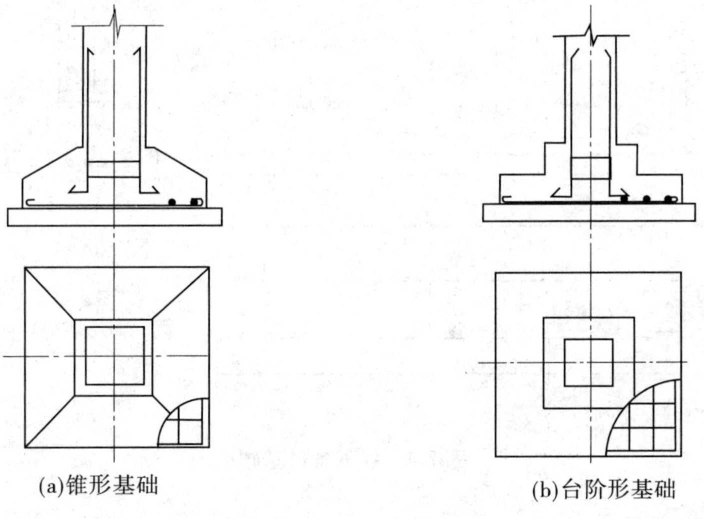

(a)锥形基础　　(b)台阶形基础

图7-2　钢筋混凝土独立基础

7.1.3.2　墙下条形基础

当基础上部的荷载较大而地基承载力较低,需要加大基础的宽度,但又不想增加基础的高度和埋置深度时,可考虑采用钢筋混凝土条形基础。这种基础底面宽度可达 2 m 以上,而底板厚度可以小至 300 mm,适宜在需要宽基浅埋的情况下采用。有时地基不均匀,为了增强基础的整体性和抗弯能力,可以采用有肋的钢筋混凝土条形基础(见图 7-3),肋部配置纵向钢筋和箍筋,以承受由于不均匀沉降引起的弯曲应力,它的计算属于平面应变问题,只考虑基础横向受力发生破坏。

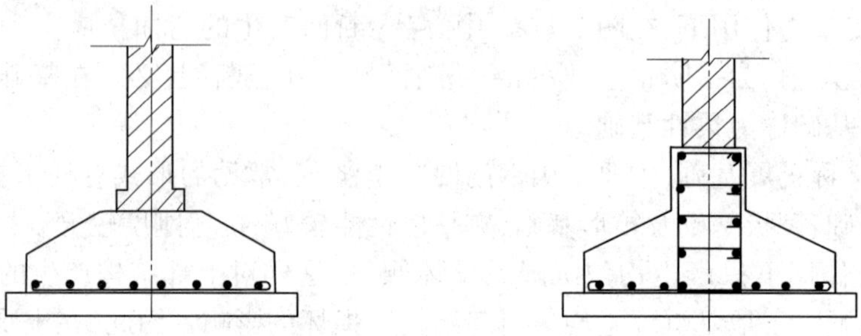

(a)不带肋　　(b)带肋

图 7-3　墙下钢筋混凝土条形基础

7.1.3.3　柱下条形基础和联合基础

支承同一方向或同一轴线上若干根柱的长条形连续基础(见图 7-4),称为柱下条形基础。这种基础以钢筋混凝土为材料,将建筑物所有各层的荷载传递到地基处,故本身应有一定的尺寸和配筋量,造价较高。但这种基础的抗弯刚度较大,因此具有调整不均匀沉降的能力,可使各柱的竖向位移较为均匀。

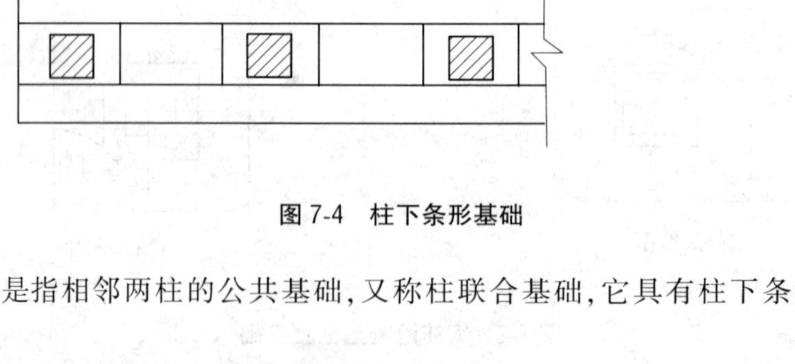

图 7-4　柱下条形基础

联合基础是指相邻两柱的公共基础,又称柱联合基础,它具有柱下条形基础的某些性能。

柱下条形基础和联合基础可在下述情况下采用:

(1)柱荷载较大或地基条件较差,如采用单独基础,可能出现过大的沉降时。

(2)柱距较小而地基承载力较低,如采用单独基础,相邻基础间的净距很小且相邻荷载影响较大时。

(3)由于已有的相邻建筑物或道路等场地的限制,使边柱做成不对称的单独基础过于偏心,而需要与内柱做成联合基础或连续基础时。

7.1.3.4　十字交叉梁基础

如果地基松软且在两个方向分布不均,需要基础两个方向具有一定的刚度来调整不均匀沉降,则可在柱网下沿纵、横两个方向设置钢筋混凝土条形基础,从而形成柱下交叉梁基础。这是一种较复杂的浅基础,造价比柱下条形基础高。

7.1.3.5　筏板基础和箱形基础

筏板基础和箱形基础都是房屋建筑常用的基础形式。当立柱或承重墙传来的荷载较大,地基土质软弱又不均匀,采用独立基础或条形基础均不能满足地基承载力或沉降要求时,可采用筏板式钢筋混凝土基础,这样既扩大了基底面积又增强了基础的整体性,并避免结构物局部发生的不均匀沉降。

筏板基础在构造上类似于倒置的钢筋混凝土楼盖,它可以分为平板式[见图 7-5(a)]和梁板式[见图 7-5(b)]。平板式常用于柱荷载较小、柱子排列较均匀且间距也较小的情况。

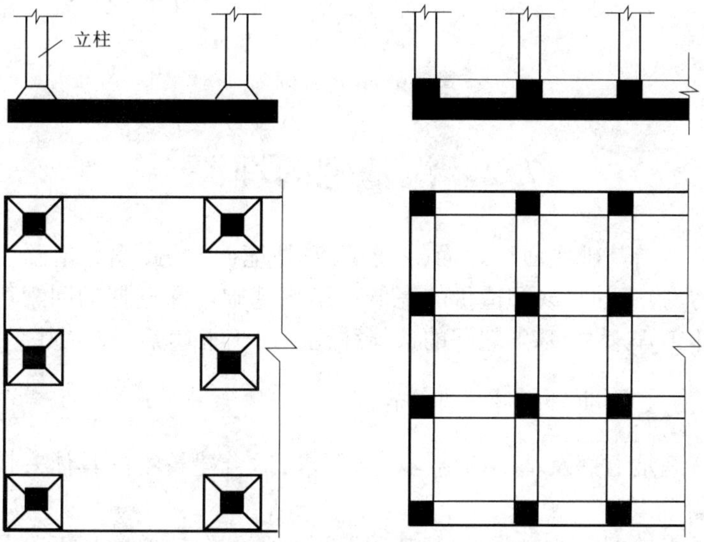

(a)平板式　　(b)梁板式

图 7-5　筏板基础

为增大基础刚度,可将基础做成由钢筋混凝土顶板、底板及纵横隔墙组成的箱形基础(见图 7-6),它的刚度远大于筏板基础,而且基础顶板和底板间空间常可用作地下室。它适用于地基较弱、土层厚、建筑物对不均匀沉降较敏感或荷载较大而基础建筑面积不太大的高层建筑。

以上仅对较常见的浅基础形式的构造做了概括的介绍,在实践中必须因地制宜地选用。

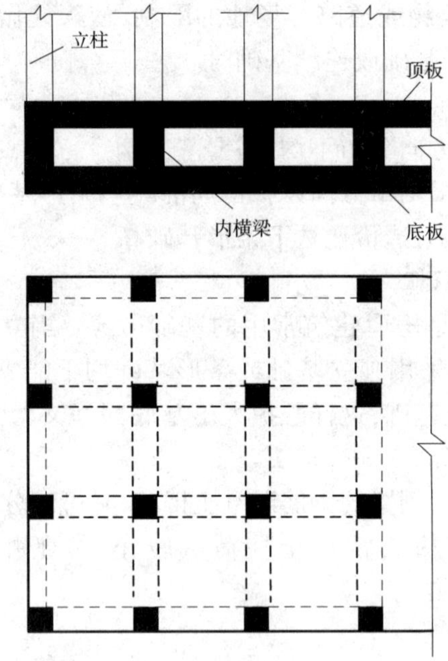

图 7-6　箱形基础

7.2　浅基础的埋深

基础埋置深度是指基础底面至地面(一般指室外地面)的距离。基础埋深的选择关系到基础工程的优劣、施工的难易和造价的高低。影响基础埋深选择的因素可归纳为 5 个方面。对于一项具体工程来说,基础埋深的选择往往取决于下述某一方面中的决定性因素。

7.2.1　与建筑物及场地环境有关的条件

基础的埋深应满足上部及基础的结构构造要求,适合建筑物的具体安排情况和荷载的性质与大小。

具有地下室或半地下室的建筑物,其基础埋深必须结合建筑物地下部分的设计标高来选定。如果在基础影响范围内有管道或坑沟等地下设施通过,原则上基础的埋深应低于这些设施的底面,否则应采取有效措施,消除基础对地下设施的不利影响。

为了保护基础不受人类和生物活动的影响,基础应埋置在地表以下,其最小埋深为 0.5 m,且基础顶面至少应低于设计地面 0.1 m,同时要便于建筑物周围排水的布置。

靠近原有建筑物修建新基础时,为了不影响原有基础的安全,新基础最好不低于原有的基础。如必须超过,则两基础间净距应不小于其底面高差的 1~2 倍(见图 7-7)。如不能满足这一要求,施工期间应采取措施。此外在使用期间,还要注意新基础的荷载是否将引起原有建筑物产生不均匀沉降。

当相邻基础必须选择不同埋深时,应尽可能按先深后浅的次序施工。斜坡上建筑物的柱下基础有不同埋深时,应沿纵向做成台阶形,并由深到浅逐渐过渡。

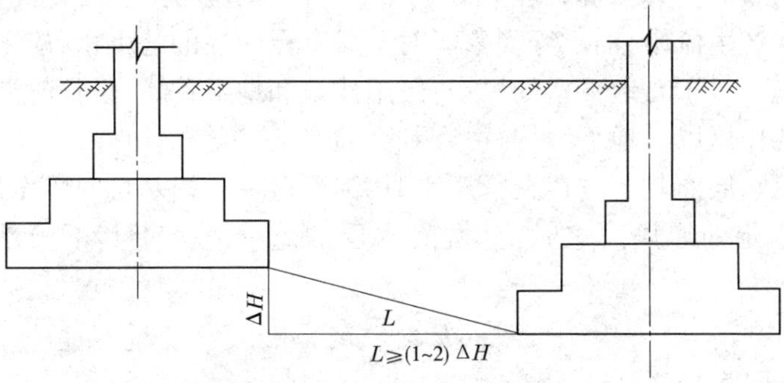

图7-7　埋深不同的相邻基础

7.2.2　土层的性质和分布

直接支承基础的土层称为持力层,在持力层下方的土层称为下卧层。为了满足建筑物对地基承载力和地基允许变形值的要求,基础应尽可能埋置在良好的持力层上。当地基持力层或沉降计算深度范围内存在软弱下卧层时,软弱下卧层的承载力和地基变形也应满足要求。在工程地质勘察报告中,已经说明拟建场地的地层分布、各土层的物理力学性质和地基承载力。这些资料给基础埋深和持力层的选择提供了依据。我们把处于坚硬、硬塑或可塑状态的黏性土层,密实或中密状态的砂土层和碎石土层,以及属于低、中压缩性的其他土层视为良好土层;而把处于软塑、流塑状态的黏性土层,处于松散状态的砂土层、填土和其他高压缩性土层视为软弱土层。良好土层的承载力高或较高,软弱土层的承载力低。按照压缩性和承载力的高低,对拟建场区的土层可自上而下选择合适的地基持力层和基础埋深。在选择中,大致可遇到以下几种情况:

(1)在建筑物影响范围内,自上而下都是良好土层,那么基础埋深按其他条件或最小埋深确定。

(2)自上而下都是软弱土层,基础难以找到良好的持力层,这时宜考虑采用人工地基或深基础等方案。

(3)上部为软弱土层而下部为良好土层。这时,持力层的选择取决于上部软弱土层的厚度。一般来说,软弱土层厚度小于2 m者,应选取下部良好土层作为持力层;软弱土层厚度较大时,宜考虑采用人工地基或深基础等方案。

(4)上部为良好土层而下部为软弱土层。此时基础应尽量浅埋。例如,我国沿海地区,地表普遍存在一层厚度为2~3 m的硬壳层,硬壳层以下为较厚的软弱土层。对于一般中小型建筑物来说,硬壳层属于良好的持力层,应当充分利用。这时,最好采用钢筋混凝土基础,并尽量按基础最小埋深考虑,即采用宽基浅埋方案。同时,在确定基础底面尺寸时,应对地基受力范围内的软弱下卧层进行验算。

应当指出,上面所划分的良好土层和软弱土层,只是相对于一般中小型建筑而言的。对于高层建筑来说,上述所指的良好土层很可能还不符合要求。

7.2.3　地下水条件

当有地下水存在时,基础应尽量埋置于地下水位以上,以避免地下水对基坑开挖、基础施工和使用期间的影响。如果基础埋深低于地下水位,则应考虑施工期间的基坑降水、坑壁支撑以及是否可能产生流砂、涌土等现象。对于具有侵蚀性的地下水,应采取抗侵蚀的水泥品种和相应的措施。对于有地下室的厂房、民用建筑和地下贮罐,设计时还应考虑地下水的浮力和静水压力的作用以及地下结构抗渗漏的问题。

当持力层为隔水层而其下方存在承压水时,为了避免开挖基坑时隔水层被承压水冲破,基坑隔水层应有一定的厚度。这时,基坑隔水层的重力应大于其下面承压水的压力(见图 7-8),即

$$\gamma h > \gamma_w h_w \tag{7-1}$$

式中 γ——土的重度,kN/m^3;

γ_w——水的重度,kN/m^3;

h——基坑底至隔水层底面的距离,m;

h_w——承压水的上升高度(从隔水层底面算起),m。

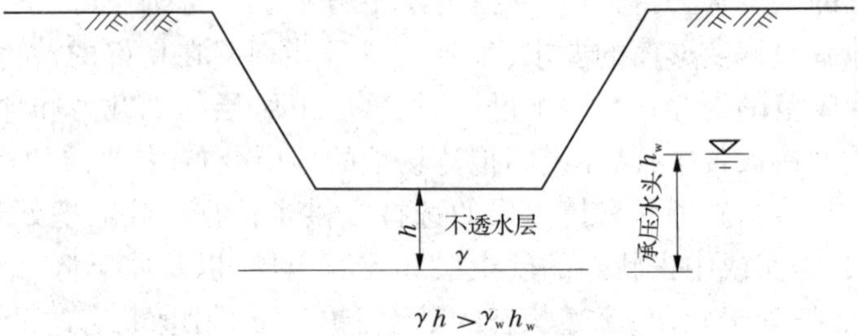

图 7-8 基坑抗渗示意图

设土的重度为 20 kN/m^3,则 $h>0.5h_w$。如基坑的平面尺寸较大,则在满足式(7-1)的要求时,还应有 1.3~1.4 的安全系数。在 h 确定之后,基础的最大埋深便可确定。

7.2.4 作用在地基上的荷载大小和性质

作用在地基上的荷载大小和性质也是一个涉及结构物安全、稳定的问题,如荷载大的建筑、跨度大的桥梁,传至基础的荷载就大,因此基础埋置就深。

结构物荷载的性质对基础埋置深度的影响也很明显。对于承受水平荷载的基础,必须有足够的埋置深度来获得土的侧向抗力,以保证基础的稳定性,减少结构物的整体倾斜,防止倾覆及滑移;对于承受上拔力的基础,如输电塔的基础,要求较大的基础埋深以提供足够的抗阻力;对于承受动荷载的基础,则不宜选择饱和疏松的粉细砂作为持力层,防止这些土层液化而丧失承载力,造成地基失稳。

7.2.5 土的冻胀影响

地面以下一定深度的地层温度随大气温度变化而变化。当地层温度降至零摄氏度以下时,土中部分孔隙水将冻结而形成冻土。冻土可分为季节性冻土和多年冻土两类。季节性冻土在冬季冻结而在夏季融化,每年冻融交替一次。多年冻土则不论冬夏,常年均处于冻结状态,且冻结连续 3 年以上。我国季节性冻土分布很广,东北、华北和西北地区的季节性冻土层厚度在 0.5 m 以上,最厚的可达 3 m 左右。

如果季节性冻土由细粒土组成,且土中水含量多而地下水位又较高,那么不但在冻结深度内的土中水被冻结形成冰晶体,而且未冻结区的自由水和部分结合水将不断在冻结区迁移、聚集,使冰晶体逐渐扩大,引起土体发生膨胀和隆起,形成冻胀现象。到了夏季,地温升高,土体解冻,造成含水量增加,使土处于饱和及软化状态,强度降低,建筑物下陷,这种现象称为融陷。位于冻胀区内的基础,在土体冻结时,受到冻胀力的作用而上抬。融陷和上抬往往是不均匀的,致使建筑物墙体产生方向相反、互相交叉的斜裂缝,或使轻型构筑物逐年上抬。

土的冻结不一定产生冻胀,即使冻胀,程度也有所不同。对于结合水含量极少的粗粒土,不存在冻胀问题。至于某些粉砂、粉土和黏性土的冻胀性,则与冻结以前的含水量有关。

例如,处于坚硬状态的黏性土,因为结合水的含量少,冻胀作用就很微弱。此外,冻胀程度还与地下水位有关。GB 50007—2011 根据冻胀对建筑物的危害程度,将地基土的冻胀性分为不冻胀、弱冻胀、冻胀和强冻胀 4 类,如表 7-1 所示。

表 7-1 地基土冻胀性

<table>
<tr><th>土的名称</th><th>冻前天然含水量
w/%</th><th>冻结期间地下水位
距冻结面的最小距离/m</th><th>冻胀类别</th></tr>
<tr><td rowspan="6">碎(卵)石,砾、粗、中砂(粒径小于 0.075 mm 颗粒含量大于 15%),细砂(粒径小于 0.075 mm 颗粒含量大于 10%)</td><td rowspan="2">$w \leqslant 12$</td><td>>1.0</td><td>不冻胀</td></tr>
<tr><td>≤1.0</td><td rowspan="2">弱胀冻</td></tr>
<tr><td rowspan="2">$12 < w \leqslant 18$</td><td>>1.0</td></tr>
<tr><td>≤1.0</td><td rowspan="2">胀冻</td></tr>
<tr><td rowspan="2">$w > 18$</td><td>>0.5</td></tr>
<tr><td>≤0.5</td><td>强胀冻</td></tr>
<tr><td rowspan="7">粉砂</td><td rowspan="2">$w \leqslant 14$</td><td>>1.0</td><td>不冻胀</td></tr>
<tr><td>≤1.0</td><td rowspan="2">弱胀冻</td></tr>
<tr><td rowspan="2">$14 < w \leqslant 19$</td><td>>1.0</td></tr>
<tr><td>≤1.0</td><td rowspan="2">胀冻</td></tr>
<tr><td rowspan="2">$19 < w \leqslant 23$</td><td>>1.0</td></tr>
<tr><td>≤1.0</td><td>强胀冻</td></tr>
<tr><td>$w > 23$</td><td>不考虑</td><td>特强胀冻</td></tr>
<tr><td rowspan="9">粉土</td><td rowspan="2">$w \leqslant 19$</td><td>>1.5</td><td>不冻胀</td></tr>
<tr><td>≤1.5</td><td>弱胀冻</td></tr>
<tr><td rowspan="2">$19 < w \leqslant 22$</td><td>>1.5</td><td>弱胀冻</td></tr>
<tr><td>≤1.5</td><td rowspan="2">胀冻</td></tr>
<tr><td rowspan="2">$22 < w \leqslant 26$</td><td>>1.5</td></tr>
<tr><td>≤1.5</td><td rowspan="2">强胀冻</td></tr>
<tr><td rowspan="2">$26 < w \geqslant 30$</td><td>>1.5</td></tr>
<tr><td>≤1.5</td><td rowspan="2">特强胀冻</td></tr>
<tr><td>$w > 30$</td><td>不考虑</td></tr>
</table>

续表 7-1

<table>
<tr><th>土的名称</th><th>冻前天然含水量
w/%</th><th>冻结期间地下水位
距冻结面的最小距离/m</th><th>冻胀类别</th></tr>
<tr><td rowspan="9">黏性土</td><td rowspan="2">$w \leqslant w_p+2$</td><td>>2.0</td><td>不冻胀</td></tr>
<tr><td>≤2.0</td><td rowspan="2">弱胀冻</td></tr>
<tr><td rowspan="2">$w_p+2<w \leqslant w_p+5$</td><td>>2.0</td></tr>
<tr><td>≤2.0</td><td rowspan="2">胀冻</td></tr>
<tr><td rowspan="2">$w_p+5<w \leqslant w_p+9$</td><td>>2.0</td></tr>
<tr><td>≤2.0</td><td rowspan="2">强胀冻</td></tr>
<tr><td rowspan="2">$w_p+9<w \leqslant w_p+15$</td><td>>2.0</td></tr>
<tr><td>≤2.0</td><td rowspan="2">特强胀冻</td></tr>
<tr><td>$w>w_p+15$</td><td>不考虑</td></tr>
</table>

注：1. w_p—塑限含水量(%)；

w—在冻土层内冻前天然含水量的平均值(%)；

2. 盐渍化冻土不在表列；
3. 塑性指数大于 22 时，冻胀性降低一级；
4. 粒径小于 0.005 mm 的颗粒含量大于 60%时，为不冻胀土；
5. 碎石类土当充填物大于全部质量的 40%时，其冻胀性按充填物土的类别判断；
6. 碎石土、砾砂、粗砂、中砂(粒径小于 0.075 mm 颗粒含量不大于 15%)、细砂(粒径小于 0.075 mm 颗粒含量不大于 10%)均按不冻胀考虑。

当建筑物基础底面之下允许有一定厚度的冻土层时，基础的最小埋深 d_{min} 则由式(7-2)确定。

$$d_{min} = z_d - h_{max} \tag{7-2}$$

式中 z_d——设计冻深，若当地有多年实测资料，则 $z_d=h'-\Delta z$，h'和 Δz 分别为实测冻土层厚度和地表冻胀量；

h_{max}——基础底面下允许残留冻土层的最大厚度。

季节性冻土地基的设计冻深 z_d 应按式(7-3)计算。

$$z_d = z_0 \cdot \psi_{zs} \cdot \psi_{zw} \cdot \psi_{ze} \tag{7-3}$$

式中 z_0——标准冻深，采用在地表平坦、裸露、城市之外的空旷地中不少于 10 年实测最大冻深的平均值，无实测资料时按 GB 50007—2011 附录 F 采用；

ψ_{zs}——土的类别对冻深的影响系数，按表 7-2 采用；

ψ_{zw}——土的冻胀性对冻深的影响系数，按表 7-3 采用；

ψ_{ze}——环境对冻深的影响系数，按表 7-4 采用。

表 7-2 土的类别对冻深的影响系数

土的类别	影响系数 ψ_{zs}	土的类别	影响系数 ψ_{zs}
黏性土	1.00	中砂、粗砂、砾砂	1.30
细砂、粉砂、粉土	1.20	碎石土	1.40

表 7-3　土的冻胀性对冻深的影响系数

冻胀性	影响系数 ψ_{zw}	冻胀性	影响系数 ψ_{zw}
不冻胀	1.00	强冻胀	0.85
弱冻胀	0.95	特强冻胀	0.80
冻胀	0.90	极强冻胀	0.75

表 7-4　环境对冻深的影响系数

周围环境	影响系数 ψ_{ze}	周围环境	影响系数 ψ_{ze}
村、镇、旷野	1.00	城市市区	0.9
城市近郊	0.95	—	—

此外,在确定基础埋置深度时,施工技术条件及经济分析等对基础埋深也有一定影响。上述影响基础埋深的因素不仅适用于天然地基上的浅基础,有些因素也适用于其他类型的基础(如沉井基础)。

7.3　浅基础设计计算

根据工程设计原则,任何建筑物在保证满足使用和质量要求的前提下,总希望首先选用结构简单、施工方便而又造价低廉的方案。桥梁墩台基础中简单的方案就是天然地基上的浅基础。与其他类型相比,其设计计算内容自然也要简单一些。

桥梁墩台扩大刚性浅基础的设计计算一般步骤和内容如下:

(1)初步确定基础埋置深度。

(2)初步拟定基础尺寸。

(3)地基与基础的验算,内容包括基础应力计算、地基强度验算、基底偏心。

(4)基础的沉降及稳定性验算。

7.3.1　基础尺寸的拟定

基础类型、材料及埋置深度按有关要求初步拟定后,按本节要求拟定基础尺寸。刚性浅基础的尺寸拟定包括基础的高度、平面尺寸和立面尺寸。

基础高度一般要考虑墩台身结构形式、荷载大小、基础材料等因素。基底标高应按基础埋深的要求确定。水中基础顶面一般不高于最低水位,在季节性流水的河流或旱地上的桥梁墩台基础,不宜高出地面,以防碰坏。这样,基础厚度可按上述要求所确定的基础底面和顶面标高求得。在一般情况下,大、中桥墩、台混凝土基础厚度在 1.0~2.0 m。

基础的平面尺寸应根据墩、台身底面形状而确定。虽然墩、台身底面形状以固端形居多,但考虑到施工的方便,基础平面仍采用矩形。基础底面长、宽尺寸与基础高度关系如下:

长度(横桥向)

$$a = l + 2H\tan\alpha_{max} \tag{7-4}$$

宽度(顺桥向) $b=d+2H\tan\alpha_{max}$ (7-5)

式中 l——墩、台身底截面长度,m;

d——墩、台身底截面宽度,m;

H——基础高度,m;

α_{max}——墩台身底截面边缘至基础边缘线与垂线间的夹角,取值查表 7-5。

表 7-5 α_{max} 取值

序号	材料	取值
1	砖、片石、块石、粗料石砌体,5 号以下砂浆	$\alpha_{max}\leqslant30°$
2	砖、片石、块石、粗料石砌体,5 号以上砂浆	$\alpha_{max}\leqslant35°$
3	混凝土	$\alpha_{max}\leqslant40°\sim45°$

基础的立面形式应力求简单,主要考虑既便于施工,又能节省圬工材料,一般做成矩形或台阶形(见图 7-9)。在确定基础立面尺寸时,只需定出两方面的尺寸:一是确定襟边宽和台阶宽度(两者宜取同宽,即 $c_i=c_1$)。墩台基础的襟边最小值为 0.2~0.5 m。二是基础台阶厚度 h_i。当基础较厚(超过 1 m)时,可将基础做成台阶形,每层台阶厚度通常为 $h_i=1.0\sim1.5$ m(各台阶宜做成等厚)。

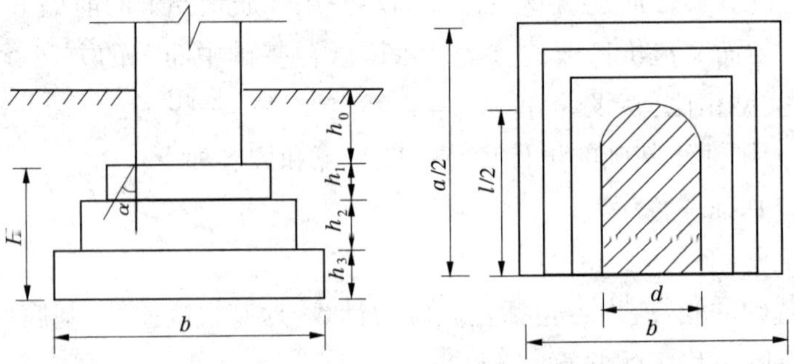

图 7-9 基础立面平面图

所拟定的基础尺寸,应是在可能的最不利荷载组合的条件下,能保证基础本身有足够的结构强度,并能使地基与基础的承载力和稳定性均能满足规定要求,并且是经济合理的。

7.3.2 地基与基础的验算

基础埋置深度和尺寸初步拟定后,是否符合各项设计要求,还必须通过具体验算加以确认。应根据最不利荷载组合,计算基底压力,进行地基强度、地基的沉降以及基础的合力偏心距和稳定性的验算。

7.3.2.1 持力层地基强度验算

持力层是指直接与基底相接触的土层,持力层强度验算的目的是保证基底压应力不超

过地基的承载能力,以保证持力层地基强度不发生破坏。具体要求是:

$$\sigma_{max} \leqslant K[\sigma] \tag{7-6}$$

$$[\sigma] = [\sigma_0] + k_1\gamma_1(b-2) + k_2\gamma_2(h-3) + 10h_w \tag{7-7}$$

式中 K——地基容许承载力提高系数,查表 7-6;

$[\sigma]$——修正后的地基容许承载力;

$[\sigma_0]$——地基容许承载力,查表 7-7~表 7-10;

σ_{max}——基底最大压应力;

k_1k_2——随基础宽度和埋置深度的修正系数,按持力层土类查表 7-11。

当基础底面为 $a\times b$ 的矩形,合力偏心距 e 不超出截面核心 $\rho=\dfrac{b}{6}$时,按式(7~8)计算基础底面压应力。

$$\begin{matrix}\sigma_{max}\\ \sigma_{min}\end{matrix} = \frac{N}{A} \pm \frac{M}{W} = \frac{F+G}{A}\left(1 \pm \frac{6e}{b}\right) \tag{7-8}$$

表 7-6 地基容许承载力提高系数

序号	荷载与使用情况	承载力提高系数 K
1	荷载组合 I	1.00
2	荷载组合 Ⅱ、Ⅲ、Ⅳ、V	1.25
3	经多年压实未受破坏的旧桥基	1.50

表 7-7 一般黏性土的容许承载力$[\sigma_0]$ 单位:kPa

e	I_L												
	0	0.1	0.2	0.3	0.4	0.5	0.6	0.7	0.8	0.9	1.0	1.1	1.2
0.5	450	440	430	420	400	380	350	310	270	240	220	—	—
0.6	420	410	400	380	360	340	310	280	250	220	200	180	—
0.7	400	370	350	330	310	290	270	240	220	190	170	160	150
0.8	380	330	300	280	260	240	230	210	180	160	150	140	130
0.9	320	280	260	240	220	210	190	180	160	140	130	120	100
1.0	250	230	220	210	190	170	160	150	140	120	110	—	—
1.1	—	—	160	150	140	130	120	110	100	90	—	—	—

注:1. 一般黏性土是指第四纪全新世(Q_4)沉积的黏性土,一般为正常沉积的黏性土。

2. 土中含有粒径大于 2 mm 的颗粒重量超过全部重量 30%的,$[\sigma_0]$可酌量提高

3. 当 $e<0.5$ 时,取 $e=0.5$;$I_L<0$ 时,取 $I_L=0$。

4. 超过列表范围的一般黏性土,$[\sigma_0]=57.22E_s^{0.57}$,$E_s$ 为土的压缩模量,MPa,$[\sigma_0]$为一般黏性土的容许承载力,kPa。

表 7-8　老黏土的容许承载力[σ_0]

E_s/MPa	10	15	20	25	30	35	40
[σ_0]/kPa	380	430	470	510	550	580	620

注：$E_s = \dfrac{1+e_1}{a_{1-2}}$，$e_1$ 为压力 0.1 MPa 时土样的孔隙比；a_{1-2} 为对应于 0.1~0.2 MPa 压力段的压缩系数，MPa^{-1}。

表 7-9　新近沉积黏性土的容许承载力[σ_0]

单位：kPa

e	I_L		
	<0.25	0.75	1.25
<0.8	140	120	100
0.9	130	110	90
1.0	120	100	80
1.1	110	90	—

表 7-10　砂土的允许承载力[σ_0]

单位：kPa

土名	湿度	密实度		
		密实	中密	松散
砾石、粗砂	与湿度无关	550	400	200
中砂	与湿度无关	450	350	150
细砂	水上	350	250	100
	水下	300	200	—
粉砂	水上	300	200	—
	水下	200	100	—

注：1. 砂土的密实度按相对密度 D_r 或标准贯入试验的锤击数 N 确定；

2. 在地下水位以上的地基土的湿度称为"水上"；

3. 在地下水位以下的地基土的湿度称为"水下"。

表 7-11　地基土容许承载力宽度、深度修正系数

土的类别	黏性土					黄土			砂土								碎石土			
	老黏性土	一般黏性土		新近沉积黏性土	残积黏性土	新近堆积黄土	一般新黄土	老黄土	粉砂		细砂		中砂		砾砂、粗砂		碎石、圆砾、角砾		卵石	
		$I_L \geq 0.5$	$I_L < 0.5$						中密	密实	中密	密实	中密	密实	中密	密实	中密	密实	中密	密实
k_1	0	0	0	0	0	0	0	0	1.0	1.2	1.5	2.0	2.0	3.0	3.0	4.0	3.0	4.0	3.0	4.0
k_2	2.5	1.5	2.5	1.0	1.5	1.0	1.5	1.5	2.0	2.5	3.0	4.0	4.0	5.5	5.0	6.0	5.0	6.0	6.0	10.0

注：1. 对于稍松状态的砂土和松散状态的碎石土，k_1、k_2 可采用列表中密值的 50%。

2. 节理不发育或较发育的岩石不作宽、深修正，节理发育或很发育的岩石，k_1、k_2 可参照碎石的系数，但对已风化成砂、土状者，则参照砂土、黏性土的系数。

3. 冻土的 $k_1=0$，$k_2=0$。

7.3.2.2　软弱下卧层承载力验算

持力层下的土层均为下卧层。当所有下卧层强度均大于持力层时，只要持力层强度足够，整个地基强度肯定不会有问题。但当地基以下存在强度小于持力层的土层，即软弱下卧层时，即使持力层强度已够，还不能确保软弱下卧层不出问题。因此，当地基中存在软弱下卧层时，还应验算其强度。验算要求作用在软弱下卧层顶面中心处的自重应力和附加应力总和不应大于该处地基土的容许承载力。

软弱下卧层顶面的总应力参照图 7-10 可按下式计算：

$$\sigma_{h+z} = \gamma_1(h+z) + \alpha_c(\sigma - \gamma_2 h) \tag{7-9}$$

式中　γ_1——深度 $h+z$ 范围内各土层的换算容重，kN/m^3；

h——基础的埋置深度，由天然地面或原河底算起，m；

z——基础底面至软弱下卧层的深度，m；

α_c——附加应力系数；

σ——基础底面压应力，kPa，当 $\dfrac{z}{b}>1$ 时，采用基底平均压应力，即 $\sigma=\dfrac{F+G}{A}$，当 $\dfrac{z}{b}\leqslant 1$ 时，采用距最大压应力点 $\dfrac{b}{4}\sim\dfrac{b}{3}$ 处的应力（b 为矩形基底的宽度），见图 7-11；

γ_2——深度 h 范围内土层的换算容重，kN/m^3。

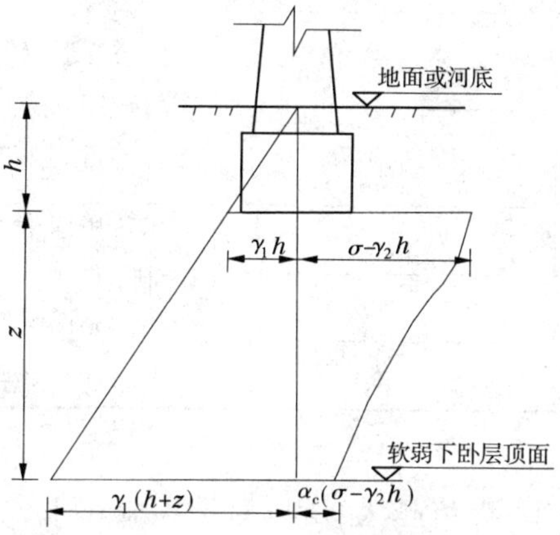

图 7-10　软弱下卧层顶面应力

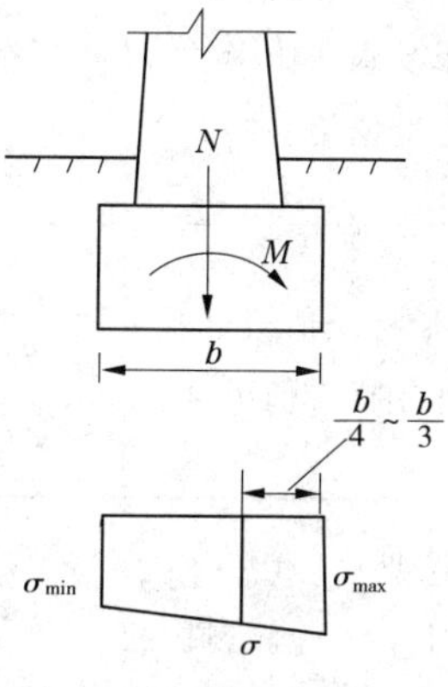

图 7-11　基底压应力 σ

软弱下卧层的容许承载力 $[\sigma]_{h+z}$ 可参照相关规范中的方法，按下式计算：

$$[\sigma]_{h+z} = [\sigma_0] + k_1\gamma_1(b-2) + k_2\gamma_2(h+z-3) + 10h_w \tag{7-10}$$

式中　$[\sigma_0]$——当基础宽度 $b\leqslant 2$ m，埋置深度 $h\leqslant 3$ m 时，地基土的基本容许承载力，kPa；

b——基础底面短边宽度（或直径），当 $b>10$ m 时按 $b=10$ m 计，当 $b<2$ m 时按 $b=2$ m 计；

h——基础的埋置深度，m，对于受水流冲刷的基础，由一般冲刷线算起，不受水流冲刷者，由天然地面算起，位于挖方内的基础，由开挖后地面算起，当 $h<3$ m 时，取 $h=3$ m；

γ_1——基底下持力层土的天然容重，如持力层在水面以下且为透水者，应采用浮容重，kN/m^3；

γ_2——基底以上土的容重，kN/m^3，对水面以上的土用天然容重，对水面以下的土：当持力层土不透水时，不论基底以上的土是否透水一律用饱和容重，当持力层土透水时，一律用浮容重，当基底以上由多层土组成时，按换算容重 $\gamma_2=\frac{\sum\gamma_i h_i}{\sum h_i}$ 计算，γ_i、h_i 分别为基底以上各层土的容重和厚度；

h_w——平均常水位到一般冲刷线的深度，m，对水中基础，当持力层土不透水时，考虑此项修正，虽为水中基础，但若持力层透水，则不计此项。

7.3.2.3 基底偏心距验算

从基底压力偏心受压计算公式可知，基底合力偏心距越大，基底压应力的最大值和最小值相差越大，基础越易发生较大的不均匀沉降，致使墩台倾斜，这对建筑物必将造成不利影响，故在计算中应对基底合力偏心距 e_0 加以控制。《公路桥涵地基与基础设计规范》(JTG 3363—2019)规定的控制值见表7-12。

表7-12 墩台基底的合力偏心距容许值[e_0]

作用情况	地基条件	[e_0]	备注
仅承受永久作用标准值组合	非岩石地基	桥墩，0.1ρ	拱桥、刚构桥墩台，其合力作用点应尽量保持在基底重心附近
		桥台，0.75ρ	
承受作用标准值组合或偶然作用标准值组合	非岩石地基	ρ	拱桥单向推力墩不受限制，但应符合JTG 3363—2019表5.4.3规定的抗倾覆稳定系数
	较破碎-极破碎岩石地基	1.2ρ	
	完整、较完整岩石地基	1.5ρ	

注：ρ 为截面核心半径。

由于合力偏心距 $e_0=M/N$，M 越大，N 值越小，e_0 将越大，所以对该项验算来说，应选取 M 值大、N 值小的荷载组合为最不利的荷载组合。

7.3.2.4 基础稳定性验算

当基础承受较大的偏心力矩和水平推力时，均可能引起墩台连同基础的倾覆和滑动，为避免这一现象的发生，必须在最大偏心荷载作用下，进行基础的倾覆和滑动稳定性验算。通常以纵向为验算控制方向。

1. 抗倾覆稳定性

墩台基础的倾覆稳定性可用倾覆稳定性系数 K_0 来表示。如图7-12所示，假定基础将绕基底最大受压边缘转动，那么力矩 M 是倾覆因素、N 是抵抗倾覆的稳定因素，应保证抗倾覆力矩(稳定力矩)大于倾覆力矩，并且有足够的安全度。倾覆稳定系数可按下式计算：

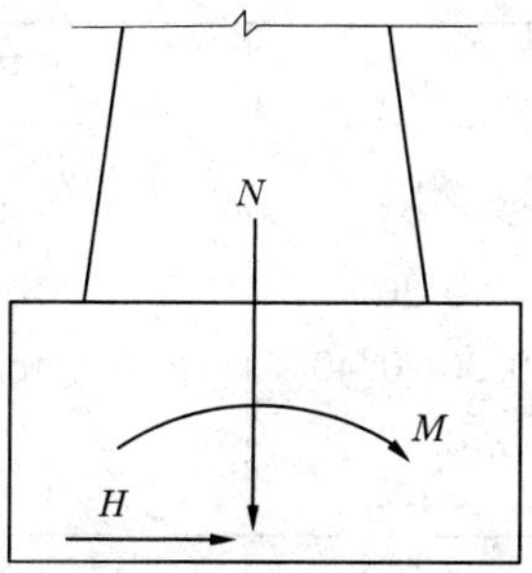

图 7-12　倾覆稳定性验算

$$K_0=\frac{Ny}{M}=\frac{Ny}{Ne_0}=\frac{y}{e_0} \tag{7-11}$$

式中　y——基底截面形心至最大受压边缘的距离，对于矩形截面，$y=b/2$；

e_0——合力的竖向合力对基底截面形心的偏心距。

要求 K_0 值不小于 JTG 3363—2019 的规定值，见表 7-13。由式(7-11)可见，e_0 越大，K_0 越小，对倾覆稳定越不利，所以最不利荷载组合的原则与验算合力偏心距时相同。

表 7-13　抗倾覆和抗滑稳定性系数限值

作用组合		验算项目	稳定性系数限值
使用阶段	仅计永久作用（不计混凝土收缩及徐变、浮力）和汽车、人群作用的标准值组合	抗倾覆	1.5
		抗滑动	1.3
	各种作用的标准值组合	抗倾覆	1.3
		抗滑动	1.2
施工阶段作用的标准值组合		抗倾覆 抗滑动	1.2

2. 抗滑动稳定性

验算基础在水平推力作用下，是否会产生沿基底的滑动。H 为滑动力，基底与地基土之间的摩擦力为抗滑力。基础抗滑动的安全度大小可采用抗滑力和水平推力的比值 K_e 来表示，可按下式计算：

$$K_e=\frac{Nf}{H} \tag{7-12}$$

式中　N——竖向力总和；

H——水平力总和；

f——基底与地基之间的摩擦系数，当缺少资料时，可查表 7-14。

表 7-14　基底摩擦系数 f

地基土分类	f	地基土分类	f
软塑黏土($0.5 \le I_L < 1$)	0.25	碎石类土	0.5
硬塑黏土($0 \le I_L < 0.5$)	0.30	软质岩石	0.40~0.60
亚砂土、亚黏土、半硬性黏土($I_L < 0$)	0.30~0.40	硬质岩石	0.60~0.70
砂类土	0.40		

当基础采取了抗滑措施时,在抗滑动验算中,除考虑基底摩擦阻力外,还应考虑由抗滑措施所产生的阻力。

由式(7-12)可见,N 越小,H 越大,则 K_e 越小,对抗滑动稳定性越不利,所以对本项验算时应选取 N 小、H 大的荷载组合为最不利荷载组合。

7.3.2.5　基础的沉降验算

基础的沉降验算包括沉降量、相邻基础沉降差、基础由于地基不均匀沉降而发生的倾斜等。

基础的沉降主要是地基由竖直荷载作用下土层的压缩变形引起的。沉降量过大将影响结构物的正常使用和安全,应加以限制。在确定一般土质的地基容许承载力时,已考虑这一变形的因素,所以修建在一般土质条件下的中小型桥梁的基础,只要满足了地基的强度要求,就可不进行沉降计算。但对于下列情况,则必须验算基础的沉降,使其不大于规定的容许值:

(1)修建在地质情况复杂、地层分布不均或强度较小的软黏土地基及湿陷性黄土上的基础。

(2)修建在非岩石地基上的拱桥、连续梁桥等超静定结构的基础。

(3)跨线桥、跨线渡槽要保证桥(或槽)下净空高度时。

(4)当相邻基础下地基土强度有显著不同或相邻跨度相差很大而必须考虑其沉降差时。

7.4　扩大基础设计实例

一、设计资料

(一)上部结构

20 m 预应力钢筋混凝土空心板,桥面净宽为 8 m+2×0.5 m。

(二)下部结构

混凝土重力式桥墩。

(三)设计荷载

公路-Ⅱ级荷载,人群荷载为 3.0 kN/m^2。

(四)地质资料

(1)地质柱状图如图 7-13 所示。

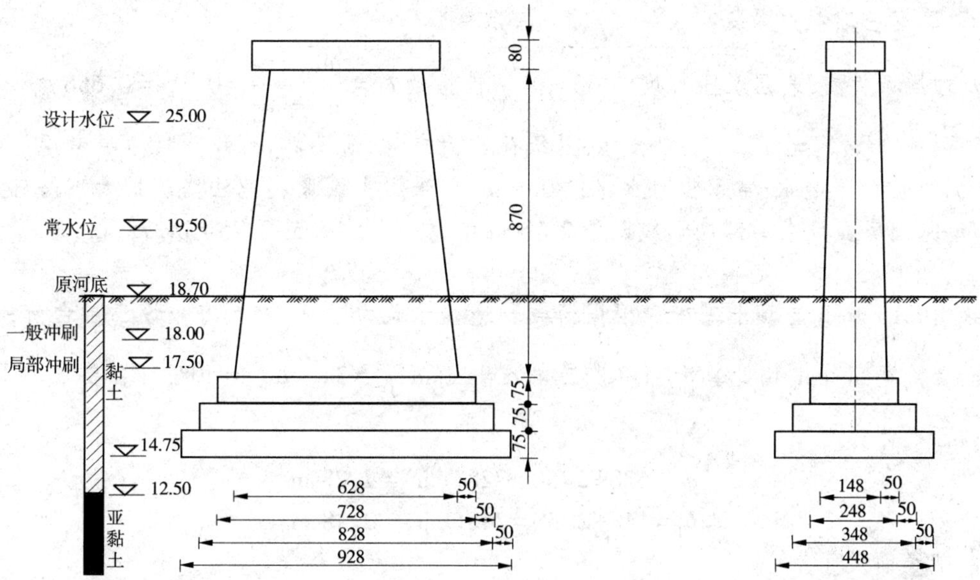

图 7-13　地质柱状图　(单位:高程,m;尺寸,cm)

(2)地基土的物理性质指标见表 7-15、表 7-16。

表 7-15　物理参数指标

层次	土名	$\gamma/(kN/m^3)$	G_s	$\omega/\%$	$\omega_L/\%$	$\omega_P/\%$	e
1	黏土	19.8	2.74	22.0	33.9	10.1	0.656
2	亚黏土	17.9	2.72	33.1	36.0	19.8	0.984

表 7-16　压缩曲线资料

土名	荷载 p/kPa				
	0	50	100	200	300
	e				
黏土	0.825	0.795	0.765	0.730	0.710
亚黏土	0.605	0.575	0.562	0.550	0.545
硬黏土	0.880	0.815	0.790	0.755	0.740

(五)水文资料

设计水位标高 25.0 m,常水位标高 19.5 m,一般冲刷线标高 18.0 m,局部冲刷线标高 17.5 m。

(六)其他

桥梁处于公路直线段上。无冰冻,风压力为 50×0.01 kPa,拟在枯水季节施工。

二、设计任务

设计墩的基础。

三、确定基础埋置深度

从地质条件看，表层黏土厚度约 6 m，其液性指数 $I_L=\frac{\omega-\omega_p}{\omega_L-\omega_p}=0.5$，$e=0.656$，查表 7-7 得容许承载力 $[\sigma_0]=312$ kPa，对公路－Ⅱ级荷载而言，土质不坏，可作为持力层考虑。黏土 $I_L=0.5$，可视为不透水，常水位时水深仅 0.8 m，可采用土围堰明挖法修筑扩大浅基础。因此，初定基础底面设在局部冲刷线以下 2.75 m 处，标高为 17.5−2.75＝14.75(m)。

四、基础尺寸的拟定

选用 C15 片石混凝土基础。根据荷载和地基承载力情况，初定基础设三层台阶，层厚 75 cm，台阶宽 50 cm，由此算出台阶扩展角 $\alpha=\arctan\frac{50}{75}=34°<\alpha_{max}=40°$，符合要求。于是，基础顶面尺寸为

$$a_1=628+2\times50=728(\text{cm})=7.28\ \text{m}$$

$$b_1=148+2\times50=248(\text{cm})=2.48\ \text{m}$$

基础底面尺寸为

$$a_2=628+6\times50=928(\text{cm})=9.28\ \text{m}$$

$$b_2=148+6\times50=448(\text{cm})=4.48\ \text{m}$$

根据本桥情况，顺桥向验算应控制设计，故以下均为纵向验算。

五、计算 N、H 和 M 值

计算各种荷载组合下作用于基础底面形心处的 N、H 和 M 值。

设计荷载见表 7-17。

表 7-17　各种荷载组合下作用于基础底面形心处的 N、H 和 M 值

序号	荷载组合情况	作用于基底形心处的力和力矩		
		N/kN	H/kN	M/(kN·m)
1	用于验算地基强度			
	荷载组合Ⅰ			
	A：恒载+双孔车辆+双孔人群	9 333	0	3
	B：恒载+单孔车辆+单孔人群	8 108	0	204
	荷载组合Ⅱ			
	A：恒载+双孔车辆+双孔人群+双孔制动力+常水位时风力	9 333	203	1 909
	B：恒载+单孔车辆+单孔人群+单孔制动力+常水位时风力	8 108	203	2 111

续表 7-17

序号	荷载组合情况	作用于基底形心处的力和力矩		
		N/kN	H/kN	M/(kN·m)
2	用于验算基础偏心距和稳定性 荷载组合Ⅰ 恒载+单孔车辆+单孔人群+设计水位时浮力	6 946	0	204
	荷载组合Ⅱ A:恒载+单孔车辆+单孔人群+单孔制动力+设计水位时风力+设计水位时浮力	6 946	183	2 041
	B:恒载+单孔车辆+单孔人群+单孔制动力+常水位时风力+常水位时浮力	7 541	203	2 111
3	恒载+常水位时浮力	7 840	0	0

六、合力偏心距验算

由合力偏心距 $e_0=M/N$,对照表 7-17 中所列的荷载组合情况,较容易看出最不利的荷载组合应为表 7-17 中序号 1 中的组合ⅡB,其 $M=2\ 111$ kN·m 属最大,而 $N=8\ 108$ kN 比组合ⅡA 中的 N 小。

基础底面面积:

$A=4.48\times9.28=41.57(\mathrm{m}^2)$

截面抵抗矩:

$W=1/6\times9.28\times4.48^2=31.04(\mathrm{m}^3)$

所以　　　　　　$\rho=W/A=31.04\div41.57=0.747(\mathrm{m})$

由表 7-18 计算结果可见均符合要求。

表 7-18　合力偏心距计算表

荷载情况	N/kN	M/(kN·m)	$e_0=M/N$/m	要求
组合Ⅰ	6 946	204	0.029	$e_0\leqslant\rho$
组合ⅡA	6 946	2 041	0.294	$e_0\leqslant\rho$
组合ⅡB	7 541	2 111	0.280	$e_0\leqslant\rho$

七、地基强度验算

(一)持力层强度

按地质资料,采用相关规范中的方法,先求得修正后持力层的容许承载力:

$$[\sigma]=[\sigma_0]+k_1\gamma_1(b-2)+k_2\gamma_2(h-3)+10h_w$$

持力层为黏土,查得$[\sigma_0]=312$ kPa,由 $I_L=0.5$ 查表 7-11 得 $k_1=0$,故无宽度修正;由于 $h=3.25$ m(从一般冲刷线算起),持力层为塑态黏土,可视为不透水,故可考虑埋深及水深修正，$h_w=19.5-18.0=1.5(\mathrm{m})$，于是：

$$[\sigma]=312+19.8\times1.5\times0.25+10\times1.5=334(\mathrm{kPa})$$

对于荷载组合Ⅱ来说，容许承载力提高系数 $K=1.25$。

按表 7-17 序号 1 的荷载组合Ⅱ情况 B，$e_0=M/N=2\,111/8\,108=0.26(\mathrm{m})$，$W/A=\rho=0.747\ \mathrm{m}$，$e_0\leqslant\rho$，故基底应力为

$$\begin{matrix}\sigma_{max}\\ \sigma_{min}\end{matrix}=\frac{N}{A}\pm\frac{M}{W}=\frac{F+G}{A}\left(1\pm\frac{6e}{b}\right)=\frac{8\,108}{41.57}\pm\frac{2\,111}{31.04}=\begin{matrix}263\\127\end{matrix}(\mathrm{kPa})$$

各种荷载组合下的基底应力列表计算于表 7-19 中。

表 7-19 各种荷载组合下的基底应力值

荷载情况		N/kN	M/(kN·m)	N/A	M/W	σ_{max}	σ_{min}
组合Ⅰ	A	9 333	3	225	0	225	225
	B	8 108	204	195	7	202	188
组合Ⅱ	A	9 333	1 909	225	62	287	163
	B	8 108	2 111	195	68	263	127

从计算结果可以看出，对于组合Ⅰ而言，A 是最不利组合，但与 B 比较，并不明显，故两种情况都要计算；对于组合Ⅱ而言，A 是最不利组合，但与 B 比较也不明显。

表 7-19 中 σ_{max} 均小于$[\sigma]=334$ kPa，肯定符合要求，故持力层强度足够。

（二）软弱下卧层强度

下卧层为亚黏土，由 $I_L=\dfrac{33.1-19.8}{36.0-19.8}=0.82$，$e=0.984$，查表 7-7 得$[\sigma_0]=140$ kPa，小于持力层$[\sigma_0]=312$ kPa，故为软弱下卧层。

由 $I_L>0.5$ 查表 7-11 得 $k_1=0$，$k_2=1.5$，且持力层不透水，可计入水深修正，故软弱下卧层的容许承载力为

$$\begin{aligned}[\sigma]_{h+z}&=[\sigma_0]+k_1\gamma_1(b-2)+k_2\gamma_2(h+z-3)+10h_w\\&=140+0+1.5\times20.5\times(3.25+2.25-3)+10\times1.5\\&=232(\mathrm{kPa})\end{aligned}$$

其中，由于持力层不透水，γ_2 采用黏土层的饱和容重值，即

$$\gamma_2=\gamma_{sat}=\frac{G_s+e}{1+e}\gamma_w=\frac{2.74+0.656}{1.656}\times10=20.5(\mathrm{kN/m^3})$$

下卧层顶面应力为：$\sigma_{h+z}=\gamma_1(h+z)+\alpha_c(\sigma-\gamma_2 h)$，其中 h 应从河底算起，故 $h=18.7-14.75=3.95(\mathrm{m})$，$(h+z)$和 h 范围内均为黏土，计算时用其天然容重，故 $\gamma_1=\gamma_2=19.8\ \mathrm{kN/m^3}$。

因为 $z/b=2.25/4.48=0.725<1$，取 $\sigma=\dfrac{\sigma_{min}+\sigma_{max}}{2}$。

组合ⅠA 时：$\sigma=225$ kPa，由 $a/b=9.28/4.48=2.07$，查表内插得 $\alpha_c=0.646$，故

$$\sigma_{h+z}=19.8\times(3.95+2.25)+0.646\times(225-19.8\times3.95)=217.6(\mathrm{kPa})$$

对组合Ⅰ，$\sigma_{h+z}\leqslant K[\sigma]_{h+z}$，故符合要求。

组合ⅡA 时：$\sigma=\dfrac{287+163}{2}=225(\mathrm{kPa})$，有

$$\sigma_{h+z} = 19.8 \times (3.95 + 2.25) + 0.646 \times (225 - 19.8 \times 3.95) = 217.6(\text{kPa})$$

组合Ⅱ，$\sigma_{h+z} \leqslant K[\sigma]_{h+z}$，故符合要求。

八、基础稳定性

（一）抗倾覆稳定性

$K_0 = \dfrac{y}{e_0}$，其中 $y = b/2 = 2.24(\text{m})$，$e_0 = M/N$，取不利荷载组合，K_0 计算见表 7-20。结果符合要求。

表 7-20　K_0 计算

荷载情况	N/kN	M/(kN·m)	$e_0=\dfrac{M}{N}$/m	K_0	最低要求
组合Ⅰ	6 946	204	0.029	77.24	1.5
组合ⅡA	6 946	2 041	0.294	7.62	1.3
组合ⅡB	7 541	2 111	0.280	8.0	1.3

（二）抗滑动稳定性

$K_e = \dfrac{Nf}{H}$，其中黏土 $I_L=0.5$，属软塑态，查表 7-14 得 $f=0.25$，K_e 计算见表 7-21。K_e 满足要求。

表 7-21　K_e 计算

荷载情况	N/kN	H/kN	Nf/kN	K_e	最低要求
组合Ⅰ	6 946	0	1 736.5	—	1.3
组合ⅡA	6 946	183	1 736.5	9.5	1.3
组合ⅡB	7 541	203	1 885.25	9.3	1.3

九、地基变形

本桥为静定梁桥，跨径不大，且地基土质良好，可不必计算沉降量。

本章小结

(1)浅基础根据材料可分为砖基础、毛石基础、灰土基础、三合土基础、混凝土基础、钢筋混凝土基础；根据形状和大小可分为独立基础、条形基础（包括十字形交叉条形基础）、筏板基础、箱形基础及壳体基础；根据受力条件及构造可分为刚性基础和柔性基础两大类。影响基础埋深的因素有相邻建筑物与场地环境、地基土的性质、地下水条件、荷载大小与性质。地基基础设计的原则：基础底面的压力小于地基的容许承载力；地基及基础的变形量小于结构物要求的沉降值；地基及基础整体稳定有足够保证；基础本身的强度满足要求。

(2)基础设计时要进行荷载取值，地基变形验算时要确定地基承载力特征值，确定基础底面压力，进行软弱下卧层承载力验算、地基变形验算，计算地基变形允许值。

(3)扩展基础设计内容包括基础底面面积确定（与无筋扩展基础相似）、抗冲切验算、抗弯验算、抗剪验算、局部受压验算(当基础的混凝土强度等级小于柱的混凝土强度等级时)。

(4)筏板基础分为平板式筏基和梁板式筏基两种类型。筏板基础内力计算一般采用简化方法,即刚性板法。

(5)箱形基础结构设计内容包括顶板、底板、内墙、外墙以及门洞过梁等构件的强度计算配筋和构造要求。基底反力计算目前常采用的方法有刚性法、弹性地基梁法、基底反力系数法。

(6)为防止和减轻不均匀沉降的危害,常用的方法有:对地基某一深度内或局部进行人工处理;采用桩基础或其他基础方案;在建筑设计、结构设计和施工方面采取某些措施。

练习题

7-1 浅基础的分类有哪些?其分类的依据是什么?

7-2 简述浅基础的构造。

7-3 刚性基础和柔性基础有何区别?各有什么特点?

7-4 建筑物对地基与基础的要求有哪些?基础设计时如何考虑?

7-5 确定基础埋置深度时,应考虑哪些因素?

7-6 天然地基上刚性浅基础设计计算包括哪些步骤和内容?需要做哪些验算?

7-7 消除或减轻不均匀沉降的危害有哪些主要措施?

7-8 某轴心受压基础,底面尺寸为 $l \times b = 4\ \text{m} \times 4\ \text{m}$。基础埋深 $d = 2$ m,地下水位与基底平齐。地基土为黏土,测得土的物理性质:$\omega = 31\%$、$\gamma = 19\ \text{kN/m}^3$、$G_s = 2.8$、$\omega_L = 31.6\%$、$\omega_p = 26.8\%$,$[\sigma_0] = 200$ kPa。试确定修正后的地基容许承载力$[\sigma]$。

7-9 某一矩形底面的柱下独立基础置于图 7-14 所示的持力层上,作用在±0.00 标高处的竖向荷载 $F_k = 900$ kN,持力层的地基承载力特征值$[\sigma_0] = 160$ kPa,下卧层地基承载力特征值$[\sigma_0] = 85$ kPa。试确定独立柱基础的底面尺寸,并验算下卧层的承载力。

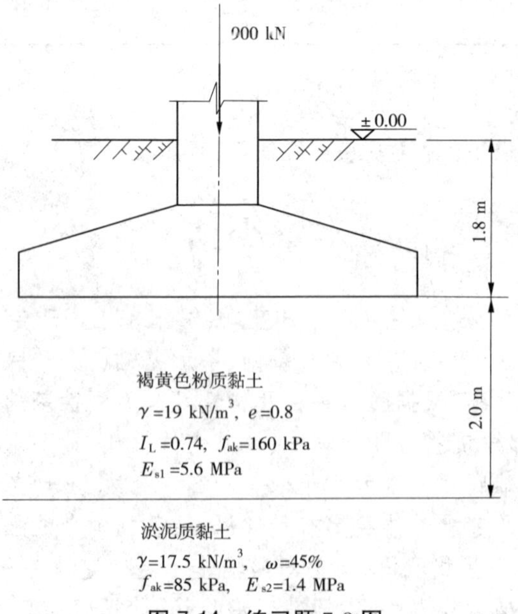

图 7-14 练习题 7-9 图

第 8 章　桩基础

【本章导读】

基本要求：通过本章学习，掌握桩基的分类、构造与适用条件。

重点：单桩竖向承载力的确定方法；桩基础设计的一般规定、设计步骤。

难点：将所学知识与工程实践相结合，对桩基础进行设计。

【课程思政】

党的二十大报告指出，必须坚持科技是第一生产力、人才是第一资源、创新是第一动力。通过科技创新，提升工程建设质量。

北京大兴国际机场被誉为“新世界七大奇迹”之首，获第十九届中国土木工程詹天佑奖，航站楼超大基础工程地质复杂，粉细砂层孔壁坍塌及沉渣对桩基础的施工造成了极大的难度，中国的工程师们创新采用聚合物泥浆护壁和二次清孔施工工艺完美地解决了这一世界性难题，提高了桩基施工效率，保证了桩基质量。

8.1 概　述

桩基础是一种承载性能好、适用范围广的深基础，在建筑、市政、桥梁、港口以及近海结构等工程中得到越来越广泛的应用。

桩基础是由桩和承台组成的深基础，如图 8-1 所示。桩基础通过承台将桩顶部连成一个整体，共同承受上部结构荷载，并将该荷载传递给每一根桩；桩再将该荷载传递至桩侧及桩端的岩土层中去。

与天然地基上的浅基础相比，桩基础具备如下特点：其一，从施工上看，桩基础需采用特定的施工机械或手段，把基础结构置入深部稳定的岩土层中；其二，桩基础的入土深度（桩长）与基础结构宽度（桩径或承台宽度）之比较大，在决定深基础的承载力时，基础侧面的摩阻支承力不能忽略，有时甚至起主要作用；其三，浅基础地基可能有不同的破坏模式，但桩基础地基却往往只发生冲切破坏；其四，桩基础承载力高，变形小，稳定性好，抗震性能好。

桩基础适用于以下情况：

(1) 荷载较大，地基上部土层软弱，适宜的地基持力层位置较深，采用浅基础或人工地基在技术上、经济上不合理时。

(2) 软弱地基，采用地基处理在技术上不可行、经济上不合理时。

(3) 地基软硬不均或荷载分布不均匀，天然地基不能满足结构物对差异沉降限制的要求时。

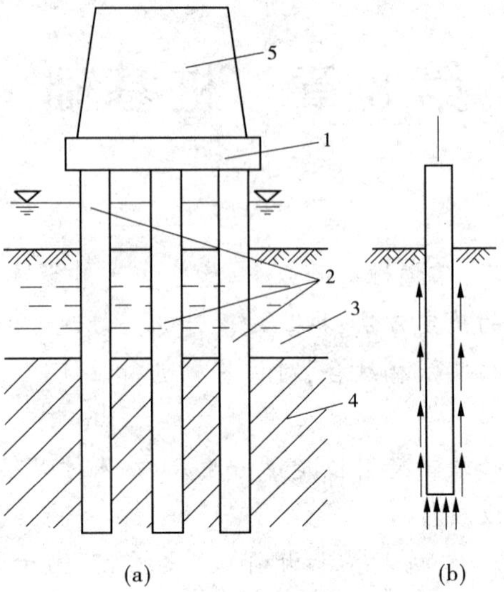

1—承台;2—基桩;3—松软土层;4—持力层;5—墩身。

图 8-1 桩基础

(4)特殊性地基,如湿陷性黄土、季节性冻土,要求采用桩基础将荷载传到深层稳定的土层。

(5)河床冲刷较大、河道不稳定或冲刷深度不易计算正确,如果采用浅基础施工困难或不能保证基础安全时。

(6)当施工水位或地下水位较高时,采用桩基础可减轻施工困难和避免水下施工。

(7)地震区,在可液化地基中,采用桩基础可增加结构物的抗震能力,桩基础穿越可液化土层并伸入下部密实稳定土层,可消除或减轻地震对结构物的危害。

以上情况也可以采取其他形式的深基础,但桩基础由于耗用材料少、施工快速简便,往往是优先考虑的深基础方案。

8.2 桩的类型

8.2.1 按承台位置分类

桩基础按承台位置可分为高桩承台基础和低桩承台基础,如图 8-2 所示。承台底面位于地面(或冲刷线)以上称为高承台桩基础,也称高桩承台基础;而承台全部沉入土中则称为低承台桩基础,也称低桩承台基础。高桩承台基础结构特点是:基桩部分桩身埋入土中,部分桩身外露在地面以上,由于承台位置较高或设在施工水位以上,能避免或减少水下作业,施工较为方便;但高桩承台基础刚度较小,在水平力作用下,由于承台及基桩露出地面一段自由长度,而周围又无土体来共同承受水平外力,基桩的受力情况较为不利,桩身内力和位移都将大于在同样水平外力作用下的低桩承台基础,稳定性方面也较低桩承台基础差。

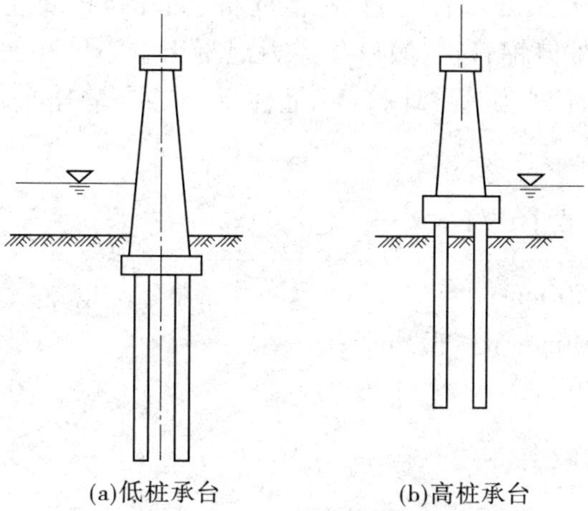

图 8-2　高桩承台和低桩承台

8.2.2　按承载性状分类

(1)摩擦型桩:如图 8-3(a)所示,摩擦型桩在承载能力极限状态下,桩顶竖向荷载由桩侧阻力承受,桩端阻力小到可忽略不计。其中,端承摩擦型桩在承载能力极限状态下,桩顶竖向荷载主要由桩侧阻力承受。

(2)端承型桩:如图 8-3(b)所示,端承型桩在承载能力极限状态下,桩顶竖向荷载由桩端阻力承受,桩侧阻力小到可忽略不计。其中,摩擦端承型桩在承载能力极限状态下,桩顶竖向荷载主要由桩端阻力承受。

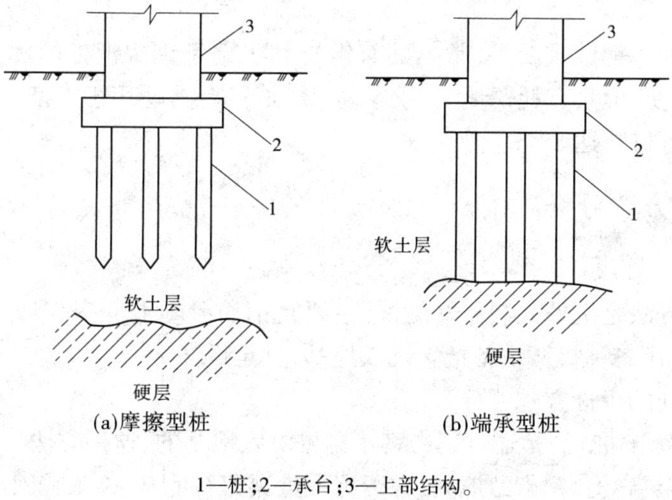

1—桩;2—承台;3—上部结构。

图 8-3　端承型桩与摩擦型桩

8.2.3　按成桩方法分类

(1)非挤土桩:干作业法钻(挖)孔灌注桩、泥浆护壁法钻(挖)孔灌注桩、套管护壁法钻(挖)孔灌注桩。

(2)部分挤土桩：长螺旋压灌注桩、冲孔灌注桩、钻孔挤扩灌注桩、预钻孔打入(静压)预制桩、打入(静压)式敞口钢管桩、敞口预应力混凝土空心桩和H型钢桩。

(3)挤土桩：沉管灌注桩、沉管夯(挤)扩灌注桩、打入(静压)预制桩、闭口预应力混凝土空心桩和闭口钢管桩。

8.2.4 按桩径(设计直径 d)大小分类

(1)小直径桩：$d \leqslant 250$ mm；

(2)中等直径桩：250 mm$<d \leqslant 800$ mm；

(3)大直径桩：$d>800$ mm。

8.2.5 按桩身材料分类

按组成桩身材料可分为木桩、钢筋混凝土桩和钢桩。

8.2.5.1 木桩

木桩是古老的预制桩，它常由松木、杉木等制成，其直径一般为160~260 mm，桩长一般为4~6 m。木桩的优点是自重小，加工制作、运输、沉桩方便，但它具有承载力低、材料来源困难等缺点，目前已不被采用，只有在临时性小型工程中使用。

8.2.5.2 钢筋混凝土桩

钢筋混凝土桩常做成实心的方形、圆形或空心管桩。预制长度一般不超过12 m，在桩长超过一定长度后，在沉桩过程中需要接桩。

钢筋混凝土灌注桩的优点是承载力大，不受地下水位的影响，目前已广泛地应用到各种工程中。

8.2.5.3 钢桩

钢桩即用各种型钢做成的桩，常见的有钢管和工字型钢。钢桩的优点是承载力高，运输、吊桩和沉桩方便，但具有耗钢量大、成本高、锈蚀等缺点，适用于大型、重型设备基础。目前我国最大的钢管桩长达88 m。

8.2.6 按施工方法分类

8.2.6.1 预制桩

预制桩施工方法是把预先制作好的桩(主要是钢筋混凝土桩、预应力混凝土实心桩、管桩、钢桩或木桩)，用各种机械设备把它沉入地基，直至设计标高。

预制桩按不同的沉桩方式可分为：

(1)打入桩(锤击桩)。是通过锤击将预制桩沉入地基的，这种方法适用于桩径较小，地基土为可塑状黏土、砂土、粉土的地基，对于有大量漂卵石地基，施工较困难。打入桩伴有较大的振动和噪声，在城市建筑密集地区施工时需考虑对环境的影响。

(2)振动下沉桩。是将大功率的振动器安装在桩顶，利用振动以减小土对桩的阻力，使桩沉入土中。这种方法适用于可塑状的黏性土和砂土。

(3)静力压桩。是借助桩架自重及桩架上的压重，通过液压或滑轮组提供的反力将预制桩压入土中。

预制桩按材料可分为钢桩、钢筋混凝土预制桩和预应力管桩。其中,预应力管桩因强度高、施工时可接桩,在工程中广泛使用。

8.2.6.2　灌注桩

灌注桩是在现场地基钻、挖孔,然后浇筑钢筋混凝土或混凝土而形成的桩。灌注桩按成孔方式可分为以下几种:

(1)钻孔灌注桩。是在预定桩位,先用钻孔机械排土成孔,然后在孔中放入钢筋骨架,灌注混凝土而形成的桩。钻孔灌注桩的施工设备简单,操作方便,适用于各种黏性土、砂土地基,也适用于碎卵石土和岩层地基。

(2)挖孔灌注桩。是依靠人工(用部分机械配合)或机械在地基中挖出桩孔,然后浇筑钢筋混凝土或混凝土所形成的桩。其特点是不受设备限制,施工简便,场区各桩可同时施工。挖孔桩桩径要求大于 1.4 m,以便直接观察地层情况,保证孔底清孔的质量。

为确保施工安全,挖孔深度不宜太深。挖孔灌注桩一般适用于无水或渗水量较小的地层,对可能发生流砂或较厚的软黏土地基施工较困难。挖孔桩能直接检验孔壁和孔底土质以保证桩的质量,同时为增大桩底支承力,可用开挖办法扩大桩底。

(3)冲孔灌注桩。利用钻锥不断地提锥、落锥反复冲击底土层,把土层中的泥沙、石块挤向四周或打成碎渣,利用掏渣筒取出,形成冲击钻孔。冲击钻孔适用于含有漂卵石、大块石的土层及岩层,成孔深度一般不超过 50 m。

(4)沉管灌注桩。是用锤击或振动的方法把带有钢筋混凝土的桩尖或带有活瓣式桩尖的钢套管沉入土层中成孔,然后在套管内放置钢筋骨架,并边灌混凝土边拔套管而形成的灌注桩,也可将钢套管打入土中成孔后向套管中灌注混凝土并拔出套管成桩。沉管灌注桩适用于黏性土、砂土地基。由于采用了套管,可以避免钻孔灌注桩施工中可能产生的流砂、塌孔的危害和由泥浆护壁所带来的排渣等弊病,但桩径较小。在黏性土中,由于沉管的排土挤压作用对邻桩有挤压影响,挤压产生的孔隙水压力易使拔管时出现混凝土缩颈现象。

8.3　桩的承载力

桩的承载力是设计桩基础的关键。单桩的竖向承载力是指竖直单桩在轴向外荷载作用下,不丧失稳定、不产生过大变形时的最大荷载值。它主要由两个方面来确定,即桩身结构的承载力和土对桩的支承力。确定桩的承载力的主要方法有静载荷试验法、原位测试法、经验参数法等。

8.3.1　单桩竖向极限承载力的一般规定

(1)设计采用的单桩竖向极限承载力标准值应符合下列规定:

①设计等级为甲级的建筑桩基,应通过单桩静载荷试验确定。

②设计等级为乙级的建筑桩基,当地质条件简单时,可参照地质条件相同的试桩资料,结合静力触探等原位测试和经验参数综合确定;其余均应通过单桩静载荷试验确定。

③设计等级为丙级的建筑桩基,可根据原位测试和经验参数确定。

(2)单桩竖向极限承载力标准值、极限侧阻力标准值和极限端阻力标准值应按下列规定确定：

①单桩竖向静载荷试验应按现行行业标准《建筑基桩检测技术规范》(JGJ 106—2014)执行。

②对于大直径端承型桩，也可通过深层平板(平板直径应与孔径一致)载荷试验确定极限端阻力。

③对于嵌岩桩，可通过直径为0.3 m的岩基平板载荷试验确定极限端阻力标准值，也可通过直径为0.3 m的嵌岩短墩载荷试验确定极限侧阻力标准值和极限端阻力标准值。

④桩的极限侧阻力标准值和极限端阻力标准值宜通过埋设桩身轴力测试元件由静载荷试验确定，并通过测试结果建立极限侧阻力标准值和极限端阻力标准值与土层物理指标、岩石饱和单轴抗压强度以及与静力触探等土的原位测试指标间的经验关系，以经验参数法确定单桩竖向极限承载力。

8.3.2 单桩竖向静载荷试验

静载荷试验是评价单桩承载力最为直观和可靠的方法，它除考虑地基的支承能力外，也计入了桩身材料对承载力的影响。

对于灌注桩，应在桩身强度达到设计强度后方能进行静载荷试验。对于预制桩，由于沉桩扰动强度下降有待恢复，因此在砂土中沉桩7 d后，黏性土中沉桩15 d后，饱和软黏土中沉桩25 d后才能进行静载荷试验。

静载荷试验时，加荷分级不应小于8级，每级加载量宜为预估极限荷载的1/10~1/8。

测读桩沉降量的间隔时间为：每级加载后，第5 min、10 min、15 min时各测读一次，以后每15 min测读一次，累计1 h后每隔半小时测读一次。

在每级荷载作用下，桩的沉降量连续两次在每小时内小于0.1 mm时可视为稳定，稳定后即可加下一级荷载。

符合下列条件之一时可终止加载：

(1)荷载沉降曲线上有可判断极限承载力的陡降段，且桩顶总沉降量超过40 mm。

(2)后一级荷载产生的沉降量超过前一级荷载的2倍，且24 h尚未达到稳定。

(3)桩长25 m以上的非嵌岩桩，荷载沉降曲线呈现缓变型时，桩顶总沉降量大于60~80 mm。

(4)在特殊条件下，可根据具体要求加载至桩顶总沉降量大于100 mm。

卸载时，每级卸载值为加载值的2倍，卸载后隔15 min测读一次桩顶百分表读数，读两次后，隔半小时再读一次，即可卸下一级荷载。全部卸载后，隔3~4 h再测读一次桩顶百分表读数。

单桩竖向极限承载力可以根据荷载沉降(Q-s)曲线，按下列方法确定：

(1)当陡降段明显时，取相应于陡降段起点的荷载值为极限承载力。

(2)当Q-s曲线呈缓变型时，取桩顶总沉降量$s=40$ mm所对应的荷载作为极限承载力。

(3)在试验过程中，因最后一级荷载24 h尚未终止加载时，取前一级荷载为极限承载力。

(4)按上述方法判断极限承载力有困难时,可取沉降-时间(s-lg$t$)曲线尾部出现明显下弯曲的前一级荷载作为极限承载力。

(5)对桩基沉降有特殊要求时,应根据具体情况选取极限承载力。

8.3.3　原位测试法

当根据单桥探头静力触探资料确定混凝土预制桩单桩竖向极限承载力标准值时,如无当地经验,可按下式计算:

$$Q_{uk} = Q_{sk} + Q_{pk} = u \sum q_{sik} l_i + \alpha p_{sk} A_p \qquad (8\text{-}1)$$

当 $p_{s1k} \leqslant p_{s2k}$ 时

$$p_{sk} = \frac{1}{2}(p_{s1k} + \beta p_{s2k}) \qquad (8\text{-}2)$$

当 $p_{s1k} > p_{s2k}$ 时

$$p_{sk} = p_{s2k} \qquad (8\text{-}3)$$

式中　Q_{sk}、Q_{pk}——总极限侧阻力标准值、总极限端阻力标准值;

u——桩身周长;

q_{sik}——用静力触探比贯入阻力值估算的桩周第 i 层土的极限侧阻力;

l_i——桩周第 i 层土的厚度;

α——桩端阻力修正系数,可按表 8-1 取值;

p_{sk}——桩端附近的静力触探比贯入阻力标准值(平均值);

A_p——桩端面积;

p_{s1k}——桩端全截面以上 8 倍桩径范围内的比贯入阻力平均值;

P_{s2k}——桩端全截面以下 4 倍桩径范围内的比贯入阻力平均值,如桩端持力层为密实的砂土层,其比贯入阻力平均值 p_s 超过 20 MPa,则需乘以表 8-2 中系数 C 予以折减后,再计算 p_{s2k} 及 p_{s1k} 值;

β——折减系数,按表 8-3 选用。

表 8-1　桩端阻力修正系数 α 值

桩长/m	$l<15$	$15 \leqslant l \leqslant 30$	$30<l \leqslant 60$
α	0.75	0.75~0.90	0.90

注:桩长 $15 \leqslant l \leqslant 30$ m,α 值按 l 值直线内插;l 为桩长(不包括桩尖高度)。

表 8-2　系数 C

p_s/MPa	20~30	35	>40
系数 C	5/6	2/3	1/2

注:表 8-2 可内插取值。

表 8-3 折减系数 β

P_{s2k}/P_{s1k}	≤5	7.5	12.5	≥15
β	1	5/6	2/3	1/2

注:表 8-3 可内插取值。

当根据双桥探头静力触探资料确定混凝土预制桩单桩竖向极限承载力标准值时,对于黏性土、粉土和砂土,如无当地经验可按下式计算:

$$Q_{uk} = Q_{sk} + Q_{pk} = u\sum l_i \cdot \beta_i \cdot f_{si} + \alpha \cdot q_c \cdot A_p \tag{8-4}$$

式中 f_{si} ——第 i 层土的探头平均侧阻力, kPa ;

q_c ——桩端平面上、下探头阻力,kPa,取桩端平面以上 $4d$ (d 为桩的直径或边长)范围内按土层厚度的探头阻力加权平均值,然后与桩端平面以下 $1d$ 范围内的探头阻力进行平均;

α ——桩端阻力修正系数,黏性土、粉土取 2/3 ,饱和砂土取 1/2;

β_i ——第 i 层土桩侧阻力综合修正系数,黏性土、粉土 $\beta_i = 10.04(f_{si})^{-0.55}$,砂土 $\beta_i = 5.05(f_{si})^{-0.45}$

注:双桥探头的圆锥底面面积为 15 cm^2,锥角 60° ,摩擦套筒高 21.85 cm,侧面积为 300 cm^2。

8.3.4 经验参数法

当根据土的物理指标与承载力参数之间的经验关系确定单桩竖向极限承载力标准值时,宜按下式估算:

$$Q_{uk} = Q_{sk} + Q_{pk} = u\sum q_{sik} l_i + q_{pk} A_p \tag{8-5}$$

式中 q_{sik} ——桩侧第 i 层土的极限侧阻力标准值,如无当地经验,则可按表 8-4 取值;

q_{pk} ——极限端阻力标准值,如无当地经验,则可按表 8-5 取值。

表 8-4 桩的极限侧阻力标准值 q_{sik} 单位:kPa

土的名称	土的状态		混凝土预制桩	泥浆护壁钻(冲)孔桩	干作业钻孔桩
填土	—		22~30	20~28	20~28
淤泥	—		14~20	12~18	12~18
淤泥质土	—		22~30	20~28	20~28
黏性土	流塑	$I_L>1$	24~40	21~38	21~38
	软塑	$0.75<I_L\leq1$	40~55	38~53	38~53
	可塑	$0.50<I_L\leq0.75$	55~70	53~68	53~66
	硬可塑	$0.25<I_L\leq0.50$	70~86	68~84	66~82
	硬塑	$0<I_L\leq0.25$	86~98	84~96	82~94
	坚硬	$I_L\leq0$	98~105	96~102	94~104

续表 8-4

土的名称	土的状态		混凝土预制桩	泥浆护壁钻(冲)孔桩	干作业钻孔桩
红黏土		$0.7<a_w\leqslant1$	13~32	12~30	12~30
		$0.5<a_w\leqslant0.7$	32~74	30~70	30~70
粉土	稍密	$e>0.9$	26~46	24~42	24~42
	中密	$0.75\leqslant e\leqslant0.9$	46~66	42~62	42~62
	密实	$e<0.75$	66~88	62~82	62~82
粉细砂	稍密	$10<N\leqslant15$	24~48	22~46	22~46
	中密	$15<N\leqslant30$	48~66	46~64	46~64
	密实	$N>30$	66~88	64~86	64~86
中砂	中密	$15<N\leqslant30$	54~74	53~72	53~72
	密实	$N>30$	74~95	72~94	72~94
粗砂	中密	$15<N\leqslant30$	74~95	74~95	76~98
	密实	$N>30$	95~116	95~116	98~120
砾砂	稍密	$5<N_{63.5}\leqslant15$	70~110	50~90	60~100
	中密、密实	$N_{63.5}>15$	116~138	116~130	112~130
圆砾、角砾	中密、密实	$N_{63.5}>10$	160~200	135~150	135~150
碎石、卵石	中密、密实	$N_{63.5}>10$	200~300	140~170	150~170
全风化软质岩		$30<N\leqslant50$	100~120	80~100	80~100
全风化硬质岩		$30<N\leqslant50$	140~160	120~140	120~150
强风化软质岩		$N_{63.5}>10$	160~240	140~200	140~220
强风化硬质岩		$N_{63.5}>10$	220~300	160~240	160~260

注:1. 对于尚未完成自重固结的填土和以生活垃圾为主的杂填土,不计算其侧阻力;

2. a_w 为含水比,$a_w=\omega/\omega_L$,ω 为土的天然含水量,ω_L 为土的液限;

3. N 为标准贯入击数,$N_{63.5}$ 为重型圆锥动力触探击数;

4. 全风化、强风化软质岩和全风化、强风化硬质岩是指其母岩饱和单轴抗压强度标准值 $f_{rk}\leqslant15$ MPa、$f_{rk}>30$ MPa 的岩石。

表 8-5　桩的极限端阻力标准值 q_{pk}

单位:kPa

土名称	土的状态		混凝土预制桩桩长 l/m				泥浆护壁钻(冲)孔桩桩长 l/m				干作业钻孔桩桩长 l/m		
			$l \leqslant 9$	$9<l \leqslant 16$	$16<l \leqslant 30$	$l>30$	$5 \leqslant l<10$	$10 \leqslant l<15$	$15 \leqslant l<30$	$30 \leqslant l$	$5 \leqslant l<10$	$10 \leqslant l<15$	$15 \leqslant l$
黏性土	软塑	$0.75<I_L \leqslant 1$	210~850	650~1 400	1 200~1 800	1 300~1 900	150~250	250~300	300~450	300~450	200 ~400	400~700	700~950
黏性土	可塑	$0.50<I_L \leqslant 0.75$	850~1 700	1 400~2 200	1 900~2 800	2 300~3 600	350~450	450~600	600~750	750~800	500~700	800~1 100	1 000~1 600
黏性土	硬可塑	$0.25<I_L \leqslant 0.50$	1 500~2300	2 300~3 300	2 700~3 600	3 600~4 400	800~900	900~1 000	1 000~1 200	1 200~1 400	850~1 100	1 500~1700	1 700~1 900
黏性土	硬塑	$0<I_L \leqslant 0.25$	2 500~3 800	3 800~5 500	5 500~6 000	6 000~6 800	1 100~1 200	1 200~1 400	1 400~1 600	1 600~1800	1 600~1 800	2 200~2 400	2 600~2 800
粉土	中密	$0.75 \leqslant e \leqslant 0.9$	950~1 700	1 400~2 100	1 900~2 700	2 500~3 400	300~500	500~650	650~750	750~850	800~1 200	1 200~1 400	1 400~1 600
粉土	密实	$e<0.75$	1 500~2 600	2 100~3 000	2 700~3 600	3 600~4 400	650~900	750~950	900~1 100	1 100~1 200	1 200~1 700	1 400~1 900	1 600~2 100
粉砂	稍密	$10<N \leqslant 15$	1 000~1 600	1 500~2 300	1 900~2 700	2 100~3 000	350~500	450~600	600~700	650~750	500~950	1 300~1 600	1 500~1 700
粉砂	中密、密实	$N>15$	1 400~2 200	2 100~3 000	3 000~4 500	3 800~5 500	600~750	750~900	900~1 100	1 100~1 200	900~1 000	1 700~1 900	1 700~1 900
细砂	中密、密实	$N>15$	2 500~4 000	3 600~5 000	4 400~6 000	5 300~7 000	650~850	900~1 200	1 200~1 500	1 500~1 800	1 200~1 600	2 000~2 400	2 400~2 700
中砂	中密、密实	$N>15$	4 000~6 000	5 500~7 000	6 500~8 000	7 500~9 000	850~1 050	1 100~1 500	1 500~1 900	1 900~2 100	1 800~2 400	2 800~3 800	3 600~4 400
粗砂	中密、密实	$N>15$	5 700~7 500	7 500~8 500	8 500~10 000	9 500~11 000	1 500~1 800	2 100~2 400	2 400~2 600	2 600~2 800	2 900~3 600	4 000~4 600	4 600~5 200

续表 8-5

土名称	土的状态		混凝土预制桩桩长 l/m				泥浆护壁钻(冲)孔桩桩长 l/m				干作业钻孔桩桩长 l/m		
			$l \leqslant 9$	$9<l \leqslant 16$	$16<l \leqslant 30$	$l>30$	$5 \leqslant l<10$	$10 \leqslant l<15$	$15 \leqslant l<30$	$30 \leqslant l$	$5 \leqslant l<10$	$10 \leqslant l<15$	$15 \leqslant l$
砾砂	中密、密实	$N>15$	6 000~ 9 500		9 000 ~10 500		1 400~2 000		2 000~3 200		3 500~5 000		
角砾、圆砾		$N_{63.5}>10$	7 000~10 000		9 500~11 500		1 800~2 200		2 200~3 600		4 000~5 500		
碎石、卵石		$N_{63.5}>10$	8 000~11 000		10 500 ~13 000		2 000~ 3 000		3 000~4 000		4 500~6 500		
全风化软质岩		$30<N \leqslant 50$	4 000~6 000				1 000 ~1 600				1 200~2 000		
全风化硬质岩		$30<N \leqslant 50$	5 000~ 8 000				1 200~2 000				1 400~2 400		
强风化软质岩		$N_{63.5}>10$	6 000 ~ 9 000				1 400 ~2 200				1 600~2 600		
强风化硬质岩		$N_{63.5}>10$	7 000 ~11 000				1 800~2 800				2 000~ 3 000		

注:1. 砂土和碎石类土中桩的极限端阻力取值,宜综合考虑土的密实度,桩端进入持力层的深径比为 h_b/d ,土越密实, h_b/d 越大,取值越高;

2. 预制桩的岩石极限端阻力指桩端支承于中、微风化基岩表面或进入强风化岩、软质岩一定深度条件下极限端阻力;

3. 全风化、强风化软质岩和全风化、强风化硬质岩指其母岩分别为 $f_{rk} \leqslant 15$ MPa、$f_{rk}>30$ MPa 的岩石。

根据土的物理指标与承载力参数之间的经验关系,确定大直径桩单桩极限承载力标准值时,可按下式计算:

$$Q_{uk} = Q_{sk} + Q_{pk} = u\sum \psi_{si} q_{sik} l_i + \psi_p q_{pk} A_p \tag{8-6}$$

式中 q_{sik} ——桩侧第 i 层土极限侧阻力标准值,如无当地经验值,则可按表 8-4 取值,对扩底桩变截面以上 $2d$ 长度范围不计侧阻力;

q_{pk} ——桩径为 800 mm 的极限端阻力标准值,对干作业挖孔桩(清底干净)可采用深层载荷板试验确定,当不能进行深层载荷板试验时,可按表 8-6 取值;

ψ_{si}、ψ_p ——大直径桩侧阻、端阻尺寸效应系数,按表 8-7 取值;

u ——桩身周长,当人工挖孔桩桩周护壁为振捣密实的混凝土时,桩身周长可按护壁外直径计算。

表 8-6　干作业挖孔桩(清底干净,桩径 D = 800 mm)极限端阻力标准值 q_{pk}　单位:kPa

土名称		状态		
黏性土		$0.25<I_L\leqslant 0.75$	$0<I_L\leqslant 0.25$	$I_L\leqslant 0$
		800~1 800	1 800~2 400	2 400~3 000
粉土			$0.75\leqslant e\leqslant 0.9$	$e<0.75$
			1 000~1 500	1 500~2 000
砂土、碎石类土		稍密	中密	密实
	粉砂	500~700	800~1 100	1 200~2 000
	细砂	700~1 100	1 200~1 800	2 000~2 500
	中砂	1 000~2 000	2 200~3 200	3 500 ~5 000
	粗砂	1 200~2 200	2 500~3 500	4 000~5 500
	砾砂	1 400~2 400	2 600~4 000	5 000~7 000
	圆砾、角砾	1 600~3 000	3 200~5 000	6 000~9 000
	卵石、碎石	2 000~3 000	3 300~5 000	7 000~11 000

注:1. 当桩进入持力层的深度 h_b 分别为 $h_b\leqslant D$、$D<h_b\leqslant 4D$、$h_b>4D$ 时, q_{pk} 可相应取低、中、高值;

2. 砂土密实度可根据标准贯入击数判定, $N\leqslant 10$ 为松散, $10<N\leqslant 15$ 为稍密, $15<N\leqslant 30$ 为中密, $N>30$ 为密实;

3. 当桩的长径比 $l/d\leqslant 8$ 时, q_{pk} 宜取较低值;

4. 当对沉降要求不严时,可取高值。

表 8-7　大直径灌注桩侧阻尺寸效应系数 ψ_{si}、端阻尺寸效应系数 ψ_p

土类型	黏性土、粉土	砂土、碎石类土
ψ_{si},ψ_p	$(0.8/d)^{1/5}$	$(0.8/d)^{1/3}$

8.3.5　单桩竖向承载力特征值 R_a

根据《建筑桩基技术规范》(JGJ 94—2008),采用综合安全系数 K = 2 取代旧规范的荷载分项系数和抗力分项系数,从而使桩基安全度比旧规范有所提高。

单桩竖向承载力特征值按下式确定:

$$R_a = \frac{Q_{uk}}{K} \tag{8-7}$$

式中　R_a ——单桩竖向承载力特征值;

Q_{uk} ——单桩竖向极限承载力标准值,即由前面介绍的静力载荷试验、静力触探、经验参数法确定。

【例 8-1】　某场区从天然地面起往下的土层分布是:粉质黏土,厚度 $l_1 = 2$ m,$q_{s1a} = 24$ kPa;粉土,厚度 $l_2 = 6$ m,$q_{s2a} = 20$ kPa;中密的中砂,$q_{s3a} = 30$ kPa,$q_{pa} = 2\ 600$ kPa。现采用截面边长为 350 mm×350 mm 的预制桩,承台底面在天然地面以下 1.0 m,桩端进入中密中砂的深度为 1.0 m。试确定单桩承载力特征值。

解:

$$R_a = q_{pa}A_p + u\sum q_{sia}l_i$$
$$= 2\ 600\times0.35\times0.35+4\times0.35\times(24\times2+20\times6+30\times1)$$
$$= 595.7(\text{kN})$$

8.4　桩基础设计

桩基础的设计与浅基础一样,应力求做到选型恰当、安全适用、经济合理。从保证安全的角度出发,桩基础应有足够的强度、刚度和耐久性。因此,桩基础设计应满足下列基本条件:单桩承受的竖向荷载不宜超过单桩竖向承载力特征值,桩基础的沉降不得超过建筑物的沉降允许值,对位于坡地岸边的桩基应进行桩基稳定性验算。此外,对软土、湿陷性黄土、膨胀土、季节性冻土和岩溶等地区的桩基,应按有关规范的规定考虑特殊性土对桩基的影响,并在桩基设计中采取有效措施。

8.4.1　基本设计规定

桩基础应按下列两类极限状态设计:

(1)承载能力极限状态:桩基达到最大承载能力、整体失稳或发生不适于继续承载的变形。

(2)正常使用极限状态:桩基达到建筑物正常使用所规定的变形限值或达到耐久性要求的某项限值。

8.4.2　桩基的设计等级及建筑类型

根据建筑规模、功能特征、对差异变形的适应性、场地地基和建筑物体形的复杂性以及由于桩基问题可能造成建筑破坏或影响正常使用的程度,应将桩基设计分为 3 个设计等级,如表 8-8 所示。桩基设计时,应确定设计等级。

表 8-8　建筑桩基设计等级

设计等级	建筑类型
甲级	(1)重要的建筑； (2)30 层以上或高度超过 100 m 的高层建筑； (3)体形复杂且层数相差超过 10 层的高低层(含纯地下室)连体建筑； (4)20 层以上框架-核心筒结构及其他对差异沉降有特殊要求的建筑； (5)场地和地基条件复杂的 7 层以上的一般建筑及坡地、岸边建筑； (6)对相邻既有工程影响较大的建筑
乙级	除甲级、丙级以外的建筑
丙级	场地和地基条件简单、荷载分布均匀的 7 层及 7 层以下的一般建筑

8.4.3　桩基础的设计步骤和内容

8.4.3.1　桩基础的设计步骤

(1)进行调查研究、场地勘察,收集有关设计资料。

(2)综合地质勘察报告、荷载情况、使用要求、上部结构条件等确定持力层。

(3)确定桩的类型、外形尺寸和构造。

(4)确定单桩承载力特征值。

(5)根据上部结构荷载情况,初拟桩的数量和平面布置。

(6)根据桩平面布置,初拟承台尺寸及承台底标高。

(7)单桩承载力验算。

(8)验算桩基的沉降量。

(9)绘制桩和承台的结构及施工详图。

8.4.3.2　收集设计资料

桩基础设计资料包括:建筑物上部结构的情况、结构形式、平面布置、荷载大小、结构构造、使用要求等;工程地质勘察资料;建筑场地与环境的有关资料;施工条件的有关资料(如沉桩设备、动力设备等);当地使用桩基础的经验。

8.4.3.3　选择桩型、桩长和截面尺寸

桩基础设计时,应根据建筑物的结构类型、荷载条件、地质条件、施工能力和环境限制(噪声、震动、对周围建筑物地基的影响等)选择桩的类型。例如,城市中不宜选用挤土桩,在深厚软土中不宜采用大片密集有挤土效应的桩基,可考虑选用挤土效应软弱的预应力混凝土管桩或钻孔灌注桩等非挤土桩。

桩长主要取决于桩端持力层的选择。桩端最好进入稳定土层或岩层,采用端承桩的形式。当坚硬土层埋藏很深时,宜采用摩擦桩,但桩端也应尽量达到压缩性较低、强度中等的土层(持力层)。桩端进入持力层的深度宜为桩身直径的 1~3 倍,嵌岩桩嵌入完整或较完整的未风化、微风化、中风化硬质岩体的最小深度为 0.5 m,确保桩端与岩体面接触。若持力层下有软弱下卧层,桩端以下持力层厚度不宜小于 4 倍桩径,否则端承力将降低甚至丧失。

桩的截面尺寸应与桩长相适应,桩的长径比主要根据桩身不产生压屈失稳及考虑施工现场条件来确定。对于预制桩而言,摩擦桩长径比不宜大于 100;端承桩或摩擦桩需穿越一定厚度的硬土层,其长径比不宜大于 80。对于灌注桩而言,端承桩的长径比不宜大于 60,当穿越淤泥、自重湿陷性黄土时不宜大于 40;而摩擦桩的长径比则不受限制。当有保证桩身质量的可靠措施和成熟经验时,长径比可适当增大。

8.4.3.4　确定桩数和桩位平面布置

1. 桩数的确定

承台下桩的数量可按下列公式确定:

轴心竖向力作用下

$$n \geqslant \frac{F_k + G_k}{R_a} \tag{8-8}$$

偏心竖向力作用下

$$n \geqslant \mu \frac{F_k + G_k}{R_a} \tag{8-9}$$

式中　F_k ——相应于荷载效应标准组合时,作用于桩基承台顶面的竖向力,kN;

G_k ——桩基承台自重及承台上土重标准值,kN;

n ——桩基中的桩数;

R_a ——单桩竖向承载力特征值,kN;

μ ——考虑偏心荷载的增大系数,一般取 1.1~1.2。

2. 桩的平面布置

(1) 桩的中心距不小于桩径的 3 倍,以减少摩擦桩侧阻力的叠加效应,但也不宜大于桩径的 6 倍,避免承台过大。基桩的最小中心距应符合表 8-9 的规定;当施工中采取减少挤土效应的可靠措施时,可根据当地经验适当减小。

表 8-9　基桩的最小中心距

土类与成桩工艺		排数不少于 3 排且桩数不少于 9 根的摩擦型桩基	其他情况
非挤土灌注桩		3.0d	3.0d
部分挤土桩		3.5d	3.0d
挤土桩	非饱和土	4.0d	3.5d
	饱和黏性土	4.5d	4.0d
钻、挖孔扩底桩		2D 或 D+2.0 m(当 D>2 m 时)	1.5D 或 D+1.5 m(当 D>2 m 时)
沉管夯扩、钻孔挤扩桩	非饱和土	2.2D 且 4.0d	2.0D 且 3.5d
	饱和黏性土	2.5D 且 4.5d	2.2D 且 4.0d

注:d 为圆桩直径或方桩边长,D 为扩大端设计直径。

(2) 布桩时要使长期荷载的合力作用点与桩群形心尽可能接近,减少偏心荷载;要尽量对结构受力有利,如对墙体落地的结构宜沿墙下布桩;尽量使桩基在承受水平力和力矩较大的方向有较大的断面抵抗矩,如承台的长边与力矩较大的平面取的一致。

8.4.3.5 桩基承载力验算

1. 桩顶竖向力的计算

应按下列公式计算群桩中的基桩或复合基桩的桩顶作用效应：

轴心竖向力作用下

$$N_k = \frac{F_k + G_k}{n} \tag{8-10}$$

偏心竖向力作用下

$$N_{ik} = \frac{F_k + G_k}{n} \pm \frac{M_{xk} y_i}{\sum y_j^2} \pm \frac{M_{yk} x_i}{\sum x_j^2} \tag{8-11}$$

$$N_{kmax} = \frac{F_k + G_k}{n} \pm \frac{M_{xk} y_{max}}{\sum y_j^2} \pm \frac{M_{yk} x_{max}}{\sum x_j^2} \tag{8-12}$$

式中 F_k ——荷载效应标准组合下，作用于承台顶面的竖向力；

G_k ——桩基承台和承台上土自重标准值，对稳定的地下水位以下部分应扣除水的浮力；

N_k ——荷载效应标准组合轴心竖向力作用下，基桩或复合基桩的平均竖向力；

N_{ik} ——荷载效应标准组合偏心竖向力作用下，第 i 基桩或复合基桩的竖向力；

N_{kmax} ——荷载效应标准组合偏心竖向力作用下，单桩的最大竖向力；

M_{xk}、M_{yk} ——荷载效应标准组合下，作用于承台底面，绕通过桩群形心的 x、y 主轴的力矩；

x_i、x_j、y_i、y_j ——第 i、j 基桩或复合基桩至 y 轴、x 轴的距离；

n ——桩基中的桩数。

2. 桩顶竖向承载力的验算

轴心竖向力作用下：

$$N_k \leqslant R \tag{8-13}$$

偏心竖向力作用下除满足式(8-13)外，尚应满足下式的要求：

$$N_{kmax} \leqslant 1.2R \tag{8-14}$$

式中 N_k ——荷载效应标准组合轴心竖向力作用下，基桩或复合基桩的平均竖向力；

N_{kmax} ——荷载效应标准组合偏心竖向力作用下，桩顶最大竖向力；

R ——基桩或复合基桩竖向承载力特征值。

8.4.3.6 桩身结构设计

灌注桩桩身混凝土强度等级不得小于 C25，混凝土预制桩强度等级不得小于 C30；灌注桩主筋的混凝土保护层厚度不应小于 35 mm，水下灌注桩的主筋混凝土保护层厚度不得小于 50 mm；当桩身直径为 300~2 000 mm 时，正截面配筋率可取 0.2%~0.65%（小直径桩取高值）；对于受荷载特别大的桩、抗拔桩和嵌岩端承桩，应根据计算确定配筋率，并不应小于上述规定值。

灌注桩配筋长度：端承型桩和位于坡地岸边的基桩应沿桩身等截面或变截面通长配筋；桩径大于 600 mm 的摩擦型桩配筋长度不应小于 2/3 桩长；当受水平荷载时，配筋长度尚不宜小于 4.0 m/ a（a 为桩的水平变形系数）；对于受地震作用的基桩，桩身配筋长度应穿过可液化土层和软弱土层，进入稳定土层；受负摩阻力的桩、因先成桩后开挖基坑而随地基土回弹的桩，其配筋长度应穿过软弱土层并进入稳定土层，进入的深度不应小于 2~3 倍桩身直径；专用抗拔桩及因地震作用冻胀或膨胀力作用而受拔力的桩，应等截面或变截面通长配筋。对于受水平荷载的桩，主筋不应小于 8 Φ 12；对于抗压桩和抗拔桩，主筋不应少于 6 Φ 10；纵向主筋应沿桩身周边均匀布置，其净距不应小于 60 mm。

箍筋应采用螺旋式，直径不应小于 6 mm，间距宜为 200~300 mm；受水平荷载较大的桩基、承受水平地震作用的桩基以及考虑主筋作用计算桩身受压承载力时，桩顶以下 $5d$ 范围内的箍筋应加密，间距不应大于 100 mm；当桩身位于液化土层范围内时，箍筋应加密；当考虑箍筋受力作用时，箍筋配置应符合《混凝土结构设计标准》(GB/T 50010—2010)的有关规定；当钢筋笼长度超过 4 m 时，应每隔 2 m 设一道直径不小于 12 mm 的焊接加劲箍筋。

混凝土预制桩的截面边长不应小于 200 mm；预应力混凝土预制实心桩的截面边长不宜小于 350 mm。

预制桩的混凝土强度等级不宜低于 C30；预应力混凝土实心桩的混凝土强度等级不应低于 C40；预制桩纵向钢筋的混凝土保护层厚度不宜小于 30 mm。预制桩的桩身配筋应按吊运、打桩及桩在使用中的受力等条件计算确定。采用锤击法沉桩时，预制桩的最小配筋率不宜小于 0.8%。静压法沉桩时，最小配筋率不宜小于 0.6%，主筋直径不宜小于 14 mm，打入桩顶以下 4~5 倍桩身直径长度范围内箍筋应加密，并设置钢筋网片。

预制桩的分节长度应根据施工条件及运输条件确定；每根桩的接头数量不宜超过 3 个；预制桩的桩尖可将主筋合拢焊在桩尖辅助钢筋上，当持力层为密实砂和碎石类土时，宜在桩尖处包以钢板桩靴，加强桩尖。

8.4.3.7 承台设计

在基桩数量、桩距和平面布置形式确定后，即可确定承台尺寸。承台应有足够的强度和刚度，以便将各基桩连接成整体，将上部结构荷载安全可靠地传递到各个基桩。同时，承台本身也具有类似浅基础的承载能力。承台形式较多，如柱下独立承台、柱下或墙下条形基础(梁式承台)、筏板承台、箱形承台等。本书仅介绍最常用的柱下独立承台的设计。承台除满足构造要求外，还应满足抗弯曲、抗冲切及抗剪切承载力和上部结构的要求。承台埋置深度参照基础确定。

1. 承台的构造要求

(1)承台的宽度不应小于 500 mm。边桩中心至承台边缘的距离不宜小于桩的直径或边长，且桩的外边缘至承台梁边缘距离不小于 75 mm。

(2)承台的最小厚度不应小于 300 mm。

(3)承台的配筋，对于矩形承台，其钢筋应按双向均匀通长布置。

(4)承台混凝土强度等级不应低于 C20，纵向钢筋的混凝土保护层厚度不应小于 70 mm，当有混凝土垫层时，不应小于 40 mm。

2. 承台的抗弯承载力设计

多数承台的钢筋含量较低，常为受弯破坏。承台抗弯承载力设计的本质是配筋设计，按承台截面最大弯矩进行配筋。柱下桩基承台的弯矩可按以下算法确定：

(1)两桩条形承台和多桩矩形承台弯矩计算截面取在柱边和承台变阶处[见图 8-4(a)]，可按下列公式计算：

$$M_x = \sum N_i y_i \tag{8-15}$$

$$M_y = \sum N_i x_i \tag{8-16}$$

式中 M_x、M_y——绕 x 轴和 y 轴方向计算截面处的弯矩设计值；

x_i、y_i——垂直 y 轴和 x 轴方向自桩轴线到相应计算截面的距离；

N_i——不计承台及其上土重，在荷载效应基本组合下的第 i 基桩或复合基桩竖向反力设计值。

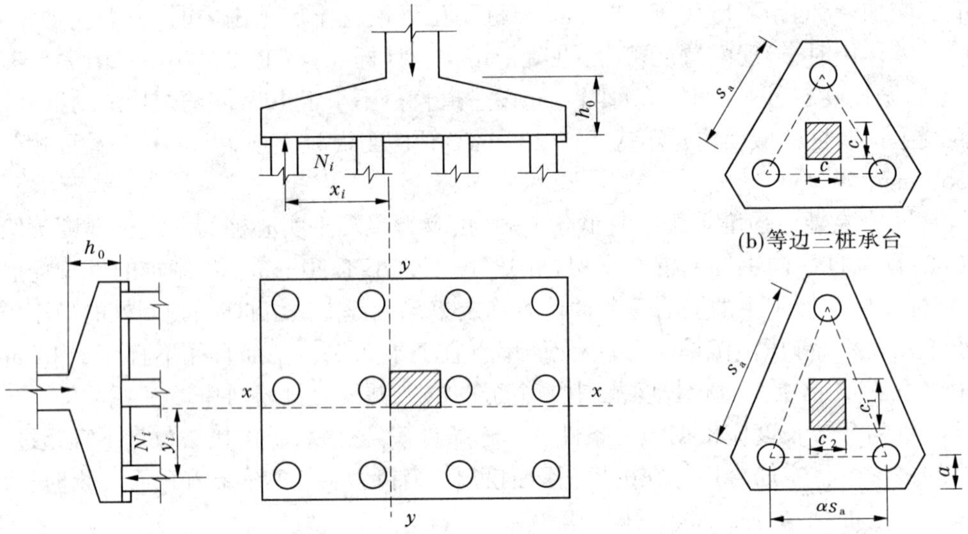

(a)矩形多桩承台

(b)等边三桩承台

(c)等腰三桩承台

图 8-4　承台弯矩计算示意图

(2)三桩承台的正截面弯矩值应符合下列要求：

等边三桩承台［(见图 8-4(b)］

$$M = \frac{N_{max}}{3}\left(s_a - \frac{\sqrt{3}}{4}c\right) \tag{8-17}$$

式中 M——通过承台形心至各边边缘正交截面范围内板带的弯矩设计值；

N_{max}——不计承台及其上土重，在荷载效应基本组合下三桩中最大基桩或复合基桩竖向反力设计值；

s_a——桩中心距；

c——方柱边长，圆柱时 $c = 0.8d$（d 为圆柱直径）。

等腰三桩承台［见图 8-4(c)］

$$M_1 = \frac{N_{max}}{3}\left(s_a - \frac{0.75}{\sqrt{4 - a^2}}c_1\right) \tag{8-18}$$

$$M_2 = \frac{N_{max}}{3}\left(\alpha s_a - \frac{0.75}{\sqrt{4 - a^2}}c_2\right) \tag{8-19}$$

式中 M_1、M_2——通过承台形心至两腰边缘和底边边缘正交截面范围内板带的弯矩设计值；

s_a ——长向桩中心距；

α ——短向桩中心距与长向桩中心距之比，当 α 小于 0.5 时，应按变截面的二桩承台设计；

c_1、c_2——垂直于、平行于承台底边的柱截面边长。

3. 承台抗冲切承载力设计

柱下桩基础独立承台承受的冲切作用包括柱对承台的冲切和角桩对承台的冲切。如果承台厚度不够，就会产生冲切破坏锥体。

在轴心竖向力作用下，桩基承台受柱（墙）的冲切可按下列规定计算：

（1）冲切破坏锥体应采用自柱（墙）边或承台变阶处至相应桩顶边缘连线所构成的锥体，锥体斜面与承台底面的夹角不应小于 45°（见图 8-5）。

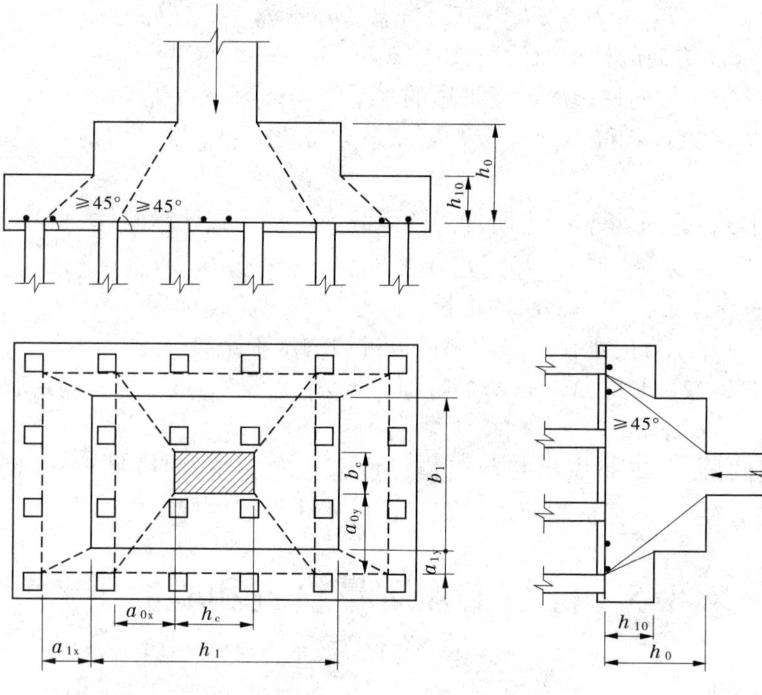

图 8-5　柱对承台的冲切计算示意图

（2）受柱（墙）冲切承载力可按下列公式计算：

$$F_1 \leqslant \beta_{hp}\beta_0 u_m f_t h_0 \tag{8-20}$$

$$F_1 = F - \sum Q_i \tag{8-21}$$

$$\beta_0 = \frac{0.84}{\lambda + 0.2} \tag{8-22}$$

式中　F_1——不计承台及其上土重，在荷载效应基本组合下作用于冲切破坏锥体上的冲切力设计值；

f_t ——承台混凝土抗拉强度设计值；

β_{hp} ——承台受冲切承载力截面高度影响系数，当 $h \leqslant 800$ mm 时，β_{hp} 取 1.0，$h \geqslant$ 2 000 mm 时，β_{hp} 取 0.9，其间按线性内插法取值；

u_m——承台冲切破坏锥体一半有效高度处的周长；

h_0——承台冲切破坏锥体的有效高度；

β_0——柱(墙)冲切系数；

λ——冲跨比，$\lambda = a_0/h_0$，a_0 为柱(墙)边或承台变阶处到桩边水平距离，当 $\lambda < 0.25$ 时，取 $\lambda = 0.25$，当 $\lambda > 1.0$ 时，取 $\lambda = 1.0$；

F——不计承台及其上土重，在荷载效应基本组合作用下柱(墙)底的竖向荷载设计值；

$\sum Q_i$——不计承台及其上土重，在荷载效应基本组合下冲切破坏锥体内各基桩或复合基桩的反力设计值之和。

(3)柱下矩形独立承台受柱冲切的承载力可按下式计算(见图8-5)：

$$F_1 \leqslant 2[\beta_{0x}(b_c + a_{0y}) + \beta_{0y}(h_c + a_{0x})]\beta_{hp} f_t h_0 \tag{8-23}$$

式中 h_c、b_c——x、y 方向的柱截面的边长；

a_{0x}、a_{0y}——x、y 方向柱边离最近桩边的水平距离。

β_{0x}、β_{0y} 由式(8-22)求得，$\lambda_{0x} = a_{0x}/h_0$、$\lambda_{0y} = a_{0y}/h_0$、$\lambda_{0x}$，$\lambda_{0y}$ 均应满足 0.25～1.0 的要求。

(4)柱下矩形独立阶形承台受上阶冲切的承载力可按下式计算(见图8-4)：

$$F_1 \leqslant 2[\beta_{1x}(b_1 + a_{1y}) + \beta_{1y}(h_1 + a_{1x})]\beta_{hp} f_t h_{10} \tag{8-24}$$

式中 h_1、b_1——x、y 方向承台上阶的边长；

a_{1x}、a_{1y}——x、y 方向承台上阶边离最近桩边的水平距离。

β_{1x}、β_{1y} 由式(8-22)求得，$\lambda_{1x} = a_{1x}/h_{10}$，$\lambda_{1y} = a_{1y}/h_{10}$，$\lambda_{1x}$、$\lambda_{1y}$ 均应满足 0.25～1.0 的要求。

对于圆柱及圆桩，计算时应将其截面换算成方柱及方桩，即取换算柱截面边长 $b_c = 0.8d_c$（d_c 为圆柱直径），换算桩截面边长 $b_p = 0.8d$（d 为圆桩直径）。

8.5 桩基工程质量检查和验收

8.5.1 一般规定

(1)桩基工程应进行桩位、桩长、桩径、桩身质量和单桩承载力的检验。

(2)桩基工程的检验按时间顺序可分为三个阶段：施工前检验、施工检验和施工后检验。

(3)对砂、石子、水泥、钢材等桩体原材料质量的检验项目和方法应符合国家现行有关标准的规定。

8.5.2 基桩及承台工程验收资料

(1)当桩顶设计标高与施工场地标高相近时，基桩的验收应待基桩施工完毕后进行；当桩顶设计标高低于施工场地标高时，应待开挖到设计标高后进行验收。

(2)基桩验收应包括下列资料：

①岩土工程勘察报告、桩基施工图、图纸会审纪要、设计变更单及材料代用通知单等；经

审定的施工组织设计、施工方案及执行中的变更单。

②桩位测量放线图,包括工程桩位线复核签证单。

③原材料的质量合格书和质量鉴定书。

④半成品如预制桩、钢桩等产品的合格证。

⑤施工记录及隐蔽工程验收文件。

⑥成桩质量检查报告。

⑦单桩承载力检测报告。

⑧基坑挖至设计标高的基桩竣工平面图及桩顶标高图。

⑨其他必须提供的文件和记录。

(3)承台工程验收时应包括下列资料:

①承台钢筋、混凝土的施工与检查记录。

②桩头与承台的锚筋、边桩离承台边缘距离、承台钢筋保护层记录。

③桩头与承台防水构造及施工质量。

④承台厚度、长度和宽度的量测记录及外观情况描述等。

(4)承台工程验收除符合本节规定外,尚应符合《混凝土结构工程施工质量验收规范》(GB 50204—2015)的规定。

8.6　其他深基础

除桩基础外,沉井、墩基、地下连续墙、沉箱都属于深基础。沉井多用于工业建筑和地下构筑物,与大开挖相比,它具有挖土量少、施工方便、占地少和对邻近建筑物影响较小的特点。墩基是指一种利用机械或人工在地基中开挖成孔后灌注混凝土形成的大直径桩基础,由于其直径粗大如墩,故称墩基础,它与桩基础有一定的相似之处,因此墩基和大直径桩尚无明确的界限。沉箱是将压缩空气压入一个特殊的沉箱室内以排除地下水,工作人员在沉箱内操作,比较容易排除障碍物,使沉箱顺利下沉,由于施工人员易患职业病,甚至发生事故,目前较少采用。地下连续墙是 20 世纪 50 年代后兴起的一种基础形式,具有无噪声、无振动,对周围建筑物影响小,并具有节约土方量、缩短工期、安全可靠等优点,其应用日益广泛。下面简要介绍沉井基础、地下连续墙和墩基础。

8.6.1　沉井基础

沉井是一种竖直的井筒结构,常用钢筋混凝土或砖石、混凝土等材料制成,一般分数节制作。施工时,在筒内挖土,使沉井失去支承而下沉,随下沉再逐节接长井筒,井筒下沉至设计标高后,浇筑混凝土封底。沉井适用于平面尺寸紧凑的重型结构物,如重型设备、烟囱的基础。沉井还可作为地下结构物使用,如取水结构物、污水泵房、矿山竖井、地下油库等。沉井适合在黏性土和较粗的砂土中施工,但土中有障碍物时会给下沉造成一定的困难。

沉井按横断面形状可分为圆形、方形或椭圆形等,根据沉井孔的布置方式又有单孔、双孔及多孔之分。

8.6.1.1　沉井结构

沉井结构由刃脚、井筒、内隔墙、封底及顶盖等部分组成。

(1)刃脚。在井筒下端,形如刀刃。下沉时刃脚切入土中,其底面称为踏面,应不小于 150 cm。土质坚硬时,踏面用钢板或角钢保护。刃脚内侧的倾斜角为 40°~60°。

(2)井筒。竖直的井筒是沉井的主要部分,它必须具有足够的强度用以挡土,又需有足够的重量克服外壁与土之间的摩阻力和刃脚土的阻力,使其在自重作用下节节下沉。为便于施工,沉井井孔净边长最小尺寸为 0.9 m。

(3)内隔墙。能提高沉井结构的刚度,它把沉井分隔成几个井孔,便于控制下沉和纠偏;墙底面标高应比刃脚踏面高 0.5 m,以利于沉井下沉。

(4)封底。沉井下沉到设计标高后,用混凝土封底。刃脚上方井筒内壁常设计有凹槽,以使封底与井筒牢固连接。

(5)顶盖。沉井做地下构筑物时,顶部需浇筑钢筋混凝土顶盖。

8.6.1.2 **沉井施工**

沉井施工时,应将场地平整夯实,在基坑上铺设一定厚度的砂层,在刃脚位置然后铺设垫土或浇筑混凝土垫层,再在垫木或垫层上制作刃脚和第一节沉井。当第一节沉井的混凝土强度达到设计强度时,才可拆除垫木或混凝土垫层,挖土下沉。其余各节沉井混凝土强度达到设计强度的 70%时,方可下沉,如图 8-6 所示。

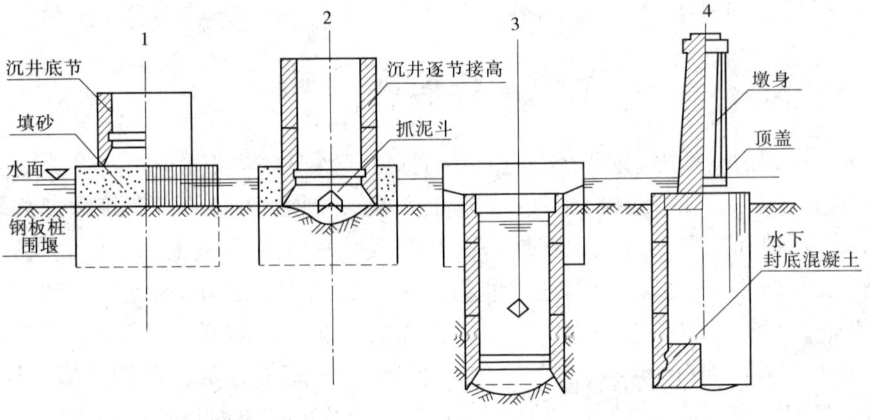

1—沉井底节在人工筑岛上灌注;2—沉井开始下沉及接高;3—沉井已下沉至设计标高;4—进行封底及墩身等工作。

图 8-6 沉井基础施工步骤

下沉方法分排水下沉和不排水下沉,前者适用于土层稳定不会因抽水而产生大量流砂的情况。当土层不稳定时,在井内抽水易产生大量流砂,此时不能排水,可在水下进行挖土,必须使井内水位始终保持高于井外水位 1~2 m。井内出土视土质情况,可用机械抓斗水下挖土,或者用高压水枪破土,用吸泥机将泥浆排出。

当一节井筒下沉至地面以上只剩下 1 m 左右时,应停止下沉,接长井筒。在沉井下沉至设计标高后,挖平筒底土层进行封底。

沉井下沉时,有时会发生偏斜、下沉速度过快或过慢,此时应仔细调查原因,调整挖土顺序和排除施工障碍,甚至借助卷扬机进行纠偏。

为保证沉井能够顺利下沉,其重力必须大于或等于沉井外侧四周总摩阻力的 1.15~1.25 倍。沉井的高度由沉井顶面标高(一般埋入地面以下 0.2 m 或地下水位以上 0.5 m)及底面标高决定,底面标高根据沉井用途、荷载大小、地基土性质确定。沉井平面形状和尺寸根据上部建筑物平面形状要求确定。井筒壁厚一般为 0.3~1.0 m,内隔墙一般为 0.5 m 左右,应根据施工和使用要求计算确定。

作为基础,沉井应满足地基承载力及沉降要求。

8.6.2　地下连续墙

地下连续墙是采用专门的挖槽机械,沿着深基础或地下建筑物的周边在地面下分段挖出一条深槽,并就地将钢筋笼吊放入槽内,用导管法浇筑混凝土,形成一个单元槽段,然后在下一个单元槽段依次施工,两个槽段之间以各种特定的接头方式相互连接,从而形成地下连续墙。地下连续墙既可以承受侧壁的土压力和水压力,在开挖时起支护、挡土、防渗等作用,同时又可将上部结构的荷载传到地基持力层,作为地下建筑和基础的一个部分。目前,地下连续墙已发展有后张预应力、预制装配和现浇等多种形式,应用越来越广。

现浇地下连续墙施工时,一般先修导墙,用以导向和防止机械碰坏槽壁。地下连续墙厚度一般为 450~800 mm,每一个单元槽段长度一般为 4~7 m,墙体深度可达几十米。目前,地下连续墙常用的挖槽机械按其工作机制可分为挖斗式、冲击式和回转式三大类。为了防止坍孔,钻进时应向槽中压送循环泥浆,直至挖槽深度达到设计深度时,沿挖槽前进方向埋接头管,再吊入钢筋网、冲洗槽孔,用导管浇灌混凝土,待混凝土凝固后再拔出接头管。按以上顺序循环施工,直到完成。

地下连续墙分段施工的接头方式和质量是墙体质量的关键。除接头管施工外,也有采用其他接头的,如接头箱接头、隔板式接头及预制构件接头等。在施工期间,各槽段的水平钢筋互不连接,待连续墙混凝土强度达到设计要求以及墙内土方挖走后,使接头处的混凝土凿去一部分,将接头处的水平钢筋和墙体与梁、柱、楼面、地板、地下室内墙钢筋的连接钢筋焊上。

地下连续墙的强度必须满足施工阶段和使用期间的强度及构造要求,其内力计算在国内常采用的方法有:弹性法、塑性法、弹塑性法、经验法和有限元法。

8.6.3　墩基础

在国内,“墩基础”的术语较早出现在《土工原理与计算》一书的“深基础地基的承载力”一节之首。该书称当基础的埋深小于或等于其宽度($D \leqslant B$)时,该基础称为浅基础;当基础埋深大于其宽度($D>B$)时,称为深基础。沉箱、沉井、管柱等墩式基础,以及工程中常用的桩都是属于深基础的一种。该书明确墩基础是有别于桩基础的另一类型深基础。虽然国内已经颁布的规范性文献中尚未出现过“墩基础”这一术语,但在工程实践中由于各种条件决定,有时很难将基础形式设计成浅基础或桩基础。这样,墩基础设计就成了一项应该面对的课题。

建筑工程中,墩基础是通过挖(冲、钻)成孔、现浇混凝土设置的基础形式,可以扩底或不扩底。工程实践中,宜按墩基础设计的场合往往是:当采用浅基础时,部分地段的基底持力层埋深很大;当采用桩基础时,部分地段的桩端持力层埋深太小。目前的共识基本上是:埋深大于 3 m、直径不小于 800 mm,且埋深与墩身直径之比小于 6 或埋深与扩底直径之比小于 4 的独立基础,可视为墩基础。墩身有效长度一般超过 5 m。

对于墩基础设计,规范还未有规定,可引用的只有对桩基础和浅基础的设计规定。工程实践中对墩基础的具体做法可以简单地归结为:构造按桩基础,承载力按浅基础。因为就几何形状而言,墩基础接近于桩基础,所以构造按桩基础;而遵循偏于安全的原则,在承载力确定上,只能按有关浅基础的规定。其要点如下:

(1)单墩承载力特征值计算不考虑墩侧摩阻力。

(2)对于土质地基,墩基持力层承载力特征值采用修正后的承载力特征值或按抗剪强度指标确定的承载力特征值。

(3)对于岩质地基,墩基持力层承载力特征值不进行深宽修正。

(4)对于深度超过5 m且墩周土体强度较高者,当采用公式计算、室内试验、查表或其他原位测试方法(载荷试验除外)确定墩底持力层承载力特征值时,可乘以1.1的调整系数,岩石地基不予调整。

值得注意的是,通过岩石地基载荷试验确定承载力的方法对浅基础与桩基础同样适用,而且取值基本相同。

本章小结

(1)桩基础的类型按承台位置可分为高桩承台基础、低桩承台基础;按承载性状可分为摩擦型桩和端承型桩;按成桩方法可分为非挤土桩、部分挤土桩、挤土桩;按桩径可分为小直径桩($d \leqslant 250$ mm)、中等直径桩(250 mm$< d <$800 mm)和大直径桩($d \geqslant 800$ mm);按桩身材料可分为木桩、钢筋混凝土桩和钢桩;按施工方法可分为预制桩和灌注桩。

(2)桩的承载力可按单桩竖向静载荷试验、原位测试法、经验参数法进行确定,并且最终得到单桩竖向承载力特征值R_a。

(3)桩基础的设计步骤和内容主要如下:

①进行调查研究、场地勘察,收集有关设计资料。

②综合地质勘察报告、荷载情况、使用要求、上部结构条件等确定持力层。

③确定桩的类型、外形尺寸和构造。

④确定单桩承载力特征值。

⑤根据上部结构荷载情况,初拟桩的数量和平面布置。

⑥根据桩平面布置初拟承台尺寸及承台底标高。

⑦单桩承载力验算。

⑧验算桩基的沉降量。

⑨绘制桩和承台的结构及施工详图。

(4)桩基础工程质量检查及验收的一般规定如下:

①桩基工程应进行桩位、桩长、桩径、桩身质量和单桩承载力的检验。

②桩基工程的检验按时间顺序可分为三个阶段:施工前检验、施工检验和施工后检验。

③对砂、石子、水泥、钢材等桩体原材料质量的检验项目和方法应符合国家现行有关标准的规定。

(5)除桩基础外,沉井、墩基、地下连续墙、沉箱都属于深基础。沉井按横断面形状可分为圆形、方形或椭圆形等,根据沉井孔的布置方式又有单孔、双孔及多孔之分,沉井结构由刃脚、井筒、内隔墙、封底及顶盖等部分组成。地下连续墙既可以承受侧壁的土压力和水压力,在开挖时起支护、挡土、防渗等作用,同时又可将上部结构的荷载传到地基持力层,作为地下建筑和基础的一个部分。

练习题

8-1　某工程采用泥浆护壁钻孔灌注桩,桩径 1.2 m,桩端进入中等风化岩 1.0 m,中等风化岩岩体较完整,饱和单轴抗压强度标准值为 41.5 MPa,桩顶以下土层参数见表 8-10,估算单桩极限承载力标准值最接近下列哪个选项的数值?(取桩嵌岩段侧阻和端阻综合系数 $\zeta_r = 0.76$)

A. 32 200 kN　　B. 36 800 kN　　C. 40 800 kN　　D. 44 200 kN

表 8-10　土层参数

层序	类型	层底深度/m	层厚/m	q_{sik}/kPa	q_{pk}/kPa
①	黏土	13.70	13.70	32	—
②	粉质黏土	16.00	2.30	40	—
③	粗砂	18.00	2.00	75	—
④	强风化岩	26.85	8.85	180	2 500
⑤	中等风化岩	34.85	8.00	—	—

8-2　某钻孔灌注桩,桩径 $d = 1.0$ m,扩底直径 $D = 1.4$ m,扩底高度 1.0 m,桩长 $l = 12.5$ m,桩端入中砂层持力层 0.8 m。土层分布:0~6 m 为黏土,$q_{sik} = 40$ kPa;6~10.7 m 为粉土,$q_{sik} = 44$ kPa;10.7 m 以下为中砂层,$q_{sik} = 55$ kPa,$q_{pk} = 5\ 500$ kPa。试计算单桩承载力特征值。

8-3　某柱(0.5 m×0.5 m)竖向荷载 $F_k = 2\ 500$ kN,弯矩 $M_k = 560$ kN·m,采用 0.3 m×0.3 m 预制桩,桩长 11.3 m,承台埋深 1.2 m,已做设计性试桩,单桩承载力特征值 $R_a = 320$ kN,试:

(1)确定桩数;

(2)确定承台尺寸、桩间距;

(3)验算复合基桩竖向承载力;

(4)承台采用 C25 混凝土,确定承台高度和验算冲切承载力;

(5)确定承台配筋(采用Ⅱ级钢筋)。

第 9 章　地基处理

【本章导读】

基本要求：通过本章学习，掌握换填法的作用及适用范围、垫层的设计计算方法与步骤、垫层的施工要点、质量检测的方法；熟悉排水固结法的概念、加固机制、排水系统、加载系统；了解地基处理的对象、目的、分类、原则及注意事项；了解密实法、化学加固法、加筋法的分类及特点。

重点：排水固结、换土垫层的设计要点。

难点：复合地基设计的相关要求。

【课程思政】

党的二十大报告提出，推进新型工业化，加快建设制造强国、质量强国、航天强国、交通强国、网络强国、数字中国。

国之重器港珠澳大桥被誉为“现代世界七大奇迹”之一，其岛隧工程获詹天佑奖，实现了我国外海沉管隧道从零到一的突破。自研地基处理深插式大直径钢圆筒快速筑岛技术功不可没，我国向制造强国、质量强国、交通强国的目标迈出了坚实的一大步。

9.1　概　述

当建筑物的地基存在着强度不足、压缩性过大或不均匀时，为保证建筑物的安全与正常使用，有时必须考虑对地基进行人工处理。需要处理的地基大多为软弱土和不良土，主要有软黏土、湿陷性黄土、杂填土、饱和粉细砂与粉土地基、膨胀土、泥炭土、多年冻土、岩溶和土洞等。随着我国经济建设的发展和科学技术的进步，高层建筑物和重型结构物不断修建，对地基的强度和变形要求越来越高。因此，地基处理问题也就越来越广泛和重要。

早在两千年前，我国就开始利用夯实法和在软土中夯入碎石等压密土层的方法。中华人民共和国成立后，先后采用过砂垫层、砂井和硅化法、振冲法、强夯法、加筋法等处理软弱地基。我国各地自然地理环境不同，土质各异，地基条件区域性较强，因此使基础工程这门学科特别复杂。我们不但要善于针对不同的地质条件、不同的结构物选定最合适的基础形式、尺寸和布置方案，而且要善于选取最恰当的地基处理方法。

9.1.1　地基处理的目的

在软弱地基上建造工程，可能会发生沉降或差异沉降大、地基沉降范围大、地基剪切破坏、承载力不足、地基液化、地基渗漏、管涌等一系列问题。地基处理的目的就是针对这些问题，采取适当的措施来改善地基条件，这些措施主要包括以下 5 个方面：

(1)改善剪切特性。地基的剪切破坏以及在土压力作用下的稳定性，取决于地基土的抗剪强度。因此，为了防止剪切破坏以及减轻土压力，需要采取一定的措施以增大地基土的抗剪强度。另外，防止侧向流动(塑性流动)产生的剪切变形，也是改善剪切特性的目的之一。

(2)改善压缩特性。需要研究采取何种措施以提高地基土的压缩模量,借以减少地基土的沉降。

(3)改善透水特性。由于是在地下水的运动中所出现的问题,故需要研究采取某种措施使地基土变成不透水或减轻其水压力。

(4)改善动力特性。地震时,饱和松散粉细砂(包括一部分粉土)将会产生液化,因此需要研究采取某种措施防止地基土液化,并改善其振动特性以提高地基的抗震性能。

(5)改善特殊土的不良地基特性。主要是消除或减少黄土的湿陷性和膨胀土的胀缩性等特殊土的不良地基的特性。

9.1.2　地基处理的对象

地基处理的对象包括软弱地基与不良地基两种。

9.1.2.1　软弱地基

软弱地基在地表下相当深范围内为软弱土。

1. 软弱土的特性

软弱土包括淤泥、淤泥质土、冲填土和杂填土。这类土的工程特性为压缩性高、抗剪强度低,通常很难满足地基承载力和变形的要求,不能作为永久性大型建筑物的天然地基。

淤泥和淤泥质土具有下列特性:

(1)天然含水量高。这类土的天然含水量很高,大于土的液限,呈流塑状态。

(2)孔隙比大。这类土的孔隙比 $e \geqslant 1.0$,即土中孔隙的体积大于或等于固体的体积。其中 $e \geqslant 1.5$ 的土称为淤泥,$1 \leqslant e < 1.5$ 的土称为淤泥质土。

(3)压缩性高。这类土的压缩性很高,一般压缩系数为 0.7~1.5 MPa^{-1},属高压缩性土;最差的淤泥可达 4.5 MPa^{-1},属超高压缩性土。

(4)渗透性差。这类土的固体直径小,渗透系数也小,这类地基的沉降可能会持续几年或几十年才能稳定。

(5)具有结构性。这类土一旦受到扰动,其絮状结构受到破坏,土的强度显著降低,灵敏度大(通常大于 4)。

2. 软弱土的分布

淤泥和淤泥质土比较广泛地分布在上海、天津、宁波、连云港、广州、厦门等沿海地区,以及昆明、武汉等内陆平原和山区。

冲填土分布在我国长江、黄浦江、珠江两岸等地区,是在整治和疏通江河航道时,用挖泥船通过泥浆泵将泥沙挟大量水分吹到江河两岸而形成的沉积土。

杂填土是指由于人类活动而任意堆填的建筑垃圾、工业废料和生活垃圾。杂填土的分布最广,成因没有规律,组成的物质杂乱,结构松散,分布极不均匀。

9.1.2.2　不良地基

不良地基包括饱和松散粉细砂、湿陷性黄土、膨胀土和季节性冻土、泥炭土、岩溶、土洞、山区等特殊土构成的地基,都需要进行地基处理。

9.1.3　地基处理方法的分类

地基处理的方法分类多种多样,按处理深度可分为浅层处理和深层处理;按时间可分为临时处理和永久处理；按土的性质可分为砂性土处理和黏性土处理；按地基处理的作用机制大致可分为土质改良、土的置换、土的补强。

地基处理的基本方法有置换、夯实、挤密、排水、加筋、热学等，如表 9-1 所示。

表 9-1　常用地基处理方法

编号	分类	处理方法	原理及作用	适用范围
1	碾压及夯实	重锤夯实法、机械碾压法、振动压实法、强夯法（动力固结）	利用压实原理，通过机械碾压夯击，把表层地基土压实，强夯则利用强大的夯击能，在地基中产生强烈的冲击波和动应力，使土体动力固结密实	碎石、砂土、粉土、低饱和度的黏性土、杂填土等。对饱和黏性土可采用强夯法
2	换土垫层	砂石垫层、素土垫层、灰土垫层、矿渣垫层	以砂石、素土、灰土和矿渣等强度较高的材料置换地基表层软弱土，提高持力层的承载力，减少沉降量	暗沟、暗塘等软弱土地基
3	排水固结	天然地基预压、砂井预压、塑料排水板预压、真空预压、降水预压	通过改善地基排水条件和施加预压荷载，加速地基的固结和强度增长，提高地基的稳定性，并使基础沉降提前完成	饱和软弱土层；对渗透性很低的泥炭土，则应慎重
4	振密挤密	振冲挤密、灰土挤密桩、砂桩、石灰桩、爆破挤密	采取一定的技术措施，通过振动或挤密，使土体孔隙减少，强度提高；也可在振动挤密的过程中，回填砂、砾石、灰土、素土等，与地基土组成复合地基，从而提高地基的承载力，减少沉降量	松砂、粉土、杂填土及湿陷性黄土
5	置换及拌入	振冲置换、深层搅拌、高压喷射注浆、石灰桩等	采取专门的技术措施，以砂、碎石等置换软弱土地基中部分软弱土，或在部分软弱土地基中掺入水泥、石灰或砂浆等形成加固体，与周边土组成复合地基，从而提高地基的承载力，减少沉降量	黏性土、冲填土、粉砂、细砂等。振冲置换法对不排水抗剪强度 $\tau<20$ kPa 时慎用
6	土工聚合物	土工膜、土工织物、土工格栅等合成物	一种用于土工的化学纤维新型材料，可用于排水、隔离、反滤和加固补强等方面	软土地基填土及陡坡填土、砂土
7	其他	树根桩，灌浆，冻结，托换技术，纠偏技术	通过独特的技术措施处理软弱土地基	根据建筑物和地基基础情况确定

有些地基处理方法具有多种处理效果,如碎石桩具有挤密、置换、排水和加筋多重作用;石灰桩又挤密又吸水,吸水后进一步挤密等。因此,我们在选择地基处理的方法时,要综合考虑其所获得的多种处理效果。

9.1.4　地基处理方法的选用原则

地基处理方法的选用原则如下:

(1)选用方案应与工程的规模、特点和当地土的类别相适应。

(2)处理后土的加固深度。

(3)上部结构的要求。

(4)能使用的材料。

(5)能选用的机械设备,并掌握加固原理与技术。

(6)周围环境因素和邻近建筑的安全。

(7)对施工工期的要求应留有余地。

(8)专业技术施工队伍的素质。

(9)施工技术条件与经济技术比较,尽量节省材料与资金。

总之,应做到技术先进、经济合理、安全适用、确保质量、因地制宜、就地取材、保护环境、节约资源。

选定了地基处理方案后,地基加固处理应尽量提早进行,地基加固后强度的提高往往需要一定的时间,随着时间的延长,强度会继续增长。施工时应调整施工速度,确保地基的稳定和安全。同时,要在施工过程中加强管理,以防止管理不善而导致未能取得预期的处理效果。在施工中对各个环节的质量标准要严格掌握,如换土垫层压实时的最优含水量和最大干重度,堆载预压的填土速率和边桩位移控制。施工结束后应按国家规定进行工程质量检验和验收。

经地基处理的建筑应在施工期间进行沉降观测,要对被加固的软弱地基进行现场勘探,了解地基加固效果、修正加固设计、调整施工速度;有时在地基加固前,为了保证对邻近建筑物的安全,还要对邻近建筑物进行沉降和裂缝等观测。

9.2　换填法

9.2.1　换填法的作用及适用范围

换填法是先将基础底面以下一定范围内的软弱土层挖除,然后回填砂、碎石、灰土或素土等强度较大的材料,分层夯压密实后作为地基垫层,也称换土垫层法。按回填材料的不同可分为砂垫层、碎石垫层、灰土垫层和素土垫层等。不同的材料,其力学性质不同,但其作用和计算原理相同。

9.2.1.1　换土垫层的作用

(1)提高地基的承载力。挖除了原来的软弱土质,换填了强度高、压缩性低的砂石垫层,可以提高地基的承载力。

(2)减少地基沉降量。通过砂石垫层的应力扩散作用,减小了垫层下天然软弱土层所受附加压力,因而减小了地基的沉降量。

(3)加速软弱土层的排水固结。砂石垫层透水性大,软弱土层受压力后,砂、石垫层作为良好的排水面,使孔隙水压力迅速消散,从而加速了软土固结过程。

(4)防止冻胀和消除膨胀土地基的胀缩作用。由于砂、石等粗颗粒材料的孔隙大,不会出现毛细管现象,因此用砂石垫层可以防止水的集聚而产生的冻胀。在膨胀土地基上用砂石垫层代替部分或全部膨胀土,可以有效地避免土的胀缩作用。

9.2.1.2 换土垫层的适用范围

换土垫层法适用于淤泥、淤泥质土、湿陷性黄土、素填土、杂填土及暗沟、暗塘等的浅层处理。

换土垫层法多用于多层或低层建筑的条形基础或独立基础的情况,换土的宽度与深度有限,既经济又安全。特别指出的是,砂垫层不宜用于处理湿陷性黄土地基,因为砂垫层较大的透水性反而易引起黄土的湿陷。用素土垫层或灰土垫层处理湿陷性黄土地基,可消除1~3 m厚黄土的湿陷性。

对于不同的工程,砂垫层的作用是不一样的,在房屋建筑工程中主要起换土作用,而在路堤和土坝工程中则主要起排水固结作用。

下面就以砂垫层为例介绍垫层计算方法和施工要求。

9.2.2 砂垫层的设计与计算

砂垫层设计应满足建筑物对地基的强度和变形的要求。具体内容就是确定合理的砂垫层断面,即厚度和宽度。对于起换土作用的垫层,既要有足够的厚度置换可能被剪切破坏的软弱土层,又要有足够的宽度以防止砂垫层的两侧挤出。

9.2.2.1 砂垫层的厚度

用一定厚度的砂垫层置换软弱土层后,上部荷载通过砂垫层按一定扩散角传递到下卧土层顶面上的全部压力,不应超过下卧土层的容许承载力,如图9-1所示。

$$p_z + p_{cz} \leqslant f_{az} \tag{9-1}$$

式中 p_z ——相应于荷载效应标准组合时,垫层顶面处的附加应力,kPa;

p_{cz} ——垫层底面处自重压力标准值,kPa;

f_{az} ——垫层底面处下卧土层经修正后的地基承载力特征值,kPa。

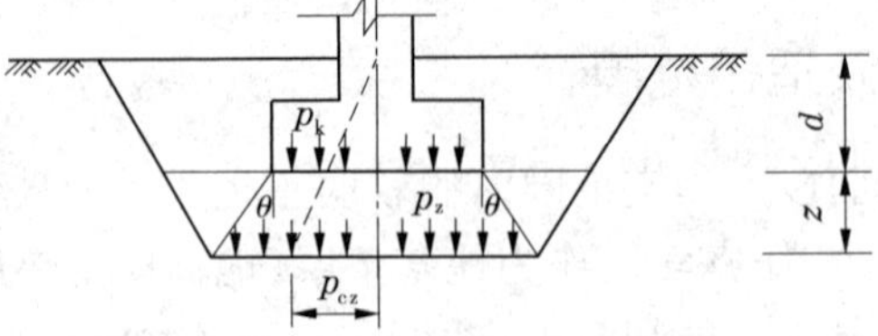

图9-1 垫层剖面

垫层的厚度不宜大于3 m。垫层底面处的附加压力值 p_z 可分别按式(9-2)与式(9-3)简化计算。

条形基础

$$p_z = \frac{b(p_k - p_c)}{b + 2z\tan\theta} \tag{9-2}$$

矩形基础

$$p_z = \frac{bl(p_k - p_c)}{(b + 2z\tan\theta)(l + 2z\tan\theta)} \tag{9-3}$$

式中　b——矩形基础或条形基础底面宽度，m；

l——矩形基础底面长度，m；

p_k——相应于荷载效应标准组合时，基础底面平均压力值，kPa；

p_c——基础底面处土的自重压力值，kPa；

z——基础底面下垫层的厚度，m；

θ——垫层的压力扩散角，按表 9-2 采用。

表 9-2　压力扩散角

z/b	换填材料		
	碎石土、砾砂、粗中砂、石屑、矿渣	粉质黏土和粉煤灰（$8<I_p<14$）	灰土
0.25	20°	6°	28°
≥0.50	30°	23°	28°

9.2.2.2　砂垫层的宽度

砂垫层的宽度应满足两方面要求：一是满足应力扩散要求；二是防止侧面土的挤出。目前常用地区经验确定，或按下式计算：

$$b' = b + 2z\tan\theta \tag{9-4}$$

式中　b'——垫层底面宽度，m。

特别提示：当 $z/b<0.25$ 时，取 $\theta=0°$；当 $0.25\leqslant z/b<0.5$ 时，θ 可由内插值法求得。

垫层顶面宽度宜超出基础底面每边不小于 300 mm，或从垫层底面两侧向上按开挖基坑的要求放坡。

砂垫层的承载力应通过现场试验确定。

对于重要的建筑物或垫层下存在软弱下卧层的建筑，还应进行地基变形计算。对超出原地面标高的垫层或换填材料密度显然高于天然土密度的垫层，应考虑其附加荷载对建筑物的沉降影响。

9.2.3　砂垫层的施工要点

（1）砂垫层所用材料必须具有良好的压实性，宜采用中砂、粗砂、砾砂、碎（卵）石等粒料。

细砂也可作为垫层材料，但不易压实，且强度不高，宜掺入一定数量的碎（卵）石。砂和砂石材料，不得含有草根和垃圾等有机物质；用作排水固结的垫层材料含泥量不宜超过3%。碎石和卵石的最大粒径不宜大于 50 mm。

（2）在地下水位以下施工时，应采取排水或降低地下水位的措施，使基坑保持无积水状态。

(3)砂和砂石垫层底面宜铺设在同一标高处,若深度不同,基坑底土面应挖成阶梯或斜坡搭接,并按先深后浅的顺序进行垫层施工,搭接处应夯压密实。

(4)砂垫层的施工可采用碾压法、振动法、夯实法等多种方法。施工时应分层铺筑,在下层密实度经检验达到质检标准后,方可进行上层施工。砂垫层施工时含水量对压实效果影响很大,含水量低,碾压效果不好,砂若浸没于水,效果也很差。其最优含水量应湿润或接近饱和。

(5)人工级配的砂石地基,应将砂石拌和均匀后,再进行铺填捣实。

9.2.4 施工质量检测

垫层质量可用标准贯入试验、静力触探、动力触探和环刀取样法检测。对垫层的总体质量验收也可通过载荷试验进行。

对粉质黏土、灰土、粉煤灰和砂石垫层的分层施工质量检验,可用环刀法、贯入仪、静力触探、轻型动力触探或标准贯入试验检验;对于砂石、矿渣垫层,可用重型动力触探检验。压实系数也可采用环刀法、灌砂法、灌水法或其他方法检验。采用环刀法检验垫层的施工质量时,取样点应位于每层厚度的2/3深度处。对于检验点数量,大基坑每50~100 m^2 不应少于1个检验点;基槽每10~20 m不应少于1个检验点;每个独立柱基不应少于1个检验点。采用贯入仪或动力触探检验垫层的施工质量时,每分层检验点的间距应小于4 m。

工程质量验收可通过载荷试验进行,当有充分试验依据时,也可采用标准贯入试验或静力触探试验。采用载荷试验检验垫层承载力时,每个单体工程不宜少于3个点;对于大型工程,应按单体工程的数量或工程的面积确定检验点数。

9.3 排水固结法

9.3.1 概述

我国沿海地区广泛分布着饱和软黏土,这种土的特点是含水量大、孔隙比大、颗粒细、压缩性高、强度低、透水性差,在软土地区修建建筑物或进行填方工程时,会产生很大的固结沉降和沉降差,而且地基土强度不够,承载力和稳定性也往往不能满足工程要求。在工程中,常采用排水固结法对软土地基进行处理。

排水固结法是指给地基预先施加荷载,为加速地基中水分的排出速率,同时在地基中设置竖向和横向的排水通道,使得土体中的孔隙水排出,逐渐固结,地基发生沉降,同时强度逐步提高的方法。该法常用于解决软黏土地基的沉降和稳定问题,可使地基的沉降在加载预压期间基本完成或大部分完成,使建筑物在使用期间不致产生过大的沉降和沉降差。同时,可增加地基土的抗剪强度,从而提高地基的承载力和稳定性。实际上,排水固结法是由排水系统和加压系统两部分共同组合而成的。

9.3.2 加固机制

根据太沙基固结理论,饱和黏性土固结所需的时间和排水距离的平方成正比。为了加速土层固结,最有效的方法就是增加土层排水途径、缩短排水距离。排水固结法就是在被加固地基中置入砂井、塑料排水板等竖向排水体(见图 9-2),使土层中孔隙水主要从水平向通过砂井和部分从竖向排出,从而极大地加速了地基的固结速率。

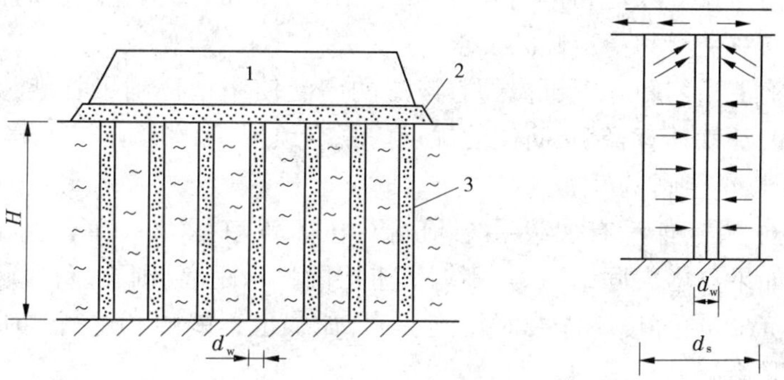

(a)剖面图　　(b)砂井排水途径

1—堆载;2—砂垫层;3—砂井。

图 9-2　砂井排水示意图

9.3.3　排水系统

排水系统的作用主要在于改变地基原有的排水边界条件,增加孔隙水排出的途径,缩短排水距离。排水系统由竖向的排水体和水平向的排水垫层构成。竖向排水体有普通砂井、袋装砂井和塑料排水板。在地基中设置竖向排水体,常用的是砂井,它是先在地基中成孔,然后灌砂使之密实而成。近几年来袋装砂井在我国得到较广泛的应用,它具有用砂料省、连续性好、不致因地基变形而折断、施工简便等优点,但砂井阻力对袋装砂井的效应影响较为显著。由塑料芯板和滤膜外套组成的塑料排水板作为竖向排水通道在工程上的应用日益增加,塑料排水板可在工厂制作,运输方便,尤其适合缺乏砂源的地区使用,可同时节省投资。

9.3.4　加载系统

加载系统,即施加起固结作用的荷载,使土中的孔隙水因产生压差而渗流使土固结。加压系统的作用是通过对地基施加预压荷载,使地基土的固结压力增加而产生固结,其材料有固体(土石料等)、液体(水等)等。加载系统包括堆载预压法、真空预压法、降低地下水位法、电渗法、联合法等。

堆载预压法是工程中常用的一种方法。堆载一般用填土、砂石等堆载材料,由于堆载需要大量的土石料等,往往需要到外地运输,工程量大,造价高。

真空预压法就是先在软土表面铺设一层透水的砂或砾石,然后打设竖向排水通道(如袋装砂井或塑料排水板),并在砂或砾石层上覆盖不透气的薄膜材料,如橡皮布、塑料布、黏土膏或沥青等,使软土与大气隔绝。通过在砂垫层里预埋的吸水管道,用真空泵抽气,形成真空,利用大气压力加压。膜下真空度可达 600 mmHg 以上,且可保持稳定,相当于 80 kPa 堆载预压的效果。

降低地下水位法是利用地下水位下降、土的有效自重应力增大,促使地基土体固结。该方法适用于砂土地基,也适用于软黏土层存在砂土的情况。但降低地下水位可能会引起邻近建筑物基础的附加沉降,要引起足够重视。

排水固结法的设计,主要是根据上部结构荷载的大小、地基土的性质以及工期要求,确定竖向排水体的直径、间距、深度和排列方式,确定预压荷载的大小和预压时间,通过预压,使地基能满足建筑物对变形和稳定性的要求。

排水固结法的施工工艺和施工机械随着该法的广泛使用也得到了发展,如打设袋装砂井和塑料板的两用设备就具有轻型、简便的优点。真空预压、降水预压在工程中的应用也取得了良好的效果,积累了宝贵的经验。

排水系统是一种手段,如没有加载系统,孔隙中的水没有压力差就不会自然排出,地基也就得不到加固。如果只增大固结压力,不缩短土层的排水距离,则不能在预压期间尽快地完成设计所要求的沉降量,强度不能及时得到提高,加载也不能顺利进行。所以,上述两个系统在设计时总是联系起来考虑的。

9.4 密实法

9.4.1 碾压法

碾压法是用压路机、推土机或羊足碾、平碾等机械在需压实的场地上,按计划与次序反复碾压,分层铺土,分层压实。通过处理,可使填土或地基表层疏松土孔隙体积减小,密实度提高,从而降低土的压缩性,提高其抗剪强度和承载力。这种方法常用于地下水位以上大面积填土和杂填土地基的压实。用 8~12 t 的压路机碾压杂填土,压实深度为 30~40 cm,地基承载力可采用 80~120 kPa。

在工程实践中,除进行室内击实试验外,还应进行现场碾压试验。通过试验,确定在一定压实能条件下土的合适含水量、恰当的分层碾压厚度和遍数,以便确定满足设计要求的工艺参数。黏性土压实前,被碾压的土料应先进行含水量测定,只有含水量在合适范围内的土料才允许进场,每层铺土厚度约为 300 mm。

9.4.2 夯实法

夯实法分为重锤夯实法和强夯法两种。

9.4.2.1 重锤夯实法

重锤夯实法的原理是:利用起重机械将夯锤提升到一定高度,然后自由下落产生很大的冲击能来挤密地基、减小孔隙、提高强度,经不断重复夯击,使整个建筑物地基得以加固,达到满足建筑物对地基土强度和变形的要求。

一般砂土、黏性土经重锤夯击后,地基表面会形成一层比较密实的土层(硬壳),从而使地基表层土的强度得以提高。经夯击,湿陷性黄土可以减少表层土的湿陷性,对于杂填土则可以减少其不均匀性。

重锤夯实法的主要设备为起重机械、夯锤、钢丝绳和吊钩等。

重锤夯实法一般适用于在地下水位 0.8 m 以上的稍湿黏性土、砂土、湿陷性黄土、杂填土和分层填土,但在有效夯实深度内存在黏性土层时不宜采用。

重锤夯实的效果或影响深度与夯锤的质量、锤底直径、落距、夯实的遍数、土的含水量以及土质条件等因素有关。只有合理地选定上述参数和控制夯实的含水量,才能达到预定的夯实效果;也只有在土的最优含水量条件下,才能得到最有效的夯实效果,否则会出现“橡皮土”等不良现象。

由于拟加固土层必须高出地下水位 0.8 m 以上,且该范围内不宜存在饱和软土层,否则可能将表层土夯成“橡皮土”,反而破坏土的结构和增大压缩性,因此当地下水位在夯击的影响深度范围内时,需采取降水措施。

9.4.2.2 强夯法

强夯法是用大吨位的起重机,把很重的锤(一般为 80~400 kN)提升到高处后使其自由下落(落距为 8~30 m),给地基以冲击力和振动,强力夯实地基以提高其强度,降低压缩性。

强夯法还可改善地基土抵抗振动液化能力和消除湿陷性黄土的湿陷性;同时,夯击还可提高土的均匀程度,减少可能出现的差异沉降。

强夯法适用于碎石土、砂土,低饱和度的粉土与黏性土、湿陷性黄土、杂填土及人工填土等地基的施工,对于淤泥和淤泥质土等饱和黏性土地基,需经试验证明施工有效时方可采用。强夯法不仅能在陆地上施工,而且可在不深的水下对地基进行夯实。工程实践表明,强夯法加固地基具有施工简单、使用经济、加固效果好等优点,因此被各国工程界所重视;其缺点是施工时噪声和振动较大,一般不宜在人口密集的城市内使用。

9.4.3 挤密法及振冲法

挤密法是在软弱或松散地基中先打入桩管成孔,然后在桩管中填粗砂、砾石等坚实土料。桩管打入地基时,对土横向挤密,使土粒彼此移动,颗粒间互相靠紧,空隙减小,土骨架作用随之增强。

振冲法是应用松砂加水振动后变密的原理,先通过振冲器成孔,然后填入砂或石、石灰、灰土等材料,再予以捣实,形成桩与周围挤密后的松砂所组成的复合地基,来承受建筑物的荷重。

9.4.3.1 挤密法

挤密砂桩是属于柔性桩加固地基的范畴,它主要靠桩管打入地基时对土的横向挤密作用,使土粒彼此移动,颗粒之间互相靠紧、空隙减小,土的骨架作用随之增强。所以,挤密法加固地基使松软土发生挤密固结,从而使土的压缩性减小、抗剪强度提高。软弱土被挤密后与桩体共同作用组成复合地基,共同传递建筑物的荷载。

挤密砂桩适用于处理松砂、杂填土和黏粒含量不多的黏性土地基,砂桩能有效防止砂土地基振动液化;但对于饱和黏性土地基,由于土的渗透性较小、抗剪强度低、灵敏度大,夯击沉管过程中产生的超孔隙水压力不能迅速消散,挤密效果差,且会将土的天然结构破坏,抗剪强度降低,故施工时需慎重对待。

挤密砂桩和排水砂井虽然都在地基中形成砂柱体,但二者作用不同。砂桩是为了挤密而由两侧向中间进行的。设置砂桩时,基坑应在设计标高以上预留 3 倍桩径覆土,打桩时坑底发生隆起,施工结束后挖除覆土。

制作砂桩宜采用中、粗砂,含泥量不大于 5%,含水时依土质及施工器具确定。砂桩的灌砂量按井孔体积和砂在中密状态的干容重计算,实际灌砂量(不含水重)应不低于计算灌砂量的 95%。

桩身及桩与桩之间挤密土的质量，均可采用标准贯入或轻便触探检验，也可用锤击法检查密实度，必要时进行载荷试验。

9.4.3.2　**振冲法**

在砂土中，利用加水和振动可以使地基密实，振冲法就是根据这一原理发展起来的一种加固深厚软弱土的方法。振冲法施工的主要设备为振冲器，它类似插入式混凝土振捣器，由潜水电动机、偏心块和通水管三部分组成。振冲器内的偏心块在电动机带动下高速旋转而产生高频振动，在高压水流的联合作用下，可使振冲器贯入土中，在到达设计深度后，关闭下喷水口，打开上喷水口，然后向振冲形成的孔中填以粗砂、砾石或碎石。振冲器振一段，上提一段，最后在地基中形成一根密实的砂、砾石或碎石桩体，一般称为碎石桩。

20世纪30年代，碎石桩在国外开始用于加固松砂地基，50年代用于加固黏性土地基。振冲法加固黏性土的机制与加固砂土的机制不尽相同。加固砂土地基时，其加固机制是利用砂土液化的原理，即通过振冲与水冲使振冲器周围一定范围内的砂土产生振动液化，液化后的砂土颗粒在重力、上覆土压力及填料挤压作用下重新排列而密实。振冲后的砂土地基不但承载力与变形模量有所提高，而且预先经历了人工振动液化，提高了抗震能力。砂(碎石)桩的存在又提供了良好的排水通道，降低了地震时的超静孔隙水压力，也是提高抗震能力的又一个原因。

加固黏性土地基(特别是饱和黏性土地基)时，在振动力作用下，由于土的渗透性比较小，土中水不易排出，所以碎石桩的作用主要是置换，填入的碎石在土中形成较大直径的抗体并与周围土共同作用组成复合地基。大部分荷载由碎石桩承担，被挤密的黏性土也可承担一部分荷载。

9.4.3.3　**复合地基的变形模量和地基承载力**

1. 变形模量

软弱地基经振冲加固后，变成碎石桩与桩间挤密土组成的物理力学性质各异的复合地基，如图9-3所示。

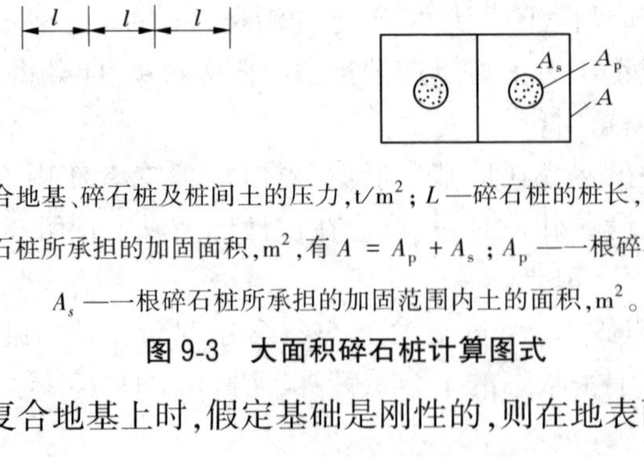

p、p_p、p_s—作用于复合地基、碎石桩及桩间土的压力，t/m²；L—碎石桩的桩长，m；l—碎石桩的桩距，m；

A——一根碎石桩所承担的加固面积，m²，有 $A = A_p + A_s$；A_p——一根碎石桩的面积，m²；

A_s——一根碎石桩所承担的加固范围内土的面积，m²。

图9-3　大面积碎石桩计算图式

当荷载p作用于复合地基上时，假定基础是刚性的，则在地表面的平面内碎石桩和桩间土的沉降相同。由于 $E_p > E_s$，根据虎克定律，荷载将向碎石桩上集中，相应地，作用于桩间土上的荷载就降低，这就是复合地基提高承载力的基本原理。

在一根碎石桩所承担的加固面积 A（$A = A_p + A_s$）范围内，复合地基的变形模量 E 由碎石桩的变形模量 E_p 和桩间土的变形模量 E_s 组成。当 A 不变时，随着 A_p 的增大、A_s 的减小，E 必然增大；反之，则 E 必然减小。因此，在设计上可用碎石桩与桩间土的面积加权平均法确定复合地基的 E 值。

$$E = \frac{E_p A_p + E_s A_s}{A} \tag{9-5}$$

2. 地基承载力

$$pA = p_p A_p + p_s A_s$$

则

$$p = \frac{p_p A_p + p_s A_s}{A} \tag{9-6}$$

将应力集中比 $n = \frac{p_p}{p_s}$，置换率 $a_s = \frac{A_p}{A}$ 代入式(9-6)，则

$$p = [a_s(n - 1) + 1]p_s \tag{9-7}$$

由式(9-7)可知，只要经荷载试验测出 p_p 和 p_s，就可求得复合地基极限承载力。

9.5　化学加固法

凡将化学溶液或胶结剂灌入土中，使土粒胶结起来，以提高地基强度、减少沉降量的加固方法统称为化学加固法。目前，采用的化学浆液有以下几种：

(1) 水泥浆液：用高强度等级的硅酸盐水泥和速凝剂组成的浆液。

(2) 以硅酸钠(水玻璃)为主的浆液：常用水玻璃和氯化钙溶液。

(3) 以丙烯酸氨为主的浆液。

(4) 以纸浆为主的浆液：如重铬酸盐木质素浆液，其加固效果尚可，但有毒性、易污染地下水。

化学加固法的施工方法有压力灌注法、高压喷射注浆法、水泥土搅拌法和电渗硅化法等。现主要介绍高压喷射注浆法和水泥土搅拌法。

9.5.1　高压喷射注浆法

9.5.1.1　加固地基原理

高压喷射注浆法是用钻机钻孔至所需深度后，将喷射管插入地层预定的深度，用高压脉冲泵将水泥浆液从喷射管喷出，强力冲击破坏土体，使浆液与土搅拌混合，经过凝结固化，便在土中形成固结体，以达到加固的目的。其施工顺序如图 9-4 所示。

9.5.1.2　分类

高压喷射注浆法分类如下：

(1) 按注浆形式分为旋转喷射、定向喷射和摆动喷射三种注浆形式。

(2) 按喷射管结构分为单管、二重管和三重管三种。

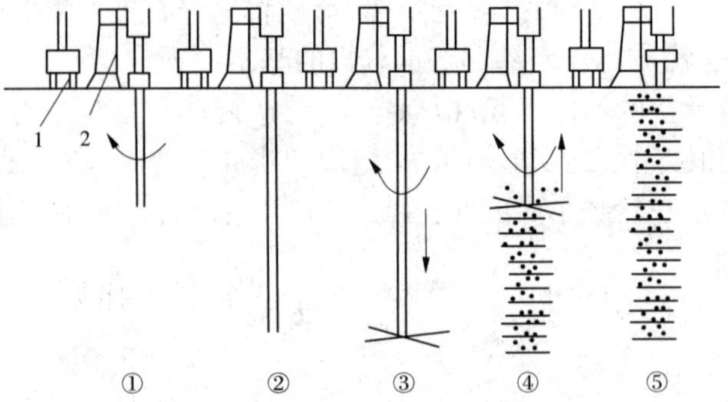

①—开始钻进;②—钻进结束;③—高压旋喷开始;④—边旋转边提升;⑤—喷射完毕,桩体形成;
1—超高压水力泵;2—钻机。

图 9-4　旋喷法施工顺序示意图

单管法只喷射水泥浆液,一般形成直径 0.3~0.8 m 的旋喷桩。二重管法先从外管喷射水,然后外管喷射瞬时固化材料,内管喷射胶凝时间较长的渗透性材料,两管同时喷射,形成直径为 1 m 的旋喷桩。三重管法为三根同心管子,内管通水泥浆、中管通 20~25 MPa 的高压水、外管通压缩空气,施工时先用钻机成孔,然后把三重旋喷管吊放到孔底,随即打开高压水和压缩空气阀门,通过三重旋喷管底端侧壁上直径 2.5 mm 的喷嘴射出高压水、气,把孔壁的土体冲散。同时,泥浆泵把高压水泥浆从另一喷嘴压出,使水泥浆与冲散的土体拌和,三重管慢速旋转提升,把孔周地基加固成直径 1.3~1.6 m 的坚硬桩柱。

9.5.1.3　注浆法的特点

注浆法的特点如下:

(1)能够比较均匀地加固透水性很小的细粒土。

(2)不会发生浆液从地下流失的情况。

(3)能在室内或洞内净空很小的条件下对土层深部进行加固施工。

注浆法加固后的地基承载力,一般可按复合地基或桩基考虑。由于加固后的桩柱直径上下不一致,且强度不均匀,若单纯按桩基考虑则不安全,在条件许可情况下,尽可能做现场载荷试验来确定地基承载力。

注浆法可适用于砂土、黏砂土、湿陷性黄土以及有人工填土等地基的加固,其用途较广,可以提高地基的承载力,可做成连续墙防止渗水,可防止基坑开挖对相邻结构物的影响,增加边坡的稳定性,并防止板桩墙渗水或涌砂,也可应用于托换工程中的事故处理。

9.5.2　水泥土搅拌法

水泥土搅拌法加固软黏土技术是利用水泥或石灰作为固化剂,通过特制的深层搅拌机械,在地基深部就地将软黏土和固化剂强制拌和,使软黏土硬结成一系列水泥(或石灰)土桩或地下连续墙,这些加固体与天然地基形成复合地基,共同承担建筑物的荷载。

加固机制主要是水泥表面的矿物与软土中的水发生水解和水化反应,形成水泥石骨架,利用水泥的水解和水化反应,部分水化物与周围具有一定活性的黏土颗粒发生反应,形成较大的土团粒,起到加固土体的作用。

水泥土搅拌法的施工顺序如下:

(1)就位。将搅拌机的搅拌头定位对中,启动电动机时若地面起伏不平,应使起重机保持平衡。

(2)预搅下沉。启动搅拌机沿导向架搅拌下沉。

(3)制备水泥浆。当搅拌头沉到设计深度后,略微提升搅拌头,开始制备水泥浆,由灰浆泵输送配制的水泥浆,通过中心管压开球形阀,使水泥浆进入软土。

(4)喷浆搅拌。边喷浆、边搅拌、边提升,使水泥浆和土体充分拌和,直至地面。

(5)重复上下搅拌。为使软土和水泥浆搅拌均匀,可将搅拌头重复下沉到设计深度后再将搅拌机提升出地面。至此,一根柱状加固体即告完成。

由于水泥土搅拌法将固化剂和原地基黏性土搅拌混合,因此减少了水对周围地基的影响,也不会使地基侧向挤出,故对周围已有建筑物的影响很小;其水泥用量较少;施工时无振动、无噪声,可在城市内进行施工。

与砂井堆载预压法相比,在短时期内即可获得很高的地基承载力;与换土法相比,减少大量土方量;土体处理后容重基本不变,不会使软弱下卧层产生附加沉降;经水泥土搅拌法加固后的地基承载力,可按复合地基设计。

9.6　土工合成材料及其他措施

9.6.1　概述

加筋即在土体中加入起抗拉作用的筋材(如土工合成材料、金属材料等),通过筋土间作用,达到减小或抵抗土压力、调整基底接触应力的目的,可用于支挡结构或浅层地基处理。

9.6.2　土工合成材料

土工合成材料由合成纤维制成,也称土工聚合物,又称土工织物,是土工用合成纤维材料的总称。目前,世界各国用于生产土工纤维的材料多以聚丙烯、涤纶为主,它具有强度高、弹性好、耐磨、耐化学腐蚀、滤水、不霉烂、不缩水、不怕虫蛀等良好性能。

9.6.2.1　土工合成材料的分类

(1)土工织物:织造(有纺),包括经纬编织和针织;非织造(无纺),包括针刺黏结、热黏和化黏。

(2)土工膜:包括沥青土工膜、聚合物土工膜。

(3)特种土工合成材料:包括人工格栅、土工模袋、玻纤网、土工网、土工垫、土工格室、超轻型合成材料。

(4)复合型土工合成材料:包括复合土工膜、复合排水材料。

9.6.2.2　土工合成材料的功能

土工合成材料的功能包括隔离、加筋、反滤、排水、防渗和防护六大类。土工合成材料一般具有多功能,在实际应用中,往往是一种功能起主导作用,而其他功能则不同程度地发挥作用。

1. 反滤作用

在渗流口铺设一定规格的土工聚合物作为反滤层,可起到一般砂砾层的作用,提高被保护土的抗渗强度,保护土颗粒不流失且保证排水通畅,从而防止发生流土、管涌和堵塞等对工程不利的情况。

2. 排水作用

土工合成材料具有很好的透水性,在地基处理中,可以用它排除地下水(不会堵塞),形成水平排水通道。

3. 隔离作用

对两层具有不同性质的土或材料,可采用土工合成材料进行隔离,避免混杂产生不良效果。如道路工程中常采用土工合成材料防止软弱土层侵入路基的碎石层,避免引起翻浆冒泥。

4. 加固和补强作用

利用土工合成材料的高强度和韧性等力学性质,可分散荷载,增大土体的刚度模量以改善土体;当土工合成材料用作土体加筋时,其基本作用是给土体提供抗拉强度。

1) 用于加固土坡和堤坝

(1) 使边坡变陡,节省占地面积;

(2) 防止滑动圆弧通过路堤和地基土;

(3) 防止路堤下面因承载力不足而发生破坏;

(4) 跨越可能的沉陷区等。

2) 用于加固地基

由于土工合成材料有较高的强度和韧性等力学性能,且能紧贴于地基表面,使其上部施加的荷载能均匀分布在地层中,因此当地基可能产生冲切破坏时,铺设的土工合成材料将阻止破坏面的出现,从而提高地基承载力。

当受集中荷载作用时,在较大的荷载作用下,高模量的土工合成材料受力后将产生一垂直分力,抵消部分荷载。

3) 用于加筋土挡土墙

在挡土结构的土体中,每隔一定距离铺设起加固作用的土工合成材料时,可作为拉筋起到加筋作用,如图 9-5 所示。

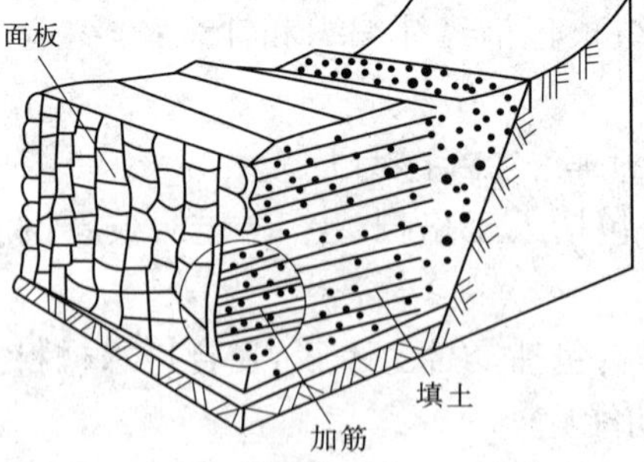

图 9-5 加筋土挡土墙示意图

9.6.2.3 **土工合成材料加筋垫层的加固原理**

土工合成材料加筋垫层的加固原理如下:

(1) 增强垫层的整体性和刚度,调整不均匀沉降。

(2)扩散应力。由于受垫层刚度增大的影响,扩大了荷载扩散的范围,使应力均匀分布。

(3)约束作用,亦即约束下卧软弱土地基的侧向变形。

9.6.3　树根桩

树根桩是指小直径、高强度的钢筋混凝土灌注桩。由于成桩方向可竖可斜,犹如在基础下生出了若干“树根”而得名。树根桩适用于既有建筑物的修复和加层、古建筑整修、地下铁道穿越、桥梁工程等各类地基处理和基础加固,以及增强边坡稳定等。

树根桩穿过既有建筑物基础时,应凿开基础,将主钢筋与树根桩主筋焊接,并应将基础顶面上的混凝土与树根桩混凝土牢固结合。采用斜向树根桩时,应采取防止钢筋笼端部插入孔壁土体中的措施。

本章小结

(1)在软弱地基上建造工程,可能会出现的问题主要有:沉降或差异沉降大、地基沉降范围大、地基剪切破坏、承载力不足、地基液化、地基渗漏、管涌等。

地基处理的措施主要包括:改善地基土剪切特性、改善地基土压缩特性、改善地基土透水特性、改善地基土动力特性、改善特殊土的不良地基特性。

(2)地基处理的方法分类:按处理深度可分为浅层处理和深层处理;按时间可分为临时处理和永久处理;按土的性质可分为砂土处理和黏性土处理;按加固机制可分为置换、夯实、挤密、排水、加筋、热学等。

(3)地基处理常用方法主要有换填法、排水固结法、密实法、化学加固法、加筋法等。各种地基处理方法的措施、原理及作用、适用范围见表 9-1。

练习题

9-1　试述地基处理的目的及其一般程序与方法。

9-2　试述换填法的处理原理、适用范围。如何计算垫层宽度和厚度?垫层的施工质量关键问题是什么?

9-3　试述加载预压法与真空预压法的作用原理和适用范围。

9-4　试述强夯法加固地基的机制和适用条件。

9-5　深层挤密加固原理是什么?它又分为哪几种方法?它们各自的适用范围是什么?

9-6　挤密砂石桩与排水砂井的作用原理和适用条件有何区别?

9-7　试述振冲法加固的机制、适用范围,并与强夯法进行比较。

9-8　高压喷射注浆法和水泥土搅拌法加固各有什么不同特点?

9-9　何谓土工合成材料?试述土工合成材料在工程中的作用。

9-10　在什么情况下需要对基础进行托换?基础托换有哪些方法?

参考文献

[1] 肖进. 土力学与基础工程[M]. 重庆:重庆大学出版社,2018.
[2] 田亚护. 土力学与路基[M]. 北京:北京交通大学出版社,2012.
[3] 袁聚云,汤永净. 土力学复习与习题[M]. 上海:同济大学出版社,2010.
[4] 李广信. 岩土工程 20 讲:岩坛漫话[M]. 北京:人民交通出版社,2007.
[5] 高大钊. 土力学与岩土工程师:岩土工程疑难问题答疑笔记整理之一[M]. 北京:人民交通出版社,2008.
[6] 陈书申,陈晓平. 土力学与地基基础[M]. 武汉:武汉理工大学出版社,2009.
[7] 谢定义,刘奉银. 土力学教程[M]. 北京:中国建筑工业出版社,2010.
[8] 顾晓鲁,钱鸿缙,刘惠珊,等. 地基与基础[M]. 3 版. 北京:中国建筑工业出版社,2003.
[9] 松冈元. 土力学[M]. 罗汀,姚仰平,译. 北京:中国水利水电出版社,2001.
[10] 中华人民共和国建设部. 岩土工程勘察规范(2009 年版):GB 50021—2001[S]. 北京:中国建筑工业出版社,2009.
[11] 中华人民共和国住房和城乡建设部. 建筑地基基础设计规范:GB 50007—2011[S]. 北京:中国计划出版社,2011.
[12] 肖进. 土力学与地基基础[M]. 重庆:重庆大学出版社, 2014.
[13] 蒋爵光. 铁路工程地质学[M]. 北京:中国铁道出版社,1991.
[14] 张力霆. 土力学与地基基础[M]. 2 版. 北京:高等教育出版社,2007.
[15] 肖明和,王渊辉,张毅. 地基与基础[M]. 北京:北京大学出版社,2009.
[16] 陈希哲. 土力学与地基基础[M]. 4 版. 北京:清华大学出版社,2004.
[17] 中华人民共和国建设部. 建筑桩基技术规范:JGJ 94—2008[S]. 北京:中国建筑工业出版社,2008.
[18] 中华人民共和国住房和城乡建设部. 膨胀土地区建筑技术规范:GB 50112—2013[S]. 北京:中国建筑工业出版社,2012.